蝙蝠优化算法

蔡星娟 著

电子工业出版社
Publishing House of Electronics Industry
北京·BEIJING

内 容 简 介

蝙蝠优化算法是一种新颖的模拟蝙蝠行为的群智能优化算法,因该算法有模型简单、参数少、通用性强等优点,故被广泛应用于解决实际问题。本书分为 8 章,第 1～2 章介绍蝙蝠优化算法的基本框架、研究进展,并讨论了蝙蝠算法的全局收敛性问题;第 3～6 章从蝙蝠算法的全局搜索方式、局部搜索方式、全局/局部搜索的平衡策略、全局/局部搜索的集成策略等方面介绍作者的工作;第 7～8 章围绕软件缺陷预测问题,分别构造多目标软件缺陷预测模型和高维多目标软件缺陷预测模型,并有针对性地设计相应的多目标蝙蝠优化算法和高维多目标蝙蝠优化算法来对模型进行求解,从而为解决相关问题提供参考。

本书适合从事智能计算研究与应用的科技工作者和工程技术人员阅读使用,也可以作为高等院校计算机科学与技术、控制科学与工程等学科高年级本科生及研究生的教学参考书。

未经许可,不得以任何方式复制或抄袭本书之部分或全部内容。
版权所有,侵权必究。

图书在版编目(CIP)数据

蝙蝠优化算法/蔡星娟著.—北京:电子工业出版社,2019.12
ISBN 978-7-121-37839-3

Ⅰ.①蝙⋯ Ⅱ.①蔡⋯ Ⅲ.①智能控制—最优化算法 Ⅳ.①TP273

中国版本图书馆 CIP 数据核字(2019)第 253780 号

责任编辑:李　敏　　　　特约编辑:武瑞敏
印　　刷:北京盛通商印快线网络科技有限公司
装　　订:北京盛通商印快线网络科技有限公司
出版发行:电子工业出版社
　　　　　北京市海淀区万寿路 173 信箱　邮编:100036
开　　本:787×1 092　1/16　印张:14　字数:326 千字
版　　次:2019 年 12 月第 1 版
印　　次:2024 年 1 月第 5 次印刷
定　　价:79.00 元

凡所购买电子工业出版社图书有缺损问题,请向购买书店调换。若书店售缺,请与本社发行部联系,联系及邮购电话:(010)88254888,88258888。

质量投诉请发邮件至 zlts@phei.com.cn,盗版侵权举报请发邮件至 dbqq@phei.com.cn。
本书咨询联系方式:limin@phei.com.cn 或(010)88254753。

序

最近 10 余年,特别是阿尔法狗(AlphaGo)问世以来,人工智能(Artificial Intelligence)在世界范围内蓬勃发展,方兴未艾。为了应对这项挑战,国务院于 2017 年 7 月发布了《新一代人工智能发展规划》,将群体智能(Swarm Intelligence,简称群智能)列为新一代人工智能基础理论的主攻方向之一,并指出"群体智能理论重点突破群体智能的组织、涌现、学习的理论与方法"。基于上述背景,集中展示群智能涌现特性的社会性生物群体行为规律的有关研究受到学术界的广泛关注和重视。

目前,国内群智能研究的主流是群智能优化(Swarm Intelligence Optimization),聚焦于优化算法的性能改进方面。蝙蝠算法(Bat Algorithm)是英国学者 Xin-She Yang 受到蝙蝠回声定位行为的启发,于 2010 年提出的一种群智能优化算法。该算法借助模拟蝙蝠在复杂环境下精确捕获食物的机理来求解优化问题,通过发射频率控制蝙蝠的个体位置不断更新以实现全局搜索,是一种搜索全局最优解的有效方法。

蝙蝠算法结合了和声搜索算法和微粒群算法的主要优点。有趣的是,在适当的条件下,蝙蝠算法可以视为和声搜索算法和微粒群算法的混合。与其他群智能优化算法相比,蝙蝠算法具有适用性广泛、寻优能力强、计算效率高等特点。蝙蝠算法在被提出后的 10 年里,已被广泛应用于组合优化、图像处理、数据挖掘等领域的各种问题求解之中,涌现出较多成果。

蔡星娟博士自蝙蝠算法提出以来,一直关注这种新兴算法的发展状况,并围绕该算法的理论完善和性能改进完成了博士学位论文,获得了较好评价。在博士毕业后,她继续不懈努力,在多目标蝙蝠算法研究方面取得了新的进展。《蝙蝠优化算法》这本专著就是她近

10 年来研究成果的结晶。该书对蝙蝠算法的收敛性进行了深入分析,结合三角翻转给出了多种形式的三角翻转蝙蝠算法;在蝙蝠算法的改进策略研究方面取得了较多成果,针对软件缺陷测试问题提出了新的多目标蝙蝠算法。这些研究工作不乏创见之处,是对蝙蝠算法的提升和总结,对人工智能特别是群智能的研究者和学习者具有充分的参考价值和启发性。因此,我乐于向各位读者推荐蔡星娟博士的这本心血之作,相信开卷有益,读者们会从中有所收获。

是为序。

华中科技大学人工智能与自动化学院

教授、博士生导师

2019 年 12 月于武汉

前 言

群智能优化算法是一类模拟自然生物系统社会行为的随机优化算法，现已涌现出多种群智能优化算法。蝙蝠算法是近年来研究人员提出的一种群智能优化算法，现已成为群智能计算领域的一个研究分支。

本书是作者近年来科研成果的总结，全书共 8 章，分为 3 个部分：

（1）蝙蝠算法简介及收敛性分析，包括第 1 章、第 2 章，本部分介绍了蝙蝠算法的基本框架、研究进展，并讨论了蝙蝠算法的全局收敛性问题；

（2）蝙蝠算法的搜索策略改进，包括第 3~6 章，本部分主要从蝙蝠算法的全局搜索方式、局部搜索方式、全局/局部搜索的平衡策略、全局/局部搜索的集成策略等方面给出了作者的研究工作；

（3）蝙蝠算法在静态软件缺陷预测方面的应用，包括第 7 章、第 8 章，本部分主要针对静态软件缺陷预测问题，分别建立了多维及高维模型，并设计了高效的求解算法。

本书的完成得到了太原科技大学复杂系统与计算智能实验室、计算机科学与技术学院各位同仁及所带研究生的大力支持；在书稿出版过程中，电子工业出版社的李敏编辑提供了多方面的帮助，一并致以诚挚的谢意。

由衷感谢华中科技大学人工智能与自动化学院肖人彬教授为本书作序，同济大学汪镭教授对书稿内容提出了诸多宝贵意见，在此表示衷心的感谢。

本书研究工作得到国家自然科学基金青年科学基金（项目编号：61806138）、山西省自然科学基金（项目编号：201801D121127）、太原科技大学博士启动基金（项目编号：20182002）

的资助。上述基金项目的支持为作者及其团队创造了宽松的学术氛围和科研环境，在此谨向有关部门表示深深的感谢并致以敬意。

由于作者水平有限，书中难免有不妥之处，恳请各位专家和广大读者给予批评指正。

蔡星娟
2019 年 12 月于太原

目 录

第一部分 导引篇

第1章 绪论 ·· 3
    1.1 优化算法概述 ··· 4
    1.2 确定性优化算法 ·· 4
    1.3 随机优化算法 ··· 5
    1.4 基本蝙蝠算法简介 ··· 7
    1.5 蝙蝠算法研究综述 ··· 9
    1.6 本书的框架 ··· 17
    参考文献 ·· 18

第2章 蝙蝠算法的收敛性分析 ·· 31
    2.1 全局收敛性的相关概念 ·· 32
    2.2 蝙蝠算法收敛性分析现状 ··· 33
    2.3 基本蝙蝠算法分析 ·· 35
    2.4 3种边界条件 ··· 39
    2.5 基本蝙蝠算法的收敛性分析 ·· 40
    2.6 标准蝙蝠算法的收敛性分析 ·· 46
    2.7 收敛速度分析 ·· 49
    2.8 小结 ··· 50
    参考文献 ·· 50

第二部分 原理篇

第3章 三角翻转蝙蝠算法 ·········53
- 3.1 记忆方式的速度更新公式分析 ·········54
- 3.2 三角翻转法介绍 ·········56
  - 3.2.1 基于对称方式的三角翻转法 ·········56
  - 3.2.2 基于比例方式的三角翻转法 ·········57
- 3.3 记忆型三角翻转蝙蝠算法 ·········59
  - 3.3.1 记忆型三角翻转蝙蝠算法概述 ·········59
  - 3.3.2 收敛性证明 ·········60
  - 3.3.3 仿真试验 ·········61
- 3.4 无记忆型三角翻转蝙蝠算法 ·········64
  - 3.4.1 无记忆型三角翻转蝙蝠算法概述 ·········64
  - 3.4.2 仿真试验 ·········67
- 3.5 快速三角翻转蝙蝠算法 ·········69
  - 3.5.1 快速三角翻转蝙蝠算法概述 ·········69
  - 3.5.2 仿真试验 ·········70
- 3.6 小结 ·········78
- 参考文献 ·········79

第4章 蝙蝠算法的扰动策略设计 ·········81
- 4.1 标准蝙蝠算法的局部收敛性能分析 ·········82
- 4.2 线性递减策略 ·········86
  - 4.2.1 算法思想 ·········86
  - 4.2.2 参数选择 ·········87
- 4.3 曲线递减策略 ·········89
  - 4.3.1 算法思想 ·········89
  - 4.3.2 参数选择 ·········90
- 4.4 基于曲线递减策略的快速三角翻转蝙蝠算法 ·········94
- 4.5 LEACH 协议的优化应用 ·········97
- 4.6 小结 ·········101
- 参考文献 ·········102

第 5 章　全局搜索与局部搜索的转化策略··········105

5.1　已有的转化策略··········106
5.2　随机转化策略··········107
5.3　基于适应值信息的转化策略··········110
5.3.1　基于秩的转化策略··········110
5.3.2　基于数值的转化策略··········114
5.4　基于启发式信息的统一搜索蝙蝠算法··········115
5.5　DV-Hop 算法的优化··········121
5.6　小结··········125
参考文献··········126

第 6 章　集成策略算法··········129

6.1　UHBA 算法分析··········130
6.2　6 种集成策略··········131
6.3　固定概率选择的集成算法··········134
6.4　动态概率选择的集成算法··········138
6.4.1　动态概率选择策略··········138
6.4.2　仿真试验··········141
6.5　小结··········148
参考文献··········149

第三部分　应用篇

第 7 章　多目标蝙蝠算法软件缺陷预测··········153

7.1　多目标软件缺陷预测··········154
7.1.1　研究背景··········154
7.1.2　问题介绍··········156
7.1.3　欠采样软件缺陷预测模型··········159
7.2　多目标蝙蝠算法··········161
7.2.1　多目标优化问题··········161
7.2.2　多目标蝙蝠算法分析··········162
7.2.3　不平衡数据集的欠采样软件缺陷预测具体实现方式··········163

7.3　仿真试验 ··········· 164
　　7.4　小结 ··········· 168
　　参考文献 ··········· 169

第8章　高维多目标蝙蝠算法软件缺陷预测 ··········· 173
　　8.1　高维多目标软件缺陷预测问题 ··········· 174
　　8.2　高维多目标优化算法研究现状 ··········· 175
　　8.3　高维多目标蝙蝠算法 ··········· 176
　　　　8.3.1　基于维度更新的高维多目标蝙蝠算法全局更新策略 ··········· 176
　　　　8.3.2　基于维度更新的高维多目标蝙蝠算法局部更新策略 ··········· 177
　　　　8.3.3　适应值估计方法 ··········· 177
　　　　8.3.4　目标函数 ··········· 179
　　　　8.3.5　算法框架 ··········· 181
　　8.4　仿真试验 ··········· 181
　　　　8.4.1　参数设置及度量指标 ··········· 181
　　　　8.4.2　试验结果分析 ··········· 182
　　8.5　小结 ··········· 184
　　参考文献 ··········· 184

附录A　快速三角翻转蝙蝠算法源代码 ··········· 189

附录B　基于曲线递减策略的快速三角翻转蝙蝠算法源代码 ··········· 197

附录C　基于秩转化的曲线递减快速三角翻转蝙蝠算法源代码 ··········· 203

附录D　基于数值转化的曲线递减快速三角翻转蝙蝠算法源代码 ··········· 209

第一部分

导引篇

第 1 章
Chapter 1

绪　论

1.1 优化算法概述

一般的优化问题[1]可以表示为

$$\min f_j(x_1, x_2, \cdots, x_D) \quad (j=1,2,\cdots,m)$$
$$\text{s.t. } h_i(x_1, x_2, \cdots, x_D) \geqslant 0 \quad (i=1,2,\cdots,s)$$
$$g_k(x_1, x_2, \cdots, x_D) = 0 \quad (k=1,2,\cdots,n)$$

其中，$f_j(x_1, x_2, \cdots, x_D)$ 表示目标函数，$h_i(x_1, x_2, \cdots, x_D)$ 表示不等式约束，$g_k(x_1, x_2, \cdots, x_D)$ 表示等式约束，且约束变量 $(x_1, x_2, \cdots, x_D)$ 表示待优化的变量，其个数 D 称为维数。根据不同的情况，优化问题可以给出不同的分类方式，如图 1.1 所示。例如，按照目标函数的个数，可以分为单目标优化问题和多目标优化问题；按照约束函数的个数，可以分为无约束优化问题和约束优化问题；按照不同的变量类型，可以分为离散优化问题、连续优化问题和混合优化问题；按照目标函数是否动态变化，可以分为静态优化问题和动态优化问题；按照维数的大小，可以分为低维优化问题和高维优化问题。

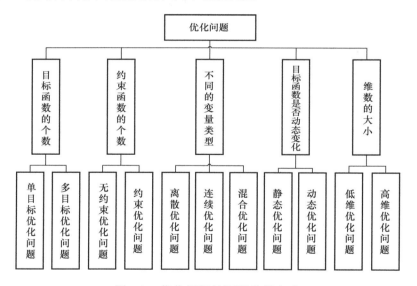

图 1.1 优化问题的不同分类方式

1.2 确定性优化算法

为了求解这些问题，研究人员提出了许多优化算法，依据算法是否含有随机因素大致可将其分为两类：确定性优化算法及随机优化算法。确定性优化算法包括解析法与直接法[1]。解析法需要对所要研究的对象用数学方程进行描述，然后采用解析方法来求解，一般需要采用梯度等信息。直接法不需要建立数学模型，仅利用试验获得的结果进行比较，并通过迭代方式来进行求解。

对确定性优化算法而言，若初始位置与迭代次数相同，则不论运行多少次，其结果是不变的，且这类算法有一个显著特点，即算法只向优于当前位置的解移动。该特点使得确定性优化算法类似于一个采样过程，若采样得到的新解性能不如旧解，则该解的信息会被忽略，算法将重新采样。因此，当确定性优化算法的当前解陷入某个局部极值点的吸引域时，则算法将只能在该吸引域内寻找较优解，从而陷入局部极值点。从这个角度而言，确定性优化算法一般都是局部搜索算法。其搜索轨迹示意如图 1.2 所示。

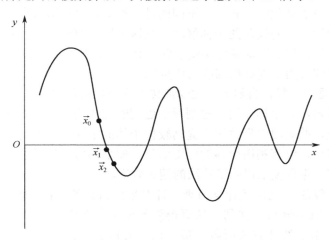

图 1.2　确定性优化问题搜索轨迹示意

1.3　随机优化算法

为了提高算法的全局搜索性能，许多学者提出了随机优化算法，即利用随机性特性来调整个体移动的轨迹，使得算法能有一定的概率跳出局部极值点的吸引域。当然，对于随机优化算法而言，其全局搜索性不同于确定性优化算法的收敛性，是一种概率意义的收敛性，即以概率 1 收敛。蒙特卡罗方法[2]是一种最基本的随机优化算法，其基本思想为通过大量采样，从中选择最优结果作为问题的满意解，由于所有的样本点均采用相互独立的方式进行采样，因此蒙特卡罗方法没有利用样本点的相关信息，效率较低。与蒙特卡罗方法不同，自然启发算法[3]也使用采样的方式，但每代内的个体之间存在一定的相关性，从而能有效利用问题的信息以提高算法效率。不同的自然启发算法由于模拟的背景不同，因此其个体的产生规则也不同。常见的自然启发算法大致可以分为如下几类。

（1）模拟物理化学规律来设计的随机优化算法，包括模拟退火算法[4]、中心力算法[5]、引力搜索算法[6]、人工化学过程算法[7]、化学反应优化算法[8]等。

（2）模拟"物竞天择，适者生存"的思想来设计的演化类随机优化算法，包括遗传算法、遗传规划、遗传策略、差分演化算法[9]、克隆选择算法[10]、分布估计算法[11]等。

（3）模拟生物个体之间的学习机制来设计的群集智能类随机优化算法，包括蚁群算法[12]、微粒群算法[13]、人工蜜蜂算法[14]、搜索优化算法[15]、果蝇觅食算法[16]、视觉扫描优化算法[17]、布谷鸟算法[18]、蝙蝠算法[19]等。

（4）模拟自然界其他方面因素设计的随机优化算法，如文化算法[20]。

下面将简单介绍几种经典的随机优化算法。

（1）模拟退火算法[4]是一种模拟物理冷却过程的单点随机优化算法。该算法与确定性优化算法一样采用单点迭代的方式；但不同的是：模拟退火算法每个点不仅能移向更优的个体，而且有一定的概率向较差的个体移动，且这个概率随着演化代数的增加逐步减少至零，该策略的引入使得算法在前期能接受差解（有一定的概率跳出局部极值点的吸引域），而后期则只接受优解（用于提高局部解的质量）。

（2）遗传算法是一种模拟自然界中生物遗传方式的随机优化算法，该算法受达尔文"优胜劣汰"思想的影响，对个体采用二进制或十进制的方式编码，利用交叉及变异等算子对个体进行随机修正，并利用选择算子来提高较优个体的生存率。然而，遗传算法仅利用了当代个体的相关信息，没有利用个体的历史信息，如个体历史最优位置及群体历史最优位置等信息，从而在一定程度上影响了算法的搜索效率。

（3）分布估计算法[11]利用统计学原理，针对采样得到的种群（数据），利用统计手段预测其问题空间的概率分布，并利用预测得到的概率分布继续采样。该算法的搜索方式类似于整体采样，由于统计方式所限，每一代的采样数量较大，因此导致算法计算量较大，性能较慢。

（4）微粒群算法[13]是一种模拟动物群集智能的随机优化算法。该算法受鸟群、鱼群的觅食行为启发，个体的移动轨迹直接受群体历史最优位置及个体历史最优位置的影响，然而，该算法容易陷入局部极值点。

纵观上述几种代表性的自然启发算法，可以发现其个体的移动方式都没有采用确定性算法的"只向优于当前位置的解移动"这一位置更新方式，而采用这一方式的确定性优化算法一般又都是局部搜索算法。那么，是否为了增强随机优化算法跳出局部极值点的概率就一定不能采用"只向优于当前位置的解移动"这一方式呢？

英国学者 Xin-She Yang 于 2010 年提出了一种模拟蝙蝠觅食行为的蝙蝠算法（Bat Algorithm，BA）[19]，该算法就采用了"只向优于当前位置的解移动"这一方式。当然，为了保证算法的全局搜索性能，算法也采用了随机行为。自从提出以来，许多学者都对该算法产生了兴趣，并发表了大量文献。从图 1.3 所示的 Thomson 公司的 SCI 库中以关键词"Bat Algorithm"进行搜索得到的结果中可以看到，发表文献［见图 1.3（a）］及引用文献［见图 1.3（b）］数量在大幅上升。而计算智能领域规模最大的学术与技术盛会，IEEE 世界计算智能大会（IEEE WCCI），自 2012 年至今，每次 IEEE WCCI 都有蝙蝠算法的专门主题（Special Session）。

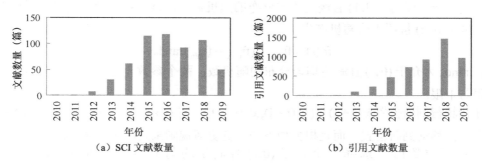

图 1.3　蝙蝠算法的 SCI 文献数量及引用文献数量

1.4　基本蝙蝠算法简介

考虑如下单目标无约束优化问题：
$$\min f(\vec{x}),\ [\vec{x}=(x_1,x_2,\cdots,x_k,\cdots,x_D)\in E] \tag{1.1}$$

其中，$E=[x_{\min},x_{\max}]^D\subseteq R^D$ 为搜索空间，其范围为 $x_{\min}\leqslant x_k\leqslant x_{\max}(k=1,2,\cdots,D)$。

蝙蝠算法[19]模拟了蝙蝠利用回声定位机制来觅食的过程，设定义域内生活着 n 只虚拟的蝙蝠，在第 t 代时，蝙蝠 i（$i=1,2,\cdots,n$）所含信息可以表示为一个五元组 $\langle \vec{x}_i(t),\vec{v}_i(t),\mathrm{fr}_i(t),A_i(t),r_i(t)\rangle$。其中，$\vec{x}_i(t)=(x_{i1}(t),x_{i2}(t),\cdots,x_{ik}(t),\cdots,x_{iD}(t))$ 表示蝙蝠 i 第 t 代所处的位置信息，表示搜索空间的一个解；速度 $\vec{v}_i(t)=(v_{i1}(t),v_{i2}(t),\cdots,v_{ik}(t),\cdots,v_{iD}(t))$ 表示蝙蝠 i 在第 t 代的速度方向及大小，频率 $\mathrm{fr}_i(t)$、响度 $A_i(t)$ 和脉冲发射速率 $r_i(t)$ 为蝙蝠 i 在算法中所需要的 3 个参数。

在第 $t+1$ 代时，每只蝙蝠首先更新其速度，即
$$v_{ik}(t+1)=v_{ik}(t)+(x_{ik}(t)-p_k(t))\cdot \mathrm{fr}_i(t) \tag{1.2}$$

其中，$\vec{p}(t)=(p_1(t),p_2(t),\cdots,p_k(t),\cdots,p_D(t))$ 表示前 t 代所发现的群体历史最优位置，而 $[x_{ik}(t)-p_k(t)]\mathrm{fr}_i(t)$ 则表示 $\vec{x}_i(t)$ 与 $\vec{p}(t)$ 之间的偏离对下一代速度的影响。

在此基础上，每只蝙蝠在进行全局搜索或局部搜索时，其搜索方式的选择均以一种纯随机的方式来确定，即随机选择一个介于 $(0,1)$ 且满足均匀分布的随机数 rand_1。若 $\mathrm{rand}_1<r_i(t)$，则蝙蝠 i 将按照下述全局搜索方式进行觅食。
$$x'_{ik}(t+1)=x_{ik}(t)+v_{ik}(t+1) \tag{1.3}$$

否则，蝙蝠 i 将进行局部搜索，即
$$x'_{ik}(t+1)=p_k(t)+\varepsilon_{ik}\cdot \overline{A}(t) \tag{1.4}$$

其中，ε_{ik} 为一个介于 $(-1,1)$ 且满足均匀分布的随机数；$\bar{A}(t) = \dfrac{\sum\limits_{i=1}^{n} A_i(t)}{n}$ 为蝙蝠在 t 时刻的平均响度。频率 $\mathrm{fr}_i(t)$ 按照下式随机产生。

$$\mathrm{fr}_i(t) = \mathrm{fr}_{\min} + (\mathrm{fr}_{\max} - \mathrm{fr}_{\min})\mathrm{rand}_2 \tag{1.5}$$

其中，rand_2 为介于 $(0,1)$ 且满足均匀分布的随机数；两个参数 $\mathrm{fr}_{\max}$ 和 $\mathrm{fr}_{\min}$ 分别为预设的频率上限与下限。

在计算得到新位置 $\vec{x}_i'(t+1) = (x_{i1}'(t+1), x_{i2}'(t+1), \cdots, x_{ik}'(t+1), \cdots, x_{iD}'(t+1))$ 后，基本蝙蝠算法不会直接移动到新位置，而是根据如下的位置更新规则来判断是否移动。

在更新位置时，选择一个介于 $(0,1)$ 且满足均匀分布的随机数 rand_3，当条件 $\mathrm{rand}_3 < A_i(t)$ 与 $f(\vec{x}_i'(t+1)) < f(\vec{x}_i(t))$ 一同满足时，蝙蝠 i 将位置更新为 $\vec{x}_i'(t+1)$；否则，不更新位置，蝙蝠 i 的位置仍为 $\vec{x}_i(t)$，即

$$\vec{x}_i(t+1) = \begin{cases} \vec{x}_i'(t+1), & \mathrm{rand}_3 < A_i(t) \text{ 且 } f(\vec{x}_i'(t+1)) < f(\vec{x}_i(t)) \\ \vec{x}_i(t), & \text{其他} \end{cases} \tag{1.6}$$

响度 $A_i(t+1)$ 更新公式为

$$A_i(t+1) = \alpha A_i(t) \tag{1.7}$$

而脉冲发射速率 $r_i(t+1)$ 的更新公式为

$$r_i(t+1) = r_i(0) \cdot (1 - \mathrm{e}^{-\gamma t}) \tag{1.8}$$

其中，$\alpha > 0$ 及 $\gamma > 0$ 均为预先设定的参数，$A_i(0)$ 为响度的初值，$r_i(0)$ 为脉冲发射速率初值。

在基本蝙蝠算法中，式（1.2）与式（1.3）代表算法的全局搜索机制，而式（1.4）则代表蝙蝠算法的局部搜索机制。基本蝙蝠算法的流程（见图1.4）如下。

（1）初始化参数 $\vec{x}_i(0)$、$\vec{v}_i(0)$、$A_i(0)$ 及 $r_i(0)$，对于每只蝙蝠，按照式（1.5）产生脉冲频率 $\mathrm{fr}_i(0)$。

（2）计算各蝙蝠的适应值，记 $\vec{p}(0)$ 为群体性能最优的位置，即 $f(\vec{p}(t)) = \min\{f(\vec{x}_i(0)) | i = 1, 2, \cdots, n\}$，令 $t = 0$。

（3）按照式（1.2），计算各蝙蝠在第 $t+1$ 代的速度。

（4）对于蝙蝠个体 i，产生一个介于 $(0,1)$ 且满足均匀分布的随机数 rand_1，若 $\mathrm{rand}_1 < r_i(t)$，则按照式（1.3）计算该蝙蝠的新位置 $\vec{x}_i'(t+1)$；否则，按照式（1.4）计算新位置 $\vec{x}_i'(t+1)$。

（5）计算新位置 $\vec{x}_i'(t+1)$ 的适应值。

（6）分别按照式（1.6）～式（1.8）更新位置、响度及脉冲发射速率。

（7）更新群体历史最优位置 $\vec{p}(t+1)$。

（8）如果满足结束条件则终止算法，并输出所得到的最优解 $\vec{p}(t+1)$；否则，令转到第 $t+1$ 代，即转入步骤（3）。

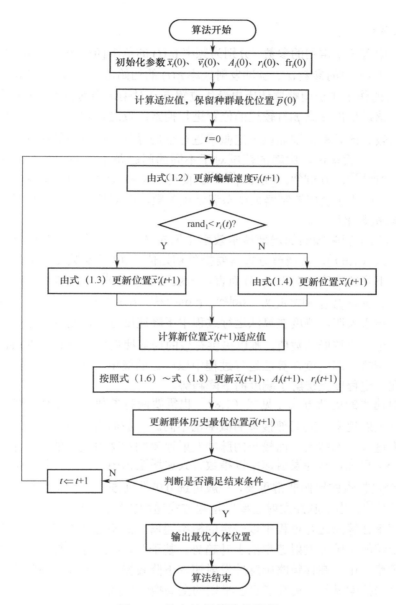

图 1.4　基本蝙蝠算法的流程

1.5　蝙蝠算法研究综述

自从蝙蝠算法提出以来,许多学者都对其进行了研究,下面将从参数选择、结构调整、混合算法及应用研究这 4 个方面对蝙蝠算法的研究现状进行阐述。

1. 参数选择

蝙蝠算法中有 5 个常用的参数，分别为频率 $\mathrm{fr}_i(t)$ 的范围 $[\mathrm{fr}_{\min}, \mathrm{fr}_{\max}]$、响度 $A_i(t)$ 的初始值 $A_i(0)$、式（1.7）中的参数 α、脉冲发射速率 $r_i(t)$ 的初始值 $r_i(0)$ 及式（1.8）中的参数 γ。

频率 $\mathrm{fr}_i(t)$ 的作用在于调整群体历史最优位置 $\vec{p}(t)$ 对蝙蝠当前位置的影响程度，若频率的范围较大，该蝙蝠能在离 $\vec{p}(t)$ 较远的位置进行搜索；反之，则只能在 $\vec{p}(t)$ 的局部范围内搜索，这表明较大的频率范围能以一定概率进行全局寻优，而较小的频率范围则能保证蝙蝠的局部寻优。一般来说，频率的范围对于不同的问题是不同的，已有的频率范围包括 [0,1][21-23]、[0,2][24-27]、[0,5][28]、[0,100][29-32]。此外，Xie 等[33]提出了频率的自适应调整策略，Perez 等[34]设计了模糊控制器来动态调整该参数，而刘长平等[35]则将频率用一个满足 Lévy 分布的随机数来取代。

响度 $A_i(t)$ 用于影响蝙蝠的局部搜索效率［见式（1.4）中的平均响度 $\bar{A}(t)$］及位置的更新规则［见式（1.6）］，其调整方式需要提供初始值 $A_i(0)$ 及参数 α。显然，α 的选择直接决定了响度下降的速度。对于 $A_i(0)$ 而言，一般可以取 0.9[28]、0.95[24]、0.5[25, 27]及[0,0.1]中的随机数[30]，而参数 α 则可取为 0.99[28]、0.95[21,25]、0.9[30-32]、0.8[24]、0.7[33,19]及 0.6[36]。进一步的试验结果表明，响度在算法运行过程中下降速度过快，则 $\bar{A}(t)$ 在算法搜索过程初期将迅速下降至一个较低的数值，难以提供有效的局部搜索[37]。因此，Yilmaz 等[37]提出一种响度的更新策略，即响度在算法运行过程中以一定的概率下降，而不是随着代数增加而下降，从而在一定程度上缓解了响度的下降趋势。

脉冲发射速率的更新方式［见式（1.8）］也需要两种参数：初始值 $r_i(0)$ 及参数 γ。对于不同的脉冲发射速率，其局部搜索的概率也不同。一般而言，较大的脉冲发射速率意味着较大的概率进行局部搜索，而较小的脉冲发射速率则意味着较小的概率选择全局搜索方式。由式（1.8）可知，脉冲发射速率以指数方式递增至 $r_i(0)$，因此，初始值 $r_i(0)$ 的选择对于局部搜索/全局搜索的比例非常重要，一般可选 0.9[29]、0.5[21,25,26,28]、0.2[36]、0.01[33]及(0,1)中的随机数[19,22,32]。由于脉冲发射速率以指数方式递增较快，Yilmaz 等[37]提出一种策略，即脉冲发射速率在算法运行过程中以一定的概率递增，而不是随着代数增加而递增，因此在一定程度上缓解了脉冲发射速率的上升趋势。基于此，Cai 等[38]提出一种脉冲发射速率的线性递减策略，由于在该策略中脉冲发射速率下降较慢，因此使得算法在早期能有更多的蝙蝠执行全局搜索操作，提高了算法早期的全局搜索性能。

2. 结构调整

蝙蝠算法的全局搜索方式主要通过式（1.2）与式（1.3）来完成，其速度更新方式的设计对于算法的全局搜索有着重大的影响。受微粒群算法的启发，Yilmaz 等[39,40]与 Cui 等[41]都提出在速度更新方程中引入惯性权重，用于控制惯性所起的作用，而 Cai 等[42]利用振荡环节的稳定性理论探讨了惯性权重参数的取值。与之相反，刘长平等[35]则提出一种具有 Lévy 飞行特征的蝙蝠算法。该算法直接忽略了速度更新方式中的惯性部分，以提高群体历史最优位置所起的作用。类似地，Cai 等[43]及 Cao 等[44]也在算法改进中删除了速度更新方式中的惯性部分以提高算法性能。Dhal[45]等结合一种新的动态惯性权值，提出了一种改进的蝙蝠算法，并对算法参数提出了自适应策略，即主要是利用混沌序列和改进的种群多样性度量对蝙蝠进行局部搜索，得到一个改进的初始种群。Ramli 等[46]通过改变维度大小和提供惯性权值来改进蝙蝠算法在优化求解中的应用。另外，结构化种群是控制搜索多样性的重要策略。因此，Mohammed 等[47]将岛屿模型策略应用于蝙蝠算法中，增强了算法的搜索多样性。

Bahmani-Firouzi 等[48]给出了 3 种不同的速度更新公式，不同于式（1.2），在这些速度更新公式中，群体历史最优位置分别被群体历史最差位置、当代随机位置及当代平均位置所取代，利用这些信息可以在一定程度上提高算法的全局搜索性能。Khan 等[49]参照粒子群算法的速度更新公式，将蝙蝠个体的历史最优位置引入速度更新方程，与式（1.2）类似，速度的移动方向以远离该位置为主，从而使得算法易于跳出局部极值点。Gan 等[50]提出了迭代局部搜索算法，具有较强的跳出局部最优解的能力，并且在速度更新公式中引入随机惯性权重，提高蝙蝠的多样性和灵活性。Cao 等[51]则将群体历史最优位置调整为质心位置，并讨论了算术质心、几何质心、调和质心等几种不同的质心方式，从而改善了算法性能。Cui 等[52]提出了一种结合质心策略的新型蝙蝠算法，并且给出了速度无惯性更新方式。Jaddi 等[53]在速度更新方式中，不仅考虑了群体历史最优位置与个体历史最优位置的算术平均位置的影响，而且考虑了群体历史最优位置与个体历史最优位置的差异所带来的影响。而 Yilmaz 等[40]在速度更新公式中，还考虑了其他个体对该个体的影响，用以改善蝙蝠飞行方向的随意性，减小算法陷入局部极值点的概率。Huang 等[54]为了控制全局搜索和局部搜索的强度，通过添加惯性权重因子来更新速度公式，对二进制蝙蝠算法进行了改进。

位置更新公式同样有许多工作，在基本蝙蝠算法的位置更新公式［见式（1.3）］中，速度与位置的权重均为 1，而 Wang 等[55]对位置更新公式［见式（1.3）］进行了修改，他们在速度项增加了权重，该权重随着迭代次数的增加而逐步增加，从而提高了速度在位置更新公式中的影响。Xie 等[33]则受微分进化算法的启发，将位置更新公式修改为在群体历史最优位置附近扰动，其范围受 4 个随机选择蝙蝠位置的联合影响。谢健等[56]在位置更新公式中额外增加 Lévy 分布的信息，能有效地提升算法的全局搜索性能。受差分进化算法启发，Fister 等[28]提出了类似于"rand/1/bin""rand-to-Best/1/bin""best/2/bin""best/1/bin"的位置更新公式。Zhu 等[57]针对算法不同阶段设计了相应的位置更新方式，在算法早期，距离群体历史最优位置较远的蝙蝠将会向最优位置移动，以改善其性能，而距离群体历史最优位置较近的蝙蝠则将在一个小邻域内随机移动，以便进一步提高局部搜索性能。在算法后期，所有的蝙蝠将会被平均位置所吸引，从而向平均位置移动以避免陷入局部极值点。

局部搜索方面［见式（1.4）］，Sundaravadivu 等[58]将布朗运动引入位置更新方式，用于替换随机数 ε_{ik}。然而，由于 $\overline{A}(t)$ 下降过快，其局部搜索性能不是很好。因此，Cai 等[43,59]用正态分布替换 ε_{ik}，用线性递减的参数 η 替换 $\overline{A}(t)$，从而提高了算法的局部搜索性能。此外，Cai 等[60]还用 Lévy 分布替换了正态分布，进一步改善了算法性能。Wang 等[61]提出了一种新的局部搜索方式，该方式在蝙蝠当前位置与群体历史最优位置所在的线段上任意选点，从而对点的搜索范围提供了一个明确的导向。Rizk-Allah[62]等将二进制蝙蝠算法和局部搜索算法 LSS 相结合，防止在局部优化中陷入局部最优，提高了蝙蝠的多样性和收敛性能。

Lin 等[63]提出一种混沌 Lévy 蝙蝠算法，该算法将局部搜索公式［见式（1.4）］的 ε_{ik} 用混沌搜索进行了替换。而 Hamidzadeh 等[64]提出了一种基于混沌蝙蝠算法（WSVDD-CBA）的加权 SVDD 方法，该方法基于混沌函数的新权值和遍历性，以及蝙蝠算法的全局搜索和局部搜索之间的自动切换。Deng 等[65]在局部搜索阶段采用了微分进化算法的 DE/rand/2 策略，即其扰动范围受 4 个随机选择蝙蝠位置的联合影响。Ghanem 等[66]受蝙蝠回声定位现象的启发，利用一种特殊的变异算子提高了标准 BA 的多样性，解决了局部最优捕获问题。Chakri 等[67]在标准的蝙蝠算法中引入了方向回声定位，在搜索时蝙蝠向两个不同的方向发射两束脉冲：一束向最优位置的方向发射；另一束向随机选择的方向发射，以此来决定蝙蝠下一步的移动方向。这样可以使运动方向多样化，特别是在迭代初始阶段，从而避免过早收敛。Shan 等[68]提出了一种基于协方差自适应进化过程的改进蝙蝠算法，提高了算法的全局搜索能力，解决了算法早熟收敛和局部最优问题。Tawhid 等[69]提出了一种求解无约束全局优化问题的多向蝙蝠算法，通过调用全方位搜索算法来克服蝙蝠算法作为一种元启发式算法收敛速度慢的问题。Chakri 等[67]在标准的蝙蝠算法中引入了方向回声定位，以增强其探测和开发能力，提高搜索能力，避免出现早熟收敛。

蝙蝠算法结构方面也有许多研究，Topal 等[70]将蝙蝠分为两类：探索型蝙蝠及开采型蝙蝠。探索型蝙蝠专门探索食物源；而开采型蝙蝠则主要用于开采食物，两类群体之间以一定的概率相互交换信息。借助于蝙蝠的生活习性，王文等[71]设计了两种全局搜索公式，性能较优的蝙蝠受群体历史最优位置的吸引，以局部搜索为主，而性能较差的蝙蝠则采用随机搜索的方式以避免陷入局部极值点。Saha 等[72]引入各蝙蝠当前位置的对称位置，该算法不仅计算蝙蝠的当前位置，还计算其对称位置的适应值，并且在比较优劣后保留较优的位置。Wang 等[73]在算法运行过程中动态调整各蝙蝠的飞行方向及飞行速度，并在局部搜索中增加了随机搜索及抖动搜索两种策略。Shang 等[74]针对标准蝙蝠算法的进化特点，提出了一种具有自学习和个体变异能力的蝙蝠算法。在该算法中，具有自学习能力的全局最优个体可以在小范围内进行自优化，从而使其他个体进行深度搜索。此外，每个个体根据其适应度的比例产生一个动态的数量变异聚类。

Taha 等[75]提出一种多种群蝙蝠算法，若在规定代数内蝙蝠算法更新了群体历史最优位置，则算法有效并继续运行规定代数；否则，仅保留最优蝙蝠的位置及速度，让其余蝙蝠重新随机生成，并将所有蝙蝠等分为几个种群，在各种群独立进化若干代后再合成一个种群。类似地，Heraguemi 等[76]提出了一种多种群协同蝙蝠算法，该算法采用主从式并行方式，每个子群体构成一个辅助群体，各自进化后相互传递最优解。Jamil 等[77]为了在无噪声和加性高斯白噪声（AWGN）环境下解决多模态问题，提出了一种改进的蝙蝠算法（Improve Bat Algorithm，IBA），该算法可以成功地定位多个解，具有较高的精度。

Cui 等[78]提出了搜索范围的自适应调整策略，当算法运行若干代后，依据得到的信息自动调整定义域，从而压缩了算法的搜索范围，改善了算法的全局搜索性能。Li 等[26]提出一种复数形式的蝙蝠算法，在该算法中，每只蝙蝠既有实部又有虚部，从而可以利用实部和虚部构造不同的移动方向，改善算法的搜索性能。Mokhov 等[79]采用基于代理的元启发式算法求解离散优化问题，通过分析蝙蝠算法在求解离散优化动态问题中的应用，确定蝙蝠算法的特点和设置规则。

3. 混合算法

算法的混合策略是指利用不同优化算法的高效部分，通过"强强合作"来改善算法性能。一般而言，混合算法可以分为两类：内部合作与外部合作。内部合作是指将一种算法的某个算子用其他算法的算子取代，以便改善该算子的搜索性能；而外部合作是指几种算法依次串行运行或同步并行运行，以便提高最终结果的性能。

Wang 等[80]将和声搜索算法的变异操作引入蝙蝠算法的局部搜索，从而有助于避免蝙蝠算法在多峰函数中出现的早熟现象。Coelho 等[81]也采用了类似的思想，只不过将局部搜索用微分进化算法中的微分算子替换，用以改善算法的搜索质量。Pravesjit 等[82]将杂草算法、遗传算法及蝙蝠算法进行了混合，其中，杂草算法与遗传算法产生一个种群，蝙蝠算法产生另一个种群，并保留群体历史最优位置较优的种群。Wang[83]将蝙蝠算法与精英多父混合优化算法相结合，从而对混合离散变量进行优化。该算法首先采用蝙蝠算法进行粗优化，然后采用精英多父混合优化算法进行精确优化。Gunji 等[84]提出了一种新的装配序列优化算法，即混合布谷鸟蝙蝠算法，提升了装配效率并防止陷入局部最优值。Li 等[85]针对蝙蝠算法易陷入局部最优且缺乏深度局部搜索能力的问题，提出了一种速度自适应混合蛙跳蝙蝠算法。Chaudhary 等[86]提出了一种改进搜索的蝙蝠群算法（Swarm Bat Algorithm with Improved Search，SBAIS），它是改进搜索的蝙蝠算法（BAIS）和混合进化算法（Shuffled Complex Evolution，SCE）的混合算法。Neelima 等[87]提出了一种用于关联规则优化的人工蜂群算法与蝙蝠算法的混合算法，用蝙蝠的随机游走代替了人工蜂群算法的旁观蜜蜂阶段，以增加探索。混沌搜索是一种常用的保证全局搜索的策略，Afrabandpey 等[88]将混沌搜索引入蝙蝠算法；而 Gandomia 等[27]则对该混合进行了详细研究，该研究涉及 13 种混沌搜索，并将混沌搜索引入频率的更新及速度的更新。与之类似，Jordehi[89]则将混沌映射引入响度及脉冲发射速率。

Sadeghi 等[90]将蝙蝠算法与微粒群算法相混合，由微粒群算法首先获得一个较优的可行域；在此基础上，再由蝙蝠算法进一步优化以便得到一个更优的解。Strumberger 等[91]将蝙蝠遗传算法与人工蜂群元启发式算法相结合，对经典的均值—方差组合选择公式进行了扩展。而 Pan 等[92]则采用不同的混合方式，在算法中使用两个种群：一个种群运行微粒群算法；另一个种群运行蝙蝠算法，当单独运行若干代后，将各种群的优秀个体散布到其他种群。Kumar 等[93]先运行蝙蝠算法将搜索范围压缩，然后利用重力优化算法进一步改善结果。Goyal 等[94]在全局搜索与局部搜索之间，增加一次细菌觅食优化算法，以便提高全局搜索的精度。Lin 等[63,95]将混沌搜索与 Lévy 分布结合修改了算法的局部搜索方式，有效地提高了算法的全局搜索性能。Shehab 等[96]在标准的布谷鸟搜索算法中建立了宿主巢的种群，然后通过特定的部分得到一个解，从而在蝙蝠算法中识别出一个新的解，克服了标准 CSA 收敛速度慢的缺点，避免了陷入局部最优。

4. 应用研究

无线传感器技术可以用于定位、监测、目标跟踪、导航等，现已成为通信领域及计算机领域的一个研究热点。在节点定位[95, 97]方面，一些学者利用蝙蝠算法改善了DV-Hop定位算法的预测精度[98-100]。Mihoubi等[101]提出了一种有效的蝙蝠定位算法，该算法基于蝙蝠速度的自适应性，将欧几里得距离作为适应度，迭代计算节点的位置。Sun等[102]利用蝙蝠算法及拟牛顿法来确定传感器的位置。在无线传感器网络部署的三维环境中，Ng等[103]利用决策理论和模糊逻辑技术，增强了人工蝙蝠的搜索行为，使其更加智能和高效，并使得系统生存期、成本、覆盖范围、连通性和容错性之间取得最佳平衡。在网络路由协议方面，Cao等也将蝙蝠算法用于LEACH协议的优化[57]。Meraihi等[104]提出了一种改进的二进制蝙蝠算法，用于解决无线网格网络的QoS组播路由问题，该算法满足时延、时延抖动、带宽和丢包率等多个QoS约束条件的要求，得到了一种低成本的组播树。Perez等[105]应用蝙蝠算法优化一个独轮车移动机器人的轨迹。Pan等[106]用一个演化蝙蝠算法来优化协议路径选择方案；而Boussalia等[107]采用扩展的蝙蝠算法来优化基于服务质量的Web服务组合方式。针对多协议标签交换网络，Masood等[108]提出了一种基于元启发式帕累托的蝙蝠算法，在多个约束条件的多目标条件下计算最优路径。在光通信网络领域，Ali等[109]针对拉曼光纤放大器提出了一种基于多目标蝙蝠算法的结构设计。该方法的主要目的是在保持激光波长和放大器功率较高的同时，尽可能地降低放大器的噪声和纹波值。Bansal等[110]提出了新的并行混合多目标蝙蝠算法，在合理的计算时间内生成最短长度的Golomb标尺，提高了在尺长和总光信道带宽方面的效率。Li等[111]利用基于蝙蝠算法的反向传播神经网络来解决热误差建模问题，该模型更加稳定，具有较高的定位精度。在动态网络中，Zhou等[112]为了克服动态网络中参数选择的局限性，进一步提高了动态网络中社区检测的质量，采用离散形式设计了蝙蝠位置更新策略，在生成过程中，采用非优势排序和拥挤距离机制保持较好的解。而Messaoudi等[113]提出了一种新的多目标蝙蝠算法，该算法利用均值漂移算法生成初始种群，从而获得高质量的解，应用于社会动态网络中的社区检测问题。在入侵检测方面，Shen等[114]提出一种基于随机子空间的集成方法，该方法以极限学习机（ELM）作为基分类器，并采用集合精度和多样性适应度函数的蝙蝠算法来优化集成模型。

蝙蝠算法也被利用于电力系统领域优化。Gautham等[115]引入了一种新的蝙蝠算法来解决经济负荷调度（ELD）问题，从而使电力系统发电网络获得最有效的运行。Vedik等[116]提出了一种田口二进制蝙蝠算法（Taguchi Binary Bat Algorithm，TBBA）用于电力系统中向量测量单元（Phasor Measurement Units，PMUs）的最佳定位。Mohamed等[117]还提出了一种新的多目标二进制蝙蝠算法，同时排序和选择击键动态特征。Viknesh等[118]还针对智能电网中的电力管理问题，设计了一种采用蝙蝠算法开发的自适应模糊控制系统。Kumar等[119]提出了一种基于混合技术的应急观测方法。所采用的混合算法是蝙蝠算法与微粒群算法的接口，用于检验RDS中的权变和可靠性指标，从而提高径向配电系统的可靠性。Pei等[120]把电力系统恢复过程中机组启动问题抽象为一个多目标组合优化背包问题，最终利用蝙蝠算法求解出优化模型帕累托最优解集。

控制器是一种常用的控制装置，其性能的优劣直接影响到控制装置的效率。Rahmani等[121]利用蝙蝠算法对机器人操纵装置的控制器进行优化，Abd-Elazim等[122]则利用蝙蝠算法优化非线性互联电力系统的负荷频率控制器。Dipayan等[123]针对电力系统负载频率控制问题，模拟蝙蝠的回声定位行为，设计了蝙蝠定位算法，然后将二进制算法进行杂交，提高了算法的收敛速度，对控制器增益进行了并行优化，有效地抑制系统的振荡。而 Chaib 等[124]提出了一种电力系统稳定器（PSS），基于分数阶 PID 控制器和 PSS，首次使用一种新的蝙蝠优化算法，根据回声定位的行为来提高电力系统的稳定性。Haji 等[125]提出了一种基于动态控制参数选择的蝙蝠算法，并且设计了一种基于动态蝙蝠算法的分数阶 PID（FOPID）控制器。Omer 等[126]将 PI 控制器设计问题转化为混合灵敏度最小化问题，并用蝙蝠算法求解。控制器的参数优化也是一个较为重要的研究内容，Fister 等[127]将蝙蝠算法用于 PI 控制器的参数设置，Dash 等[128]将该算法应用于多区域热系统以优化 PD-PID 串级控制器的参数，而 Ramirez-Gonzalez 等[129]利用蝙蝠算法对模糊电力系统稳定器的参数进行调整，Nor'Azlan 等[130]研究了蝙蝠算法对 MPID 控制器参数的优化性能。Rahmani 等[131]采用多目标蝙蝠算法（Multi-Objective Bat Algorithm，MOBA）对 MEMS 陀螺仪进行优化设计，以优化控制器的参数。Li 等[132]通过控制参数化和时间离散化，将寻求时间最优控制律的问题转化为参数优化问题，从而用蝙蝠算法推导出控制律，然后引入多机器人系统的实际状态作为反馈信息，消除编队误差。Yuniahastuti 等[133]提出了一种基于频率控制电容储能（Capacitive Energy Storage，CES）和 PID 的控制策略，采用蝙蝠算法对 MHPP 中优化后的 CES-PID 参数进行求解。Oshaba 等[134]将最大功率点跟踪的设计任务表示为一个优化问题，用蝙蝠算法求解，寻找 PI 控制器的最优参数。Ekinci 等[135]将蝙蝠算法应用于电力系统的稳定器设计，Safarinejadian 等[136]利用蝙蝠算法及 II-型模糊控制器进行故障诊断，Sathya 等[137]则对互联电力系统的 PI 控制器进行优化。在机器人方面，Huang 等[138]针对现场可编程门阵列（Field Programmable Gate Array，FPGA）芯片中自主移动机器人在线自适应模糊控制问题，提出了一种改进的蝙蝠算法软计算与动态模型硬计算的融合方法。而 Ben Ameur 等[139]提出了一种新的现场可编程门阵列（FPGA）硬件实现的蝙蝠算法，这是一个新的元启发式的全局优化。Suárez 等[140]描述了第一个物理和计算实现的蝙蝠算法，用于群机器人的协调探索。Ibraheem 等[141]对标准蝙蝠的频率参数提出了一种新的修正（修正频率蝙蝠算法），利用该算法研究了移动机器人在动态环境下的路径规划问题。

软件工程是针对软件的设计、实现、测试等方面研究的学科，由于其中存在大量的优化问题，因此一些学者也将蝙蝠算法应用其中。Rong 等[142,143]利用蝙蝠算法来设计静态软件缺陷预测模型，用于对软件中有缺陷的模块进行预测。软件产品线设计是一种量化生产软件的方法，Alsariera 等[144]引入蝙蝠算法对软件产品线生产的软件质量进行评估。

特征选择是一类面向模式识别、机器学习及信号处理等方面的研究领域。Taha 等[36]利用蝙蝠算法来优化朴素贝叶斯分类器的参数，并将该混合算法应用于特征选择。在其基础上，Taha 等[145]通过增加交互信息进一步改善了选择的精确度。Tharwat 等[146]提出了一种蝙蝠算法（BA）来优化 SVM 的参数，从而降低分类误差。Cui 等[147]采用主成分分析方法和蝙蝠算法设计了 PCA_BA 和 PCA_LBA，并利用黄金分割法确定相关阈值和生成阈值，提高了该策略的有效性。Enache 等[148]利用二进制蝙蝠算法对入侵检测的特征选择问题进行了求解；而 Jeyasingh[149]等提出了一种改进的蝙蝠算法（Modified Bat Algorithm，MBA），用于从原始数据集中剔除不相关的特征，从而提高射频识别乳腺癌发生的分类精度。

Heraguemi[76, 150]提出了一种多种群协同蝙蝠算法用于规则提取。Preeti 等[151]利用 DCT-PCA 方法降低维数，并提取蝙蝠算法后的特征，得到一组最适合在非受控环境下人脸识别的特征。Ali[152]设计了一个多阶段概率机器学习模型，并结合蝙蝠算法，进行精确的降雨预报。Kuppusamy 等[153]利用蝙蝠算法对彩色眼底图像进行阈值化，并应用人工神经网络（Artificial Neural Network，ANN）检测青光眼。而 Dhar 等[154]提出了一种基于 IT2FS 的图像阈值分割方法，通过最小化 IT2FS 熵，降低了图像的不确定性，得到了最优的阈值。Mishra 等[155]利用蝙蝠算法，求出不同目标函数值的最优阈值，利用 Lena 图像对不同阈值下不同目标函数进行了比较分析。聚类是一种机器学习技术，蝙蝠算法也常与聚类算法相结合以达到更好的聚类效果。Tripathi 等[156]提出了一种新的基于动态频率的蝙蝠算法，并将该方法与 k-means 结合，使得该算法聚类效果优于算法。Munshi 等[157]介绍了一种具有聚类光伏发电模式各种目标函数的蝙蝠算法，具有明显的高分离度。机器学习在入侵检测模型的构建中也起着重要的作用。Jalal 等[158]提出了一种基于随机子空间的集成方法，该方法以极限学习机（ELM）作为基分类器，提出了一种基于蝙蝠算法的集成剪枝方法。Apriori 算法是一种常见的关联规则挖掘算法，它生成频繁项集。Neelima 等[159]提出了一种新的混合 ABCBAT 算法，是 ABC 算法与 BAT 算法的随机游走混合。将混合 ABCBAT 算法应用于 Apriori 算法中提取的频繁项集，使频繁项集最小化。

生物信息学是利用计算机科学和信息技术研究生物信息的采集、处理等方面的学科。Xue 等[160]利用蝙蝠算法求解了蛋白质折叠的 HP 模型，其他学者则求解了蛋白质折叠的 Toy 模型[161-164]及 RNA 二级结构预测问题[165,166]。Lu 等[167]利用蝙蝠算法对基于极端学习机（ELM）的脑组织病变检测系统进行优化。

Wu 等[168]及 Gandomi 等[169]面向约束优化问题设计了相应的改进蝙蝠算法，并将其应用于电力市场价格的预测问题[170]。Reddy 等[171]提出了一种基于蝙蝠算法的反向传播方法，用于考虑温度、湿度等天气因素的短期负荷预测。而 Yang 等提出了多目标优化的蝙蝠算法[172]，并将其应用于最优放置问题[173]。Yuan 等[174]提出了一种改进的基于加权法的蝙蝠算法来求解多目标非线性约束优化问题——最优潮流问题。Chen 等[175]结合蝙蝠算法（BA）和微分进化（DE）的特点，提出了一种新的混合 BA DE 元启发式算法，用于解决多目标优化框架下的模糊投资组合选择问题。S. Sejpal 等[176]利用蝙蝠算法和萤火虫算法在小波变换和奇异值分解域对多个目标进行优化。Chakri 等[177]为了克服概率约束评价的困难，采用可靠设计空间的概念将产生的随机约束优化问题从 RBDO 公式转化为确定性约束优化问题。Mukherjee 等[178]在考虑不确定性因素影响的情况下，首次采用一种新的方向蝙蝠算法（dBA）对复合材料层合板进行约束设计优化。在钢桁架的优化设计方面，Mohsen 等[179]将基于学习的优化算法和蝙蝠算法进行了混合，同时优化桁架的尺寸和几何尺寸，使钢材的成本最小化。正交匹配跟踪（OMP）作为最著名的重建算法之一，在许多方面都得到了广泛的应用。然而，由于全局搜索能力有限，因此常陷入局部最优。Zhang 等[180]将蝙蝠算法引入正交匹配跟踪（OMP）算法中，提高了全局搜索能力。

此外，蝙蝠算法还应用于视觉跟踪[181]、机器人集群[182]、配电网重构[183]、光伏系统[184]、卫星图像分类[184]、冗余分配[185]、风力发电[186,187]、枚举策略[188]、参数预测[189-191]、最优放置问题[176,192,193]、运动训练[194]、社团结构预测[195]、车辆路径问题[196,199]、卫星的多跑道着陆[200]、天线优化问题[201]、水资源配置[202]、多模盲均衡算法的性能优化[203]、作业车间调度[204,205]、云资源任务调度[206,207]、换热器优化[208-209]、拆卸序列规划[210]、电力系统经济调度[211]、多目标联合经济排放调度[212-214]、天线阵元失效[215]、调度问题[216,217]、制造服务组合（MSC）[218]、药品配送[219]、黑盒优化[220]等方面，如有兴趣，请查阅相关文献，在此就不一一赘述了。

1.6 本书的框架

全书共分为 8 章，可以分为导引篇、原理篇和应用篇三大部分。本书整体篇章结构如图 1.5 所示。

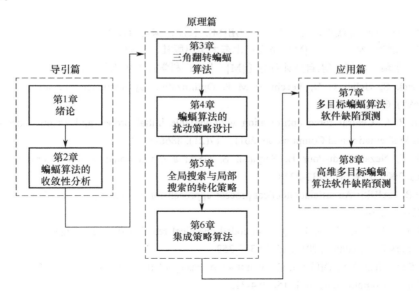

图 1.5 本书整体篇章结构

本书第 1 章从蝙蝠优化算法的收敛性分析、算子设计、转化方式、集成策略及软件缺陷预测等方面对蝙蝠优化算法进行了理论及应用研究；第 2 章从速度更新方式入手，分析了基本蝙蝠优化算法以概率 1 收敛需要满足的条件，并提出了标准蝙蝠优化算法，对其收敛性进行了分析，这两章的内容构成了全书的导引篇。关于蝙蝠优化算法原理阐述的第 3～6 章作为原理篇内容，这构成了全书的主体部分。该部分首先将三角翻转法思想引入蝙蝠优化算法的全局搜索策略，针对记忆型速度更新方式设计了速度三角翻转方式、位置三角翻转方式及混合三角翻转方式 3 种不同的速度更新策略；然后证明了标准蝙蝠优化算法的局部搜索策略能保证算法收敛到某个局部极值点，并在此基础上，设计了线性递减与曲线递减两种高效的局部搜索策略，将其嵌入快速三角翻转蝙蝠优化算法，用于 LEACH 协议优化；最后将蝙蝠位置的适应值信息引入全局搜索与局部搜索之间的转化策略，设计了基于秩的转化策略与基于数值的转化策略，提出了一种基于启发式信息的统一搜索蝙蝠优化算法，并将其应用于 DV-Hop 定位算法。对于蝙蝠优化算法所取得的应用成果的第 7~8 章作为应用篇内容，这两章围绕软件缺陷预测问题，分别构造多目标软件缺陷预测模型和高维多目标软件缺陷预测模型。通过设计相应的多目标蝙蝠优化算法（Multi-Objective Bat Algorithm，MoBA）和高维多目标蝙蝠优化算法（Many-Objective Bat Algorithm，MaBA）来对模型进行求解。这些都是作者自身研究成果的结晶，因此相关材料掌握充分，内容讲解细致，讨论比较深入，便于读者举一反三、亲身实践。

参 考 文 献

[1] 徐培德，邱涤珊. 非线性最优化方法及应用[M]. 长沙：国防科技大学出版社，2008.

[2] 朱本仁，蒙特卡罗方法引论[M]. 济南：山东大学出版社，1987.

[3] 吴启迪，康琦，汪镭，等.自然计算导论[M]. 上海：科学技术出版社，2011.

[4] Kirkpatrick S, Gelatt C D, Vecchi Jr M P. Optimization by simulated annealing[J]. Nature, 1983, s220(4598): 671-680.

[5] Formata R A. Central force optimization with variable initial probes and adaptive decision space[J]. Applied Mathematics and Computation, 2011, 217(21): 8866-8872.

[6] Rashedi E, Nezamabadi-Pour H, Saryazdi S. GSA: a gravitational search algorithm[J]. Information Sciences, 2009, 179(13): 2232-2248.

[7] Irizarry R. LARES: An articial chemical process approach for optimization[J]. Evolutionary Computation, 2004, 12(4): 435-459.

[8] Lam A Y S, Li V O K, Yu J J Q. Real-coded chemical reaction optimization[J]. IEEE Transactions on Evolutionary Computation, 2012, 16(3): 339-353.

[9] Das S, Suganthan P N. Differential Evolution: A survey of the state-of-the-art[J]. IEEE Transactions on Evolutionary Computation, 2011, 15(1): 4-31.

[10] Gong M G, Jiao L C, Zhang L N. Baldwinian learning in clonal selection algorithm for optimization[J]. Information Sciences, 2010, 180(8): 1218-1236.

[11] 王丽芳. copula 分布估计算法[M]. 北京：机械工业出版社，2012.

[12] Dorigo M, Birattari M, Stutzle T. Ant colony optimization-artificial ants as a computational intelligence technique[J]. IEEE Computational Intelligence Magazine, 2006, 1(4): 28-39.

[13] Kennedy J, Eberhart R. Particle swarm optimization[C]. Proceedings of International Conference on Neural Networks, Perth, WA, 1995, November 27-December 1, 1942-1948.

[14] Karaboga D, Basturk B. On the performance of artificial bee colony(ABC) algorithm[J]. Applied Soft Computing, 2008, 8(1): 687-697.

[15] Dai C H, Chen W R, Zhu Y F, et al. Seeker optimization algorithm for optimal reactive power dispatch[J]. IEEE Transactions on Power Systems, 2009, 24(3): 1218-1231.

[16] Das K N, Singh T K. Drosophila food-search optimization[J]. Applied Mathematics and Computation, 2014, 231: 566-580.

[17] He S, Wu Q, Saunders J. Group search optimizer—an optimization algorithm inspired by animal searching behavior[J]. IEEE Transaction on Evolutionary Computation, 2009, 13(5): 973-990.

[18] Yang X S, Deb S. Cuckoo search via levy flights[C]. Proceedings of the 2009 World Congress on Nature and Biologically Inspired Computing, Coimbatore, India, 2009, December 9-11, 210-214.

[19] Yang X S. A new metaheuristic bat-inspired algorithm[C]. Proceedings of International Workshop on Nature Inspired Cooperative Strategies for Optimization 2010. Granada, Spain, 2010, May 12-14, 65-74.

[20] Reynolds R G. An introduction to cultural algorithm[C]. Proceedings of the 3rd Annual Conference on Evolutionary Programming. San Diego, CA, USA, 1994, February 24-26, 131-139.

[21] Hasancebi O, Teke T, Pekcan O. A bat-inspired algorithm for structural optimization[J]. Computers and Structures, 2013, 128(5): 77-90.

[22] Kaveh A, Zakian P. Enhanced bat algorithm for optimal design of skeletal structures[J]. Asian Journal of Civil Engineering, 2014, 15(2): 179-212.

[23] Sabba S, Chikhi S. A discrete binary version of bat algorithm for multidimensional knapsack problem[J]. International Journal of Bio-Inspired Computation, 2014, 6(2): 140-152.

[24] Roeva O, Fidanova S S. Hybrid bat algorithm for parameter identification of an E. Coli cultivation process model[J]. Biotechnology and Biotechnological Equipment, 2014, 27(6): 4323-4326.

[25] Alihodzic A, Tuba M. Improved bat algorithm applied to multilevel image thresholding[J]. The Scientific World Journal, 2014, DOI: 10.1155/2014/176718.

[26] Li L L, Zhou Y Q. A novel complex-valued bat algorithm[J]. Neural Computation and Applications, 2014, 25(6): 1369-1381.

[27] Gandomia A H, Yang X S. Chaotic bat algorithm[J]. Journal of Computational Science, 2014, 5(10): 224-232.

[28] Fister I, Fong S, Brest J. et al. A novel hybrid self-adaptive bat algorithm[J]. The Scientific World Journal, 2014, DOI: 10.1155/2014/709738.

[29] Xue F, Cai Y, Cao Y, et al. Optimal parameter settings for bat algorithm[J]. International Journal of Bio-Inspired Computation, 2015, 7(2): 125-128.

[30] Ali E S. Optimization of power system stabilizers using BAT search algorithm[J]. International Journal of Electrical Power and Energy Systems, 2014, 61(4): 683-690.

[31] Kashi S, Minuchehr A, Poursalehi N, et al. Bat algorithm for the fuel arrangement optimization of reactor core[J]. Annals of Nuclear Energy, 2014, 64(9): 144-151.

[32] Yang X, Gandomi A H. Bat algorithm: a novel approach for global engineering optimization[J]. Engineering Computation, 2012, 29(5): 464-483.

[33] Xie J, Zhou Y Q, Chen H. A novel bat algorithm based on differential operator and Lévy flights trajectory[J]. Computational Intelligence and Neuroscience, 2013, DOI: 10.1155/2013/453812.

[34] Perez J, Valdez F, Castillo O. A new bat algorithm augmentation using fuzzy logic for dynamical parameter adaptation[C]. Proceedings of 14th Mexican International Conference on Artificial Intelligence (MICAI), Polytechn Univ Morelos, Cuernavaca, MEXICO, 2015, OCT 25-31, 433-442.

[35] 刘长平，叶春明. 具有 Lévy 飞行特征的蝙蝠算法[J]. 智能系统学报，2013，8(3)：240-246.

[36] Taha A M, Mustapha A, Chen S D. Naive bayes-guided bat algorithm for feature selection[J]. The Scientific World Journal, 2013, DOI: 10.1155/2013/325973.

[37] Yilmaz S, Kucuksille EU, Cengiz Y. Modified bat algorithm[J]. Elektronika Ir Elektrotechnika, 2014, 20(2): 71-78.

[38] Cai X J, Wang L, Kang Q, et al. Adaptive bat algorithm for coverage of wireless sensor network[J]. International Journal of Wireless and Mobile Computing, 2015, 8(3): 271-276.

[39] Yilmaz S, Kucuksille E U. Improved bat algorithm (IBA) on continuous optimization problems[J]. Lecture Notes on Software Engineering, 2013, 1(3): 279-283.

[40] Yilmaz S, Kucuksille E U. A new modification approach on bat algorithm for solving optimization problems[J]. Applied Soft Computing, 2015, 28:259-275.

[41] Cui Z H, Li F X, Kang Q. Bat algorithm with inertia weight[C]. Proceedings of Chinese Automation Congress, Wuhan, China, 2015, November 27-29, 792-796.

[42] Cai X J, Li W Z, Kang Q, et al. Bat algorithm with oscillation element[J]. International Journal of Innovative Computing and Applications, 2015, 6(3/4): 171-180.

[43] Cai X J, Wang L, Kang Q, et al. Bat algorithm with gaussian walk[J]. International Journal of Bio-inspired Computation, 2014, 6(3): 166-174.

[44] Cao Y, Cui Z H. RNA Secondary structure prediction based on binary-coded centroid bat algorithm[J]. Journal of Bionanoscience, 2014, 8(5): 364-367.

[45] Dhal K G, Das S. A dynamically adapted and weighted bat algorithm in image enhancement domain[J]. Evolving Systems, 2019, 10(2): 129-147.

[46] Ramli M R, Abas Z A, Desa M I, et al. Enhanced convergence of bat Algorithm based on dimensional and inertia weight factor[J]. Journal of King Saud University - Computer and Information Sciences, 2019, 31(4): 452-458.

[47] Mohammed AzmiAl-Betar, Mohammed A.Awadallah[J]. Island bat algorithm for optimization. Expert Systems with Applications, 2018, 107(1): 126-145.

[48] Bahmani-Firouzi B, Azizipanah-Abarghooee R. Optimal sizing of battery energy storage for micro-grid operation management using a new improved bat algorithm[J]. Electrical Power and Energy Systems, 2014, 5(56): 42-54.

[49] K Khan A, Nikov A, Sahai A. Fuzzy bat clustering method for ergonomic screening of office workplaces[C]. Proceedings of Third International Conference on Software, Services and Semantic Technologies S3T, Bourgas, Bulgaria, 2011, September 1-3, 59-66.

[50] Gan C, Cao W, Wu M, et al. A new bat algorithm based on iterative local search and stochastic inertia weight[J]. Expert Systems with Applications, 2018, 104(15): 202-212.

[51] Cao Y, Cui Z H, Li F X, et al. Improved low energy adaptive clustering hierarchy protocol based on local centroid bat algorithm[J]. Sensor Letters, 2014, 12(9): 1372-1377.

[52] Cui Z H, Cao Y, Cai X J, et al. Optimal LEACH protocol with modified bat algorithm for big data sensing systems in Internet of Things[J]. Journal of Parallel and Distributed Computing, 2019, 132: 217-229.

[53] Jaddi N S, Abdullah S, Hamdan A R. Multi-population cooperative bat algorithm-based optimization of artificial neural network model[J]. Information Sciences, 2015, 294: 628-644

[54] Huang X W, Zeng X W, Han R. Dynamic Inertia Weight Binary Bat Algorithm with Neighborhood Search[J]. Computational Intelligence and Neuroscience, 2017, 2017: 1-15.

[55] Wang W, Wang Y, Wang X W. Bat algorithm with recollection[C]. Proceedings of 9th International Conference, ICIC 2013, Nanning, China, 2013, July 28-31, pp.207-215.

[56] 谢健，周永权，陈欢. 一种基于 Lévy 飞行轨迹的蝙蝠算法[J]. 模式识别与人工智能，2013，26（9）：

829-837.

[57] Zhu B L, Zhu W Y, Cao, L et al. A novel quantum-behaved bat algorithm with mean best position directed for numerical optimization[J]. Computational Intelligence and Neuroscience, 2016, DOI: 10.1155/2016/6097484.

[58] Sundaravadivu K, Ramadevi C, Vishnupriya R. Design of optimal controller for magnetic levitation system using brownianbat algorithm[C]. Proceedings of International Conference on Artificial Intelligence and Evolutionary Computations in Engineering Systems (ICAIECES), VelammalEngnColl, Chennai, India, 2015, April 22-23, 1321-1329.

[59] Cai X J, Li W L, Wang L, et al. Bat algorithm with gaussian walk for directing orbits of chaotic systems[J]. International Journal of Computing Science and Mathematics, 2014, 5(2): 198-208.

[60] Cai X J, Wang L, Cui Z H, et al. Using bat algorithm with lévy walk to solve directing orbits of chaotic systems[C]. Proceedings of 8th International Conference on Intelligent Information Processing, Hangzhou, China, 2014, October 26-28, 17-20.

[61] Wang C F, Ma M, Shen P P. A new improved bat algorithm for global optimization[J]. Mathematica Applicata, 2016, 29(3): 632-642.

[62] Rizk-Allah R M, Hassanien A E. New binary bat algorithm for solving 0–1 knapsack problem[J]. Complex and Intelligent Systems, 2018, 4(1): 31-53.

[63] Lin J H, Chou C W, Yang C H, et al. L. A chaotic levy flight bat algorithm for parameter estimation in nonlinear dynamic biological systems[J]. Journal of Computer and Information Technology, 2012, 2(2): 56-63.

[64] Hamidzadeh J, Sadeghi R, Namaei N. Weighted support vector data description based on chaotic bat algorithm[J]. Applied Soft Computing, 2017, 60: 540-551

[65] Deng Y M, Duan H B. Chaotic mutated bat algorithm optimized edge potential function for target matching[C]. Proceedings of 10th IEEE Conference on Industrial Electronics and Applications, Auckland, New Zealand, 2015, Jun 15-17, 1054-1058.

[66] Ghanem W, Jantan A. An enhanced bat algorithm with mutation operator for numerical optimization problems[J]. Neural Computing and Applications, 2019, 31(1): 617-651.

[67] Chakri A, Khelif R, Benouaret M, et al. New directional bat algorithm for continuous optimization problems[J]. Expert Systems with Applications, 2017, 69(1):159-175.

[68] Shan X, Cheng H J. Modified bat algorithm based on covariance adaptive evolution for global optimization problems[J]. Soft Computing, 2018, 22(16): 5215-5230.

[69] Tawhid M A, Ali A F. Multi-directional bat algorithm for solving unconstrained optimization problems[J]. OPSEARCH, 2017, 54(4): 684-705.

[70] Topal A O, Altun O. A novel meta-heuristic algorithm: dynamic virtual bats algorithm[J]. Information Sciences, 2016, 354: 222-235.

[71] 王文, 王勇, 王晓伟. 采用机动飞行的蝙蝠算法[J]. 计算机应用研究, 2014, 31(10): 2962-2964.

[72] Saha S K, Kar R, Mandal D, et al. A new design method using opposition-based BAT algorithm for IIR system identification problem[J]. International Journal of Bio-Inspired Computation, 2013, 5(2): 99-132.

[73] Wang X W, Wang W, Wang Y. An adaptive bat algorithm[C]. Proceedings of Ninth International Conference on Intelligent Computing (ICIC 2013), Nanning, China, 2013, July 28-31, 216-223.

[74] Shang J, Liu C J, Yue K Q, et al. Variation bat algorithm with self-learning capability and its property analysis[J]. Journal of System Simulation, 2017, DOI: 10.16182/j.issn1004731x.joss.201702009.

[75] Taha A M, Chen S D, Mustapha A. Multi-swarm bat algorithm. Research Journal of Applied Sciences[J]. Engineering and Technology, 2015, 10(12): 1389-1395.

[76] Heraguemi K E, Kamel N, Drias H. Multi-population cooperative bat algorithm for association rule mining[C]. Proceedings of 7th International Conference on Computational Collective Intelligence (ICCCI), Madrid, Spain, 2015, Sep 21-23, 265-274.

[77] Patnaik S, Yang X S, Nakamatsu K. Nature-Inspired Computing and Optimization[M], Springer, 2017.

[78] Cui Z H, Cao Y, Li F X, et al. Changing range bat algorithm for RNA secondary structure prediction[J]. Journal of Computational and Theoretical Nanoscience, 2015, 12(8): 1968-1971

[79] Mokhov V A, Grinchenkov D V, Spiridonova I A. Spiridonova, Research of binary bat algorithm on example of the discrete optimization task[C]. Proceedings of 2nd International Conference on Industrial Engineering, Applications and Manufacturing (ICIEAM), Chelyabinsk, 2016, May 19-20, 1-6.

[80] Wang G G, Guo L H. A novel hybrid bat algorithm with harmony search for global numerical optimization[J]. Journal of Applied Mathematics, 2013, DOI:10.1155/2013/696491.

[81] Coelho L D S, Askarzadeh A. An enhanced bat algorithm approach for reducing electrical power consumption of air conditioning systems based on differential operator[J]. Applied Thermal Engineering, 2016, 99: 834-840.

[82] Pravesjit S. A hybrid bat algorithm with natural-inspired algorithms for continuous optimization problem[J]. Artificial Life and Robotics, 2016, 21(1): 112-119.

[83] Wang C. The improved elite multi-parent hybrid optimization algorithm based on bat algorithm to optimum design of automobile gearbox[J]. Journal of Discrete Mathematical Sciences and Cryptography, 2018, 21(2): 513-517.

[84] Gunji B, Deepak B B V L, Rout A, et al. Hybridized cuckoo–bat algorithm for optimal assembly sequence planning[J]. Soft Computing for Problem Solving, 2018, 861: 627-638.

[85] Li J L, Wang H Z, Yan B Y. Application of velocity adaptive shuffled frog leaping bat algorithm in ICS intrusion detection[C]. Proceedings of 29th Chinese Control and Decision Conference (CCDC), Chongqing, 2017, May 28-30, 3630-3635.

[86] Chaudhary R, Banati H. Swarm bat algorithm with improved search (SBAIS)[J]. Soft Computing, 2018, 23: 11461-11494.

[87] Neelima S, Satyanarayana N, Murthy P K. Optimization of association rule mining using hybridized artificial bee colony (ABC) with bat algorithm[C]. Proceedings of IEEE 7th International Advance Computing Conference (IACC), Hyderabad, 2017, January 5-7, 831-834.

[88] Afrabandpey H, Ghaffari M, MirzaeiA, et al. A novel bat algorithm based on chaos for optimization tasks[C]. Proceedings of the Iranian Conference on Intelligent Systems (ICIS '14), IEEE, Bam, Iran, 2014, February 4-6, 1-6.

[89] Jordehi A R. Chaotic bat swarm optimization (CBSO)[J]. Applied Soft Computing, 2015, 26: 523-530.

[90] Sadeghi J, Mousavi S M, Niaki S T A, et al. Optimizing a bi-objective inventory model of a three-echelon supply chain using a tuned hybrid bat algorithm[J]. Transportation Research E: Logistics and Transportation Review, 2014, 70(1): 274-292.

[91] Strumberger I, Bacanin N, Tuba M. Constrained portfolio optimization by hybridized bat algorithm[C]. Proceedings of 7th International Conference on Intelligent Systems, Modelling and Simulation (ISMS), Bangkok, 2016, January 5-9, 83-883.

[92] Pan T S, Dao T K, Nguyen T T, et al. Hybrid particle swarm optimization with bat algorithm[C].

Proceeding of the 8th International Conference on Genetic and Evolutionary Computing, Nanchang, China, 2014, October 18-20, 37-47.

[93] Kumar B V, Srikanth N V. Dynamic stability of power systems using UPFC: bat-inspired search and gravitational search algorithms[J]. Asian Journal of Control, 2016, 18(2): 733-746.

[94] Goyal S, Patterh M S. Modified bat algorithm for localization of wireless sensor network[J]. Wireless Personal Communications, 2016, 86(2): 657-670.

[95] Dhal K G, Quraishi M I, Das S. Performance analysis of chaotic levy bat algorithm and chaotic cuckoo search algorithm for gray level image enhancement[C]. Proceeding of 2nd International Conference on Information Systems Design and Intelligent Applications (INDIA), UnivKalyani, Kalyani, India, 2015, January 8-9, 233-244.

[96] Shehab M, Khader A T, Laouchedi M, et al. Hybridizing cuckoo search algorithm with bat algorithm for global numerical optimization[J]. The Journal of Supercomputing, 2019, 75(5): 2395-2422.

[97] Goyal S, Patterh M S. Performance of bat algorithm on localization of wireless sensor network[J]. International Journal of Computers & Technology, 2013, 6(3).

[98] Yang X Y, Zhang W L. An improved DV-Hop localization algorithm based on bat algorithm[J]. Cybernetics and Information Technologies, 2016, 16(1): 89-98.

[99] Xue F, Cai Y Q, Cui Z H. DV-Hop localization algorithm with bat algorithm[J]. Sensor Letters, 2014, 12(2): 456-459.

[100] W Katekaew, C So-In, K Rujirakul, et al. H-FCD: hybrid fuzzy centroid and DV-Hop localization algorithm in wireless sensor networks[C]. Proceeding of 5th International Conference on Intelligent Systems, Modelling and Simulation, Langkawi, 2014, January 27-29, 551-555.

[101] Mihoubi M, Rahmoun A, Lorenz P, et al. An effective bat algorithm for node localization in distributed wireless sensor network[J]. Security and Privacy, 2017, 1(1), DOI: 10.1002/spy2.7.

[102] Sun S Y, Xu B G. Node localization of wireless sensor networks based on hybrid bat-quasi-newton algorithm[J]. International Journal of Online Engineering, 2015, 11(6): 38-42.

[103] C K Ng, C H Wu, W H Ip, et al. A smart bat algorithm for wireless sensor network deployment in 3-D Environment[J]. IEEE Communications Letters, 2018, 22(10): 2120-2123.

[104] Meraihi Y, Acheli D, Ramdane-Cherif A. QoS multicast routing for wireless mesh network based on a modified binary bat algorithm[J]. Neural Computing and Applications, 2019, 31(7): 3057-3073.

[105] Perez J, Melin P, Castillo O, et al. Trajectory Optimization for an Autonomous Mobile Robot Using the Bat Algorithm[J]. Fuzzy Logic in Intelligent System Design, 2018, 648: 232-241.

[106] Pan J S, Kong L P, Tsai P W, et al. A power consumption balancing algorithm based on evolved bat algorithm for wireless sensor network[C]. Proceedings of the Second Euro-China Conference on Intelligent Data Analysis and Applications (ECC), Tech Univ Ostrava, Ostrava, Czech Republic, 2015, June 26, 449-455.

[107] Boussalia S R, Chaoui A, Hurault A. QoS-based web services composition optimization with an extended bat inspired algorithm[C]. Proceedings of 21st International Conference on Information and Software Technologies (ICIST), Druskininkai, Lithuania, 2015, October 15-16, 306-319.

[108] Masood M, Fouad M M, Glesk I. Pareto based bat algorithm for multi objectives multiple constraints optimization in gmpls networks[J]. International Conference on Advanced Machine Learning Technologies and Applications, 2018, 723: 33-41.

[109] Ali M, Alasadi H. Optimization noise figure of fiber raman amplifier based on bat algorithm in optical

communication network[J]. Social Science Electronic Publishing, 2018, 7(2): 874-879.

[110] Bansal S, Singh A K, Gupta N. Optimal golomb ruler sequences generation for optical wdm systems: A novel parallel hybrid multi-objective bat algorithm[J]. Journal of The Institution of Engineers(India): Series B, 2017, 98(1): 43-64.

[111] Li Y, Zhao J, Ji S. Thermal positioning error modeling of machine tools using a bat algorithm-based back propagation neural network[J]. The International Journal of Advanced Manufacturing Technology, 2018, 97(5-8): 2575-2586.

[112] Zhou X, Zhao X, Liu Y. A multiobjective discrete bat algorithm for community detection in dynamic networks[J]. Applied1 Intelligence, 2018, 48(9): 3081-3093.

[113] Messaoudi I, Kamel N. A multi-objective bat algorithm for community detection on dynamic social networks[J]. Applied Intelligence, 2019, 49(6): 2119-2136.

[114] Shen Y P, Zheng K F, Wu C H. An ensemble method based on selection using bat algorithm for intrusion detection[J]. The Computer Journal, 2018, 61(4): 526-538.

[115] Gautham S, Rajamohan J. Economic load dispatch using novel bat algorithm[C]. Proceedings of IEEE 1st International Conference on Power Electronics, Intelligent Control and Energy Systems (ICPEICES), Delhi, India 2016, July 4-6, 1-4.

[116] Vedik B, Chandel A K. Optimal PMU placement for power system observability using Taguchi binary bat algorithm[J]. Measurement, 2017, 95: 8-20.

[117] Mohamed T M, Moftah H M. Simultaneous ranking and selection of keystroke dynamics features through a novel multi-objective binary bat algorithm[J]. Future Computing and Informatics Journal, 2018, 3(1): 29-40.

[118] Viknesh V, Manikandan V. Design and development of adaptive fuzzy control system for power management in residential smart grid using bat algorithm[J]. Technology and Economics of Smart Grids and Sustainable Energy, 2018, 3: 19.

[119] Kumar V, Swapnil S, Ranjan R, et al. Enhanced bat algorithm for analyzing the reliability and contingency issue in radial distribution power system[J]. Electric Power Components and Systems, 2019, 46(19-20): 2071-2083.

[120] Pei W J, Wand F, Tan Y H. Multi-objective optimal strategy for units start-up during power system restoration based on bat algorithm[J]. CEA, 2017, 53(2): 225-230.

[121] Rahmani M, Ghanbari A, Ettefagh M M. Robust adaptive control of a bio-inspired robot manipulator using bat algorithm[J]. Expert Systems with Applications, 2016, 56: 164-176.

[122] Abd-Elazim S M, Ali E S. Load frequency controller design via BAT algorithm for nonlinear interconnected power system[J]. International Journal of Electrical Power and Energy Systems, 2016, 77: 166-177.

[123] Dipayan G, Kumar R P, Subrata B. Binary bat algorithm applied to solve MISO-Type PID-SSSC-Based Load Frequency Control Problem[J]. Iranian Journal of Science and Technology, Transactions of Electrical Engineering, 2019, 43(2): 323-342.

[124] Chaib L, Choucha A, Arif S. Optimal design and tuning of novel fractional order PID power system stabilizer using a new metaheuristic Bat algorithm[J]. Ain Shams Engineering Journal, 2017, 8(2):113-125.

[125] Haji V H, Concepción A. Monje. Fractional-order PID control of a MIMO distillation column process using improved bat algorithm[J]. Soft Computing, 2018, DOI:10.1007/s00500-018-3488-z.

[126] P Omer, J Kumar a, B S Surjan. Design of robust PID controller for Buck converter using Bat algorithm[C].

Proceedings of IEEE 1st International Conference on Power Electronics, Intelligent Control and Energy Systems (ICPEICES), Delhi, India. 2016, December 18-21, 1-5.

[127] Fister D, Safaric R, Fister I J, et al. Parameter tuning of PI-controller with bat algorithm[J]. Informatica Journal of Computing and Informatics, 2016, 40(1): 109-116.

[128] Dash P, Saikia L C, Sinha N. Automatic generation control of multi area thermal system using Bat algorithm optimized PD–PID cascade controller[J]. International Journal of Electrical Power and Energy Systems, 2015, 68: 364-372.

[129] Ramirez-Gonzalez M, Malik O P. Simultaneous tuning of fuzzy power system stabilizers using bat optimization algorithm[C]. Proceedings of General Meeting of the IEEE-Power-and-Energy-Society, Denver, CO, 2015, Jul 26-30, DOI: 10.1109/PESGM.2015.7285715.

[130] NorAzlan N A, Selamat N A, Yahya N M. Multivariable PID controller design tuning using bat algorithm for activated sludge process[C]. Proceedings of International Conference On Innovative Technology, Engineering and Sciences (ICITES 2018), UMP Library, Pekan, 2018, April 1-2, 1-9.

[131] Rahmani M, Komijani H, Ghanbari A, et al. Optimal novel super-twisting PID sliding mode control of a gyroscope based on multi-objective bat algorithm[J]. Microsystem Technologies, 2018, 24(6): 2835-2846.

[132] Li G, Xu H, Lin Y. Application of bat algorithm based time optimal control in multi-robots formation reconfiguration[J]. Journal of Bionic Engineering, 2018, 15(1): 126-138.

[133] Yuniahastuti I T, Anshori I, Robandi I. Load frequency control (LFC) of micro-hydro power plant with Capacitive Energy Storage (CES) using Bat Algorithm (BA)[C]. Proceedings of International Seminar on Application for Technology of Information and Communication (ISemantic), Semarang, 2016, September 21-22, 147-151.

[134] Oshaba A S, Ali E S, Abd Elazim S M. PI controller design for MPPT of photovoltaic system supplying SRM via BAT search algorithm[J]. Neural Computing and Applications, 2017, 28(4): 651-667.

[135] Ekinci S. Power system stabilizer design for multi-machine power system using bat search algorithm[J]. Sigma Journal of Engineering and Natural Sciences, 2015, 33(4): 627-637.

[136] Safarinejadian B, Bagheri B, Ghane P. Fault detection in nonlinear systems based on type-2 fuzzy sets and bat optimization algorithm[J]. Journal of Intelligent and Fuzzy Systems, 2015, 28(1): 179-187.

[137] Sathya M R, Ansari M M T. Load frequency control using bat inspired algorithm based dual mode gain scheduling of PI controllers for interconnected power system[J]. International Journal of Electrical Power and Energy Systems, 2015, 64: 365-374.

[138] Huang H C. Fusion of modified bat algorithm soft computing and dynamic model hard computing to online self-adaptive fuzzy control of autonomous mobile robots[J]. IEEE Transactions on Industrial Informatics, 2017, 12(3): 972-979.

[139] Ben Ameur M S, Sakly A. FPGA based hardware implementation of Bat Algorithm[J]. Applied Soft Computing, 2017, 58: 378-387.

[140] Patricia Suárez, Andrés Iglesias. Bat algorithm for coordinated exploration in swarm robotics[J]. International Conference on Harmony Search Algorithm, 2017, 514: 134-144.

[141] Ibraheem I K, Hassan F. Path planning of an autonomous mobile robot in a dynamic environment using modified bat swarm optimization[J]. 2018, DOI: 10.13140/RG.2.2.33381.50409.

[142] Rong X T, Li F X, Cui Z H. A model for software defect prediction using support vector machine based on CBA[J]. International Journal of Intelligent Systems Technologies and Applications, 2016, 15(1): 19-34.

[143] Li F X, Rong X T, Cui Z H. A hybrid CRBA-SVM model for software defect prediction[J]. International

Journal of Wireless and Mobile Computing, 2016, 10(2): 191-196.

[144] Alsariera Y A, Majid M A, Zamli K Z. SPLBA: An interaction strategy for testing software product lines using the bat-inspired algorithm[C]. Proceedings of 4th International Conference on Software Engineering and Computer Systems (ICSECS), Kuantan, Malaysia, 2015, August 19-21, 148-153.

[145] Taha A M, Chen S D, Mustapha A. Bat algorithm based hybrid filter-wrapper approach[J]. Advances in Operations Research, 2015, DOI: 10.1155/2015/961494.

[146] Tharwat A, Hassanien A E, Elnaghi B E. A BA-based algorithm for parameter optimization of Support Vector Machine[J]. Pattern Recognition Letters, 2017, 93(1): 13-22.

[147] Cui Z H, Li F X, Zhang W S. Bat algorithm with principal component analysis[J]. International Journal of Machine Learning and Cybernetics, 2019, 10(3): 603-622.

[148] Enache A C, Sgarciu V. A feature selection approach implemented with the binary bat algorithm applied for intrusion detection[C]. Proceedings of 38th International Conference on Telecommunications and Signal Processing (TSP), Prague, Czech Republic, 2015, July 9-11, 11-15.

[149] Jeyasingh S, Veluchamy M. Modified bat algorithm for feature selection with the wisconsin diagnosis breast cancer (WDBC)dataset[J]. Asian Pac J Cancer Prev, 2017, 18(5): 1257-1264.

[150] Heraguemi K E, Kamel N, Drias H. Association rule mining based on bat algorithm[C]. Proceedings of 9th International Conference (BIC-TA 2014) Wuhan, China, 2014, October 16-19, 182-186.

[151] Preeti, Kumar D. Feature selection for face recognition using DCT-PCA and Bat algorithm[J]. International Journal of Information Technology, 2017, 9(4): 411-423.

[152] Mumtaz A, Deo R C, Downs N J, et al. Multi-stage hybridized online sequential extreme learning machine integrated with Markov Chain Monte Carlo copula-Bat algorithm for rainfall forecasting[J]. Atmospheric Research, 2018, 213: 450-464.

[153] Kuppusamy P G. An artificial intelligence formulation and the investigation of glaucoma in color fundus images by using bat algorithm[J]. Journal of Computational and Theoretical Nanoscience, 2017, 14(4): 1-5.

[154] Dhar S, Kundub M K. A novel method for image thresholding using interval type-2 fuzzy sets and bat algorithm[J]. Applied Soft Computing, 2018, 63: 154-166.

[155] Mishra S, Panda M. Bat algorithm for multilevel colour image segmentation using entropy-based thresholding[J]. Arabian Journal for Science and Engineering, 2018, 43(12): 7285-7314.

[156] Tripathi A K, Sharma K, Bala M. Dynamic frequency based parallel k-bat algorithm for massive data clustering (DFBPKBA)[J]. International Journal of System Assurance Engineering and Management, 2018, 9(4): 866-874.

[157] Munshi A A, Mohamed A R I. Comparisons among bat algorithms with various objective functions on grouping photovoltaic power patterns[J]. Solar Energy, 2017, 144(1): 254-266.

[158] Jalal M, Mukhopadhyay A K, Goharzay M. Bat algorithm as a metaheuristic optimization approach in materials and design: optimal design of a new float for different materials[J]. Neural Computing and Application, 2018, DOI:10.1007/s00521-018-3430-4.

[159] Neelima S, Satyanarayana N, Murthy P K. Minimizing frequent itemsets using hybrid abcbat algorithm[J]. Data Engineering and Intelligent Computing, 2018, 542: 91-97.

[160] Xue F, Cai Y T, Cui Z H, et al. Using binary-coded bat algorithm to solve HP model structure[J]. Journal of Computational and Theoretical Nanoscience, 2015, 12(2): 326-329.

[161] Cai X J, Kang Q, Wang L, Wu Q D. Bat algorithm for toy model of protein folding[J]. Journal of Computational and Theoretical Nanoscience, 2014, 11(6): 1569-1572.

[162] Cai X J, Li W Z, Kang Q, et al. Adaptive bat algorithm for toy model of protein folding[J]. Journal of Bionanoscience, 2014, 8(5): 360-363.

[163] Li F X, Cui Z H. Using modified bat algorithm to solve toy model of protein folding[J]. Journal of Bionanoscience, 2014, 8(5): 368-372.

[164] Xue F, Cai Y T, Cui Z H. Centric bat algorithm for toy model of protein folding[J]. Sensor Letters, 2014, 12(9): 1388-1392.

[165] Cai X J, Li W Z, Kang Q, et al. Discrete binary adaptive bat algorithm for RNA secondary structure prediction[J]. Journal of Computational and Theoretical Nanoscience, 2015, 12(2): 335-339.

[166] Wu H, Guo Y. DNA genetic optimization bat algorithm based fractionally spaced multi-modulus blind equalization algorithm[C]. Proceedings of International Industrial Informatics and Computer Engineering Conference (IIICEC), Xian, China, 2015, January 10-11, 581-584.

[167] Lu S, Qiu X, Shi J, et al. A pathological brain detection system based on extreme learning machine optimized by bat algorithm[J]. CNS Neurol Disord Drug Targets, 2017, 16(1): 23-29.

[168] Wu T B, Long W, Liu Y L, et al. The application of swarm activity based bat algorithm in constrained optimization[C]. 3rd International Conference on Material, Mechanical and Manufacturing Engineering (IC3ME), Guangzhou, China, 2015, Jun 27-28, 1309-1313.

[169] Gandomi A H, Yang X S, Alavi A H, et al. Bat algorithm for constrained optimization tasks[J]. Neural Computing and Applications, 2013, 22(6): 1239-1255.

[170] Murali M, Kumari M S, Sydulu M. Optimal spot pricing in electricity market with inelastic load using constrained bat algorithm[J]. International Journal of Electrical Power and Energy Systems, 2014, 62: 897-911.

[171] Reddy, Surender S. Bat algorithm-based back propagation approach for short-term load forecasting considering weather factors[J]. Electrical Engineering, 2018, 100(3): 1297-1303.

[172] Yang X S. Bat algorithm for multi-objective optimization[J]. International Journal of Bio-Inspired Computation, 2011, 3(5): 267-274.

[173] Yammani C, Maheswarapu S, Matam S K. A multi-objective shuffled bat algorithm for optimal placement and sizing of multi distributed generations with different load models[J]. International Journal of Electrical Power & Energy Systems, 2016, 79: 120-131.

[174] Yuan Y, Wu X, Wang P, et al. Application of improved bat algorithm in optimal power flow problem[J]. Applied Intelligence, 2018, 48(8): 2304-2314.

[175] Wei C, Wen X. A hybrid multiobjective bat algorithm for fuzzy portfolio optimization with real-world constraints[J]. International Journal of Fuzzy Systems, 2018, 21(1): 291-307.

[176] Sejpal S, Shah N. A novel multiple objective optimized color watermarking scheme based on lwt-svd domain using nature based bat algorithm and firefly algorithm[C]. Proceedings of IEEE International Conference on Advances in Electronics, Communication and Computer Technology(ICAECCT), Pune, 2016, December 2-3, 38-44.

[177] Chakri A, Yang X S, Khelif R, et al. Reliability-based design optimization using the directional bat algorithm[J]. Neural Computing and Applications, 2018, 30(8): 2381-2402.

[178] Mukherjee S, Reddy M P, Ganguli R, et al. Ply level uncertainty effects on failure curves and optimal design of laminated composites using directional bat algorithm[J]. International Journal for Computational Methods in Engineering Science and Mechanics, 2018, 19(3): 156-170.

[179] Mohsen S, Fataneh R A, Mahdi A. Configuration design of structures under dynamic constraints by a

hybrid bat algorithm and teaching-learning based optimization[J]. International Journal of Dynamics and Control, 2019, 7(2): 419-429.

[180] Zhang C, Cai X, Shi Z. Sparse reconstruction with bat algorithm and orthogonal matching pursuit[C]. Proceedings of International Conference on Intelligent Computing, Liverpool, UK, 2017, August 7-10, 48-56.

[181] Gao M L, Shen J, Yin L J, et al. A novel visual tracking method using bat algorithm[J]. Neurocomputing, 2016, 177: 612-619.

[182] Suárez, Patricia, Iglesias, et al. Make robots be bats: specializing robotic swarms to the bat algorithm[J]. Swarm and Evolutionary Computation, 2018, 44: 113-129.

[183] Kavousi-Fard A, Niknam T, Fotuhi-Firuzabad M. A novel stochastic framework based on cloud theory and theta-modified bat algorithm to solve the distribution feeder reconfiguration[J]. IEEE Transactions on Smart Grid, 2016, 7(2): 740-750.

[184] Senthilnath J, Kulkarni S, Benediktsson J A, et al. A novel approach for multispectral satellite image classification based on the bat algorithm[J]. IEEE Geoscience and Remote Sensing Letters, 2016, 13(4): 599-603.

[185] Talafuse T P, Pohl, E A. A bat algorithm for the redundancy allocation problem[J]. Engineering Optimization, 2016, 48(5): 900-910.

[186] Wu Q L, Peng C Y. Wind power grid connected capacity prediction using LSSVM optimized by the bat algorithm[J]. Energies, 2015, 8(12): 14346-14360.

[187] Wu Q L, Peng C Y. Wind power generation forecasting using least squares support vector machine combined with ensemble empirical mode decomposition, principal component analysis and a bat algorithm[J]. Energies, 2016, 9(4), DOI: 10.3390/en9040261.

[188] Soto R, Crawford B, Olivares R, et al. Online control of enumeration strategies via bat algorithm and black hole optimization[J]. Natural Computing, 2017, 16(2): 241-257.

[189] Rahimi A, Bavafa F, Aghababaei S, et al. The online parameter identification of chaotic behaviour in permanent magnet synchronous motor by self-adaptive learning bat-inspired algorithm[J]. International Journal of Electrical Power & Energy Systems, 2016, 78: 285-291.

[190] Tangherloni A, Nobile M S, Cazzaniga P. Gpu-powered bat algorithm for the parameter estimation of biochemical kinetic values[C]. Proceedings of IEEE Conference on Computational Intelligence in Bioinformatics and Computational Biology (CIBCB), Chiang Mai, 2016, October 5-7, 1-6.

[191] Sun G, Liu Y, Chai R, et al. Online model parameter identification for supercapacitor based on weighting bat algorithm[J]. AEU - International Journal of Electronics and Communications, 2018, 87: 113-118.

[192] Behera S R, Dash S P, Panigrahi B K. Optimal placement and sizing of DGs in radial distribution system (RDS) using bat algorithm[C]. Proceedings of International Conference on Circuit, Power and Computing Technologies (ICCPCT), Nagercoil, India, 2015, Mar 19-20, DOI: 10.1109/ICCPCT.2015. 7159295.

[193] Gholizadeh S, Shahrezaei A M. Optimal placement of steel plate shear walls for steel frames by bat algorithm[J]. Structural Design of Tall and Special Buildings, 2015, 24(1): 1-18.

[194] Fister I, Rauter S, Yang X S, et al. Planning the sports training sessions with the bat algorithm[J]. Neurocomputing, 2015, 149: 993-1002.

[195] Hassan E A, Hafez A I, Hassanien A E, et al. A discrete bat algorithm for the community detection problem[C]. Proceedings of 10th International Conference on Hybrid Artificial Intelligence Systems(HAIS), Bilbao, Spain, 2015, June 22-24, 188-199.

[196] Zhou Y, Xie J, Zheng H. A hybrid bat algorithm with path relinking for capacitated vehicle routing problem[J]. Mathematical Problems in Engineering, 2013, DOI: 10.1155/2013/392789.
[197] Wang C, Zhou S C, Gao Y. A self-adaptive bat algorithm for the truck and trailer routing problem[J]. Engineering Computations, 2018, 35(1): 108-135.
[198] Osaba E, Carballedo R, Yang X S, et al. On efficiently solving the vehicle routing problem with time windows using the bat algorithm with random reinsertion operators[J]. Nature-Inspired Algorithms and Applied Optimization, 2018, 744: 69-89.
[199] Taha A, Hachimi M, Moudden A. A discrete bat algorithm for the vehicle routing problem with time windows[C]. Proceedings of International Colloquium on Logistics and Supply Chain Management (LOGISTIQUA), Rabat. 2017, April 26-28, 65-70.
[200] Xie J, Zhou Y, Zheng H. A hybrid metaheuristic for multiple runways aircraft landing problem based on bat algorithm[J]. Journal of Applied Mathematics, 2013, DOI: 10.1155/2013/742653.
[201] Dahi Z A E, Mezioud C, Draa A. Binary bat algorithm: on the efficiency of mapping functions when handling binary problems using Continuous-variable-based metaheuristics[M]. Proceedings of 5th IFIP International Conference on Computer Science and Its Applications (CIA), Saida, Algeria, 2015, May 20-21, 3-14.
[202] Cui D, Jin B. A water allocation method based on novel bat algorithm-projection pursuit model and its application in Wenshan Autonomous Prefecture[J]. Advances in Science and Technology of Water Resources, 2017, 37(2): 55-62.
[203] Wu H P, Guo Y C. Bat swarms Intelligent optimization multi-modulus algorithm and influence of modulation mode on it[C]. Proceedings of International Symposium on Computers and Informatics(ISCI), Beijing, China, 2015, January 17-18, 83-89.
[204] Dao T K, Pan T S, Nguyen T T, et al. Parallel bat algorithm for optimizing makespan in job shop scheduling problems[J]. Journal of Intelligent Manufacturing, 2018, 29(2): 451-462.
[205] Han Z H, Zhu B Q, Lin H, et al. Bat algorithm for flexible flow shop scheduling with variable processing time[J]. International Conference on Mechatronics and Intelligent Robotics, 2018, 690: 164-171.
[206] Valarmathi R, Sheela T. Ranging and tuning based particle swarm optimization with bat algorithm for task scheduling in cloud computing[J]. Cluster Computing, 2017, DOI: 10.1007/s10586-017-1534-8.
[207] Arunarani A R, Manjula D, Sugumaran V. FFBAT: A security and cost-aware workflow scheduling approach combining firefly and bat algorithms[J]. Concurrency and Computation: Practice and Experience, 2017, DOI: 10.1002/cpe.4295.
[208] Tharakeshwar T K, Seetharamu K N, Prasad B D. Multi-objective optimization using bat algorithm for shell and tube heat exchangers[J]. Applied Thermal Engineering, 2017, 110(5): 1029-1038.
[209] Castelo Damasceno N, Gabriel Filho O. PI controller optimization for a heat exchanger through metaheuristic Bat Algorithm. Particle Swarm Optimization, Flower Pollination Algorithm and Cuckoo Search Algorithm[J], IEEE Latin America Transactions, 2017, 15(9): 1801-1807.
[210] Jiao Q, Xu D. A discrete bat algorithm for disassembly sequence planning[J]. Journal of Shanghai Jiaotong University (Science), 2018, 23(2): 276-285.
[211] Liang H J, Liu Y G, Shen Y J, et al. A hybrid bat algorithm for economic dispatch with random wind power[J]. IEEE Transactions on Power Systems, 2018, 33(5): 5052-5061.
[212] Mahdi F P, Vasant P, Abdullah-Al-Wadud M, et al. Quantum-behaved bat algorithm for many-objective combined economic emission dispatch problem using cubic criterion function[J]. Neural Computing and

Applications, 2018, DOI: 10.1007/s00521-018-3399-z.

[213] Liang H, Liu Y, Li F, et al. A multiobjective hybrid bat algorithm for combined economic/emission dispatch[J]. International Journal of Electrical Power and Energy Systems, 2018, 101: 103-115.

[214] Mahdi F P, Vasant P, Abdullah-Al-Wadud M, et al. Quantum-behaved bat algorithm for combined economic emission dispatch problem with valve-point effect[C]. Proceedings of International Conference on Advanced Engineering Theory and Applications. Springer, 2017, Dec 7-9, 923-933.

[215] Singh Grewal N, Rattan M, Singh Patterh M. A linear antenna array failure correction using improved bat algorithm[J]. International Journal of RF and Microwave Computer-Aided Engineering, 2017, 27(7), DOI: 10.1002/mmce.21119.

[216] Mohammad E, Sayed-Farhad M, Hojat K, et al. Bat algorithm for dam–reservoir operation[J]. Environmen-tal Earth Sciences, 2018, 77(13), DOI: 10.1007/s12665-018-7662-5.

[217] Raj B, Ranjan P, Rizvi N, et al. Improvised bat algorithm for load balancing-based task scheduling[J]. Progress in Intelligent Computing Techniques, 2018, 518: 521-530.

[218] Xu B, Qi J, Hu X, et al. Self-adaptive bat algorithm for large scale cloud manufacturing service composition[J]. Peer-to-Peer Networking and Applications, 2018, 11(5): 1115-1128.

[219] Osaba E, Yang X S, Fister I, et al. A discrete and improved bat algorithm for solving a medical goods distribution problem with pharmacological waste collection[J]. Swarm and Evolutionary Computation, 2019, 44: 273-286.

[220] Saad A, Dong Z, Buckham B, et al. A new Kriging–bat algorithm for solving computationally expensive black-box global optimization problems[J]. Engineering Optimization, 2018, 51(2): 265-285.

第 2 章
Chapter 2

蝙蝠算法的收敛性分析

2.1 全局收敛性的相关概念

全局收敛性是随机优化算法所必须考虑的一个基本问题，本章将重点讨论蝙蝠算法的全局收敛性问题，我们首先给出全局收敛性的相关概念。设误差为 $\varepsilon>0$，按照该误差，可将定义域分为如下两类。

$$D_0 = \{f(\vec{x}) - f^* < \varepsilon \mid \vec{x} \in E = [x_{\min}, x_{\max}]^D\} \qquad (2.1)$$
$$D_1 = E \setminus D_0$$

其中，f^* 表示目标函数 f 在全局极值点 $\vec{x}^*$ 的适应值。为了分析方便，我们对目标函数 f 进行如下假设。

假设 1：目标函数 f 不是常数。

假设 2：区域 D_0 的 Lebesgue 测度 $L(D_0)$ 满足 $L(D_0)>0$。

假设 1 是为了避免求解无意义问题，因为若目标函数为常数，则任意位置均为全局最优位置。此时，没有必要用随机优化算法求解。假设 2 是保证算法能以一定的概率搜索到区域 D_0。

定义 2.1[1]　对于随机变量 ξ，其支撑集定义为所有不为 0 概率覆盖的最小闭集。

定义 2.2[1]　若随机变量序列 $\{\xi_n\}_{n=1}^{+\infty}$ 满足下面条件：

$$P\{\lim_{n \to +\infty} \xi_n = \xi\} = 1 \qquad (2.2)$$

则称随机变量序列 $\{\xi_n\}_{n=1}^{+\infty}$ 以概率 1 收敛于随机变量 ξ。

引理 2.1[1]　对于概率空间 (R^n, B, μ_k)，设 $\vec{z}$ 为随机优化算法已有的解，D 为该算法产生新解的算子，$\vec{\zeta}$ 为算法随机产生的解，则对于目标函数 f，若 $f(D(\vec{z},\vec{\zeta})) \leqslant f(\vec{z})$，则

$$f(D(\vec{z},\vec{\zeta})) \leqslant f(\vec{\zeta}) \qquad (2.3)$$

引理 2.2[1]　对于目标函数的定义域 E 的任意 Borel 子集 A，若 $L(A)>0$，则

$$\prod_{k=0}^{+\infty}(1-\mu_k(A)) = 0 \qquad (2.4)$$

其中，$L(A)$ 表示集合 A 的 Lebesgue 测度，而 $\mu_k(A)$ 表示由 μ_k 产生集合 A 的概率。

引理 2.3[1]　若 $\{\vec{p}(k)\}_{k=1}^{+\infty}$ 表示随机优化算法产生的最优位置序列，并且满足引理 2.1 及引理 2.2，则该算法以概率 1 收敛于全局最优解。

实际上，引理 2.1 表示随机优化算法需要保存搜索到的最优解，由于全局最优位置可以在整个定义域内随机分布，因此对于任意 Borel 子集 A，引理 2.2 表示随机优化算法都能无数次搜索到 A，从而保证算法以概率 1 搜索到全局极值点。

引理 2.4[2]　若 f 为非负可测函数，对于任意 Borel 子集 A，若 $L(A)>0$，则

$$\int_A f \mathrm{d}x = 0 \qquad (2.5)$$

函数 f 几乎处处为 0，即 $f = 0$。

2.2 蝙蝠算法收敛性分析现状

对于蝙蝠算法的收敛性分析，一些学者做了以下工作。

（1）2013 年盛孟龙等[3]对蝙蝠算法的全局收敛性进行了研究。该文根据随机算法的全局收敛准则来对蝙蝠算法的收敛性进行分析，结果表明蝙蝠算法不完全满足随机搜索优化算法的全局收敛准则，因此证明蝙蝠算法不能全局收敛，得出蝙蝠算法属于局部搜索优化算法的结论。

引理 2.1 保证了随机优化算法的适应度值 $f(x)$ 是非递增的，文献[1]对蝙蝠算法进行分析，判断当 $v^k \to 0$ 时，不能保证 $f(x)$ 非递增，因此得出蝙蝠算法不满足引理 2.1。假设蝙蝠算法如果不满足引理 2.2，那么经过有限次迭代以后，若蝙蝠算法搜索到局部极值邻域 R_δ，再经过一定次数迭代以后，则蝙蝠速度 v 远小于 $v[R_\delta]$，若此时蝙蝠算法还不能搜索到其他更优的局部极值邻域或最优区域，则不能保证全局收敛，也就是不能以概率 1 收敛到最优位置。但是，若优化函数只有一个极值，则其可以收敛的。

（2）对于蝙蝠算法的收敛性问题，李枝勇等[4]也对蝙蝠算法的收敛性进行了分析。该文将基本蝙蝠算法的全局搜索模式简化为一个非齐次差分方程，并利用特征方程进行分析，分析结果表明基本蝙蝠算法不具有全局收敛性。

为了方便分析，下面首先介绍李枝勇的分析过程，具体步骤请参阅相应文献[4]。由于只分析蝙蝠算法的全局收敛性能，因此文献[4]仅考虑蝙蝠算法的全局搜索模式，即

$$v_{ik}(t+1) = v_{ik}(t) + (x_{ik}(t) - p_k(t)) \cdot \mathrm{fr}_i(t) \tag{2.6}$$

$$x'_{ik}(t+1) = x_{ik}(t) + v_{ik}(t+1) \tag{2.7}$$

为了简单，文献[4]将每只蝙蝠的位置更新方式修改为"每步都更新"，不再是原先的"仅当位置更新时移动"[见式（1.6）]，此时 $x'_{ik}(t+1)$ 即 $x_{ik}(t+1)$。

参照微粒群算法的研究[5]，假定式（2.6）中的群体历史最优位置 $\vec{p}(t) = (p_1(t), p_2(t), \cdots, p_k(t), \cdots, p_D(t))$ 及频率 $\mathrm{fr}_i(t)$ 为常数，并简记为 $\vec{p} = (p_1, p_2, \cdots, p_k, \cdots, p_D)$ 及 fr_i，为了方便分析，文献[1]~文献[3]考虑如下的速度更新方式。

$$v_{ik}(t+1) = wv_{ik}(t) + (x_{ik}(t) - p_k(t))\mathrm{fr}_i(t) \tag{2.8}$$

其中，w 为惯性权重，显然，$w=1$ 即为式（2.6）。将式（2.7）代入式（2.8），可得

$$x_{ik}(t+1) - (1+\mathrm{fr}_i+w) \cdot x_{ik}(t) + w \cdot x_{ik}(t-1) = -\mathrm{fr}_i \cdot p_k \tag{2.9}$$

对于上述非齐次差分方程，其特征方程为

$$\lambda^2 - (1+\mathrm{fr}_i+w) \cdot \lambda + w = 0 \tag{2.10}$$

由稳定性理论可知，若上述特征方程有实根，则频率需要满足 $\mathrm{fr}_i \leqslant 0$。这个结果显然与频率 $\mathrm{fr}_i \in [\mathrm{fr}_{\min}, \mathrm{fr}_{\max}]$ 的选择方式相矛盾（由 1.5 节可知，$\mathrm{fr}_i \geqslant \mathrm{fr}_{\min} \geqslant 0$），从而基本蝙蝠

算法无法保证全局收敛性。

然而，上述分析有一个缺陷，即将蝙蝠算法的位置更新规则［见式（1.6）］进行了修改。由于该分析参照微粒群算法的收敛性分析，因此下面将其与蝙蝠算法对比来看。对于微粒群算法而言，不论移动结果是否优于原先的位置，各微粒一律都加以移动，且在移动结果更优时将其保存为个体历史最优位置。然而，蝙蝠算法的位置更新规则为：只有当移动结果优于当前结果时才有可能移动。这意味着：即使按照式（2.7）计算得到了下一代的位置 $\vec{x}_i'(t+1)$，但若 $f(\vec{x}_i'(t+1)) \geqslant f(\vec{x}_i(t))$，蝙蝠 i 也不会移动，即 $\vec{x}_i(t+1) = \vec{x}_i(t)$，只有当 $f(\vec{x}_i'(t+1)) < f(\vec{x}_i(t))$，且条件 $\text{rand}_3 < A_i(t)$ 成立时，位置才会更新。显然，上述分析在采用迭代公式［见式（2.9）］进行时没有考虑这种情况，因此其分析结果并不可信。

（3）尚俊娜等[6]从数学概率及蝙蝠算法状态转移满足 Markov 过程的角度出发，建立了蝙蝠算法的 Markov 链模型，研究蝙蝠个体状态的转移行为，从理论上证明蝙蝠算法满足随机算法的收敛准则，验证算法能收敛到全局最优解。

文献[6]首先对蝙蝠个体状态空间和群状态空间做了基本的定义，然后对蝙蝠个体状态转移做了如下定义。

速度的转移概率为

$$P_*(v_i - v_j) = \begin{cases} \dfrac{1}{|x_i - p_i|}, & v_j \in [v_i, v_i + (x_i - p_i) \cdot f_i] \\ 0, & 其他 \end{cases} \quad (2.11)$$

蝙蝠个体位置的转移概率为

$$P_x(x_i - x_j) = \begin{cases} \dfrac{1}{2} \times \dfrac{1}{2} \times \dfrac{1}{|x_i - p_i|}, & x_j \in [x_i + v_i, x_i + v_i + (x_i - p_i) \cdot p_i] 且 \text{rand}_2 < A(i) 且 f(x_j) < f(x_i) \\ \dfrac{1}{2} \times \dfrac{1}{2} \times \dfrac{1}{|p_i + \varepsilon \cdot \text{rand}|}, & x_j \in [p_i - \varepsilon \cdot \text{rand}, p_i + \varepsilon \cdot \text{rand}] 且 \text{rand}_1 > r(i) 且 \\ & \text{rand}_2 < A(i) 且 f(x_j) < f(x_i) \\ 0, & 其他 \end{cases}$$

$$(2.12)$$

其中，f_i 在每次迭代时视为定值；x、p、v、rand 均为高维数据，其中，x 为个体当前位置，v 为个体当前飞行速度，p 为全局最优解。

通过上述分析可得，蝙蝠算法为有限齐次的 Markov 链[7]。同时，在文献[6]中假设 S 空间内存在一个最优蝙蝠群状态 G，故该状态空间 S 是可约的。整个种群的进化方向是单调的，即 $f(x_j) \leqslant f(x_i)$。假设在 t 时刻蝙蝠群体处于状态 $S(n)$，已进入全局最优解集 G，其为一个闭集合[8]。若在 $t+1$ 时刻处于状态 $S(n+1)$，则可以使得 $P_s\{S(n+1) \in G | S(n) \in G\} = 1$ 成立。综上可知，经过迭代蝙蝠算法最终可以收敛到全局最优解，即蝙蝠算法全局收敛。

（4）2013 年黄光球[9]通过对蝙蝠算法的详细分析，指出了蝙蝠算法本身并不收敛，且蝙蝠的聚类特征也没有利用。此外，蝙蝠算法对求解维度较低的问题具有比较好的性能，对于高维问题则性能急剧下降[10,11]。所以，黄光球在文献[9]中提出了一种基于高维问题的改进蝙蝠算法（MBA）。该算法主要采用正交拉丁方原理生成种群的初始位置，由蝙蝠的追随、自主、避险和从众行为构造每个蝙蝠的空间位置转移策略。

另外，文献[9]用可规约随机矩阵稳定性定理证明了 MBA 算法具有全局收敛性。每个解 $X_S^i(i=1,2,3,\cdots,N)$ 可看作有限 Markov 链上的一个空间位置，并且得出该 Markov 链的转移矩阵 $\boldsymbol{P}' = \begin{bmatrix} p_{1,1} & 0 & \cdots & 0 \\ p_{2,1} & p_{2,2} & \cdots & 0 \\ \vdots & \vdots & & \vdots \\ p_{N,1} & p_{N,2} & \cdots & p_{N,N} \end{bmatrix} = \begin{bmatrix} \boldsymbol{C} & \boldsymbol{0} \\ \boldsymbol{R} & \boldsymbol{T} \end{bmatrix}$ 是 N 阶可归约随机矩阵，从而得出 $\boldsymbol{P}'^{\infty} = \begin{bmatrix} 1 & 0 & \cdots & 0 \\ 1 & 0 & \cdots & 0 \\ \vdots & \vdots & & \vdots \\ 1 & 0 & \cdots & 0 \end{bmatrix}$ 是稳定随机矩阵，因此 $\lim_{t \to \infty} p\{F(X^t) \to F(X^*)\} = 1$。最终证明 MBA 算法具有全局收敛性。

2.3 基本蝙蝠算法分析

2.1 节的结果表明，基本蝙蝠算法与微粒群算法的主要不同之处在于个体的位置更新方式。因此，若要考虑基本蝙蝠算法的全局收敛性，则需要从位置更新方式 [见式（1.6）] 来分析。与 2.1 节类似，在后续分析中仅考虑全局搜索模式 [见式（2.1）与式（2.2）]，而不考虑局部搜索模式 [第 4 章将具体证明式（2.3）只具有局部搜索性能]。

当 $f(\vec{x}_i'(t+1)) \geqslant f(\vec{x}_i(t))$ 时，位置不更新，即 $\vec{x}_i(t+1) = \vec{x}_i(t)$，但速度如何处理？按照式（2.1），速度已经更新为 $\vec{v}_i(t+1)$ 了。然而，若位置不更新，由于 $\vec{x}_i(t+1) = \vec{x}_i(t)$，则速度为

$$\vec{v}_i(t+1) = \vec{x}_i(t+1) - \vec{x}_i(t) = \vec{0} \tag{2.13}$$

这将导致矛盾，因此一个重要的问题是如何更新速度：速度是与位置同步更新，还是各自独立更新。从这个角度出发，我们探索如下 3 种速度更新方式。

（1）无记忆方式。速度与位置同步更新，若 $f(\vec{x}_i'(t+1)) \geqslant f(\vec{x}_i(t))$，蝙蝠 i 位置不动，仍为 $\vec{x}_i(t+1) = \vec{x}_i(t)$，而速度修改为 $\vec{v}_i(t+1) = 0$。由于速度不受前代速度的惯性影响，因此可称为"无记忆方式"。

（2）记忆方式。速度与位置独立更新，不论位置是否更新，速度都采用式（2.1）的计算结果，不做修改。此时，由于速度还能记住原先的结果，因此可称为"记忆方式"。

（3）混合方式。速度与位置的更新有时采用记忆方式，有时采用无记忆方式。例如，前面若干代采用速度与位置同步更新方式，后面若干代采用速度与位置独立更新方式。为了方便，这里的混合方式仅考虑如下的特殊方式：①若蝙蝠 i 的位置在第 t 代发生了更新，而在第 $t+1$ 代没有更新，则第 $t+1$ 代的速度采用无记忆方式；②在其余情况下，速度更新均采用记忆方式。

特殊方式①及特殊方式②表明，在迭代过程中，混合方式仅在位置首次没有更新时将速度修改为 0（此时采用无记忆方式），在其余情况下均不修改速度（此时采用记忆方式）。

显然，3 种方式各有特色，若蝙蝠 i 在第 $t+1$ 代没有更新位置，即 $\vec{x}_i(t+1) = \vec{x}_i(t)$，且最优位置 $\vec{p}(t) = (p_1(t), p_2(t), \cdots, p_k(t), \cdots, p_D(t))$ 在第 $t+1$ 代也没有发生变化，即 $\vec{p}(t+1) = \vec{p}(t)$。

对于无记忆方式而言，有
$$x_{ik}(t+2) = x_{ik}(t) + (x_{ik}(t) - p_k(t)) \cdot \text{fr}_i(t+1) \quad (2.14)$$
而记忆方式的位置更新方式为
$$x_{ik}(t+2) = x_{ik}(t) + v_{ik}(t) + (x_{ik}(t) - p_k(t)) \cdot (\text{fr}_i(t) + \text{fr}_i(t+1)) \quad (2.15)$$

对于混合方式而言，若蝙蝠 i 在第 $t+1$ 代没有更新位置，其更新方式与记忆方式的更新方式相同，即式（2.15），若蝙蝠 i 在第 $t+1$ 代更新了位置，则其更新方式为
$$x_{ik}(t+2) = x_{ik}(t) + (x_{ik}(t) - p_k(t)) \cdot \text{fr}_i(t+1) \quad (2.16)$$

更新方式［见式（2.14）～式（2.16）］实际上蕴含 3 种不同的模式，记忆方式为二阶差分方程，即式（2.15），无记忆方式与混合方式为一阶差分方程，即式（2.14）和式（2.16）。

下面将利用支撑集理论对 3 种不同的速度更新方式进行分析。我们进行如下假定：蝙蝠 i 在第 t 代后连续 $s-1$ 代没有更新位置，且群体最优位置 $\vec{p}(t) = (p_1(t), p_2(t), \cdots, p_k(t), \cdots, p_D(t))$ 在这些代中也没有更新［可视为常数 $\vec{p} = (p_1, p_2, \cdots, p_k, \cdots, p_D)$］。

（1）无记忆方式的支撑集分析。

式（2.14）表明，若假定成立，则蝙蝠 i 将按照下述方式进行搜索。
$$x_{ik}(t+s) = x_{ik}(t) + (x_{ik}(t) - p_k) \cdot \text{fr}_i(t+s-1) \quad (2.17)$$

上述更新方式直到该蝙蝠发现一个优于当前位置的解，或者群体最优位置发生变化才能改变。考虑到 $\text{fr}_i(t+s-1) \geqslant 0$，则
$$|x_{ik}(t) - p_k| \cdot \text{fr}_{\min} \leqslant |x_{ik}(t+s) - x_{ik}(t)| = |x_{ik}(t) - p_k| \cdot \text{fr}_i(t+s-1) \leqslant |x_{ik}(t) - p_k| \cdot \text{fr}_{\max} \quad (2.18)$$

若设 $r = |x_{ik}(t) - p_k|$，则 $x_{ik}(t+s)$ 的支撑集为
$$[x_{ik}(t) - r \cdot \text{fr}_{\max}, x_{ik}(t) + r \cdot \text{fr}_{\max}] \bigcap [x_{ik}(t) + r \cdot \text{fr}_{\min}, x_{\max}] \bigcap [x_{\min}, x_{ik}(t) - r \cdot \text{fr}_{\min}] \quad (2.19)$$

显然，若蝙蝠 i 的位置不更新，则其支撑集仅为定义域的部分区域，即
$$\prod_{k=1}^{D} ([x_{ik}(t) - r \cdot \text{fr}_{\max}, x_{ik}(t) + r \cdot \text{fr}_{\max}] \bigcap [x_{ik}(t) + r \cdot \text{fr}_{\min}, x_{\max}] \bigcap$$
$$[x_{\min}, x_{ik}(t) - r \cdot \text{fr}_{\min}]) \subseteq [x_{\min}, x_{\max}]^D = E$$

因此，对于无记忆方式的蝙蝠算法而言，其可能出现这样一种情况：在某一代中，所有蝙蝠的位置都在其搜索范围内为局部极值点［此时，群体历史最优位置在其搜索范围内也为局部极值点，且利用局部搜索方式，即式（2.3），也无法逃逸出该局部极值点的吸引域］，此时若按照无记忆方式更新速度，则所有的蝙蝠位置都不发生更新，从而导致算法的搜索停滞。因此，从全局搜索的角度来看，该模式很难保证算法的全局搜索性能。图 2.1 所示为无记忆方式无法搜索到全局极值点示意。其中，x_k^* 表示目标函数最优位置的第 k 维分量，而 $x_{ik}(t)$ 及 $x_{jk}(t)$ 为蝙蝠 i 及蝙蝠 j 在第 t 代位置的第 k 维分量，p_k 为群体历史最优位置的第 k 维分量，按照蝙蝠算法的全局搜索模式，$x_{ik}(t)$ 的搜索范围、$x_{jk}(t)$ 的搜索范围及局部搜索方式 p_k 的搜索范围在图中用阴影表示，若 $\vec{x}_i(t)$、$\vec{x}_j(t)$、$\vec{p}(t)$ 在其搜索范围内正好为局部极值点，则式（2.14）表明，这 3 个点将不再更新。但从图 2.1 中可以看出，它们的搜索范围显然无法搜索到 x_k^*，因此，按照定义 2.2，其将无法搜索到全局极值点。

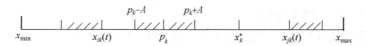

图 2.1　无记忆方式无法搜索到全局极值点示意

（2）记忆方式的支撑集分析。

下面来分析式（2.15）的支撑集。若假定成立，则式（2.15）可以简写为

$$x_{ik}(t+s) = x_{ik}(t) + v_{ik}(t) + \sum_{u=0}^{s-1}(x_{ik}(t) - p_k) \cdot \text{fr}_i(t+u) \quad (2.20)$$

考虑到 $x_{ik}(t) - p_k$ 与随机数无关，进而可以写为

$$x_{ik}(t+s) = x_{ik}(t) + v_{ik}(t) + (x_{ik}(t) - p_k) \cdot \sum_{u=0}^{s-1}\text{fr}_i(t+u) \quad (2.21)$$

显然，频率序列 $\{\text{fr}_i(t+u)\}_{u=0}^{s-1}$ 为独立同分布的随机变量。

由于频率 $\text{fr}_i(t+u)$ 在 $[\text{fr}_{\min}, \text{fr}_{\max}]$ 上均匀分布，因此随机变量 $\sum_{u=0}^{s-1}\text{fr}_i(t+u)$ 的搜索范围为 $[s \cdot \text{fr}_{\min}, s \cdot \text{fr}_{\max}]$，期望和方差分别为 $\dfrac{s \cdot (\text{fr}_{\min} + \text{fr}_{\max})}{2}$ 和 $\dfrac{s \cdot (\text{fr}_{\min} + \text{fr}_{\max})^2}{12}$，其分布密度函数为[12]

$$g(x) = \begin{cases} \dfrac{1}{(\text{fr}_{\max} - \text{fr}_{\min})^s (s-1)!} \sum_{w=0}^{k}(-1)^w C_s^w[x - s \cdot \text{fr}_{\min} - w(\text{fr}_{\max} - \text{fr}_{\min})]^{s-1}, \\ \quad k(\text{fr}_{\max} - \text{fr}_{\min}) + s \cdot \text{fr}_{\min} < x \leqslant (k+1)(\text{fr}_{\max} - \text{fr}_{\min}) + s \cdot \text{fr}_{\min}，其中 k = 0, 1, \cdots, s-1 \\ 0, \text{其他} \end{cases} \quad (2.22)$$

对应的概率分布函数为[12]

$$G(x) = \begin{cases} 0, \ x < -s \cdot \text{fr}_{\min} \\ \dfrac{1}{(\text{fr}_{\max} - \text{fr}_{\min})^s \cdot s!} \sum_{w=0}^{k}(-1)^w C_n^w[x - s \cdot \text{fr}_{\min} - r(\text{fr}_{\max} - \text{fr}_{\min})]^n, \\ \quad k(\text{fr}_{\max} - \text{fr}_{\min}) + s \cdot \text{fr}_{\min} < x \leqslant (k+1)(\text{fr}_{\max} - \text{fr}_{\min}) + s \cdot \text{fr}_{\min}，其中 k = 0, 1, \cdots, s-1 \\ 1, \ x > s \cdot \text{fr}_{\max} \end{cases} \quad (2.23)$$

显然，从搜索范围为 $[s \cdot \text{fr}_{\min}, s \cdot \text{fr}_{\max}]$ 来看，随着 s 的增加，其范围迅速扩大，对于一个给定的定义域，很快就能抵达并超出其边界点。

（3）混合方式的支撑集分析。

混合方式采用式（2.16），若假定成立，我们分如下两种情况讨论：①若蝙蝠 i 在第 t 代没有更新位置，其更新方式与记忆方式的更新方式相同，即式（2.15），则可以简写为式（2.21）；②若蝙蝠 i 在第 t 代更新了位置，则其更新方式可以参照上述分析写为

$$x_{ik}(t+s) = x_{ik}(t) + (x_{ik}(t) - p_k) \cdot \sum_{u=1}^{s-1} \text{fr}_i(t+u) \tag{2.24}$$

显然，由于频率 $\{\text{fr}_i(t+u)\}_{u=1}^{s-1}$ 为独立同分布的随机变量，因此 $\sum_{u=1}^{s-1} \text{fr}_i(t+u)$ 的均值、方差、概率密度函数及概率分布函数都与记忆方式的结果相同。

同记忆方式 [见式（2.21）] 相比，式（2.24）中没有速度项 $v_{ik}(t)$，且其求和 $\sum_{u=1}^{s-1} \text{fr}_i(t+u)$ 比式（2.21）少一个 $\text{fr}_i(t)$。显然，记忆方式的搜索给了 $x_{ik}(t)$ 一个偏移 $v_{ik}(t)$，使得蝙蝠 i 将以 $x_{ik}(t) + v_{ik}(t)$ 为起点开始搜索，而混合方式则以 $x_{ik}(t)$ 为起点进行搜索，这也是混合方式与记忆方式的一个主要区别。图 2.2 给出了混合方式与记忆方式的搜索区域示意。由于搜索方式为远离群体历史最优位置，因此对于混合方式与记忆方式而言，其搜索为远离 p_k 的方向 [图 2.2（a）表示 $x_{ik}(t)$ 位于 p_k 的右端，而图 2.2（b）则表示 $x_{ik}(t)$ 位于 p_k 左端的情形]。而记忆方式则不同，由于偏移 $v_{ik}(t)$ 的影响，因此可能发生图 2.2（c）与图 2.2（d）（$v_{ik}(t) \geqslant 0$ 的情形）及图 2.2（e）与图 2.2（f）（$v_{ik}(t) \leqslant 0$ 的情形）这 4 种情况。

然而，不论图 2.2 的哪种情况，都需要考虑搜索的支撑集的大小，而支撑集的范围是由 $\sum_{u=0}^{s-1} \text{fr}_i(t+u)$（记忆方式）与 $\sum_{u=1}^{s-1} \text{fr}_i(t+u)$（混合方式）控制的。因此，下面将讨论几种不同的边界条件，然后针对不同的边界条件来分析相应的支撑集范围。

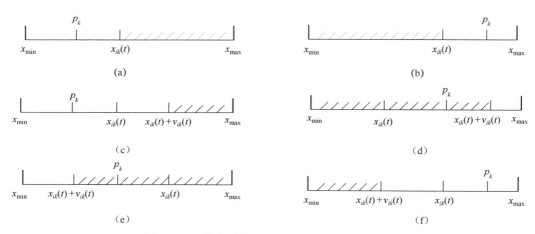

图 2.2　混合方式与记忆方式的搜索区域示意
（a）、（b）表示混合方式的搜索范围；（c）、（d）、（e）、（f）表示记忆方式的搜索范围

2.4 3 种边界条件

对于记忆方式，若参数 s 较大，则随机变量 $\sum_{u=0}^{s-1}\mathrm{fr}_i(t+u)$ 的搜索范围 $[s\cdot\mathrm{fr}_{\min},s\cdot\mathrm{fr}_{\max}]$ 将会扩展到足够大的范围，甚至可能超出问题的定义域范围。与此类似，混合方式也存在这种问题，随着参数 s 增大，随机变量 $\sum_{u=1}^{s-1}\mathrm{fr}_i(t+u)$ 的搜索范围 $[(s-1)\cdot\mathrm{fr}_{\min},(s-1)\cdot\mathrm{fr}_{\max}]$ 也会扩大，并可能超出问题的定义域。因此，需要考虑边界的处理方式，常见的边界条件有如下 3 种。

1. 吸收型

由于问题的定义域为 $E=[x_{\min},x_{\max}]^D\subseteq R^D$，设某只蝙蝠的位置 $\vec{x}_i(t)=(x_{i1}(t),x_{i2}(t),\cdots,x_{iD}(t))$ 更新为 $\vec{x}_i'(t+1)=(\vec{x}_{i1}'(t+1),\vec{x}_{i2}'(t+1),\cdots,\vec{x}_{iD}'(t+1))$，若存在某分量 $x_{ij}'(t+1)\leqslant x_{\min}$，则该分量取为 $x_{\min}$；同理，若 $x_{ij}'(t+1)\geqslant x_{\max}$，则令 $x_{ij}'(t+1)=x_{\max}$，即

$$x_{ij}'(t+1)=\begin{cases}x_{\min}, & x_{ij}'(t+1)\leqslant x_{\min}\\ x_{ij}'(t+1), & x_{\min}<x_{ij}'(t+1)<x_{\max}\\ x_{\max}, & x_{ij}'(t+1)\geqslant x_{\max}\end{cases}$$

且在算法后面的迭代过程中，$x_{ij}'(t+k)$（$k=2,3,\cdots$）保持不变，均为 $x_{ij}'(t+1)$，即相当于被边界点所"吸收"，如图 2.3 所示。

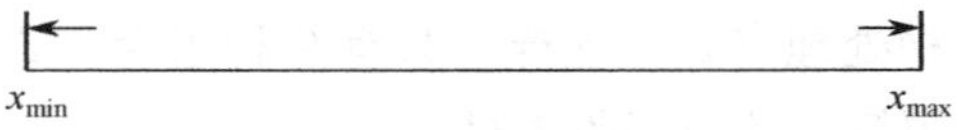

图 2.3 吸收型边界处理方式示意

2. 反射型

设某只蝙蝠的位置 $\vec{x}_i(t)=(x_{i1}(t),x_{i2}(t),\cdots,x_{iD}(t))$ 更新为 $\vec{x}_i'(t+1)=(x_{i1}'(t+1),x_{i2}'(t+1),\cdots,x_{iD}'(t+1))$，若存在某分量 $x_{ij}'(t+1)\leqslant x_{\min}$，则该分量取为 $x_{\min}+\mathrm{mod}(x_{\min}-x_{ij}'(t+1),x_{\max}-x_{\min})$，其中，$\mathrm{mod}(x,y)$ 表示取余运算，如 $\mathrm{mod}(5,3)=2$。同理，若 $x_{ij}'(t+1)\geqslant x_{\max}$，则令该分量取值为 $x_{\max}-\mathrm{mod}(x_{ij}'(t+1)-x_{\max},x_{\max}-x_{\min})$，相当于被边界点所"反弹"（见图 2.4），即

$$x_{ij}'(t+1)=\begin{cases}x_{\min}+\mathrm{mod}(x_{\min}-x_{ij}'(t+1),x_{\max}-x_{\min}), & x_{ij}'(t+1)\leqslant x_{\min}\\ x_{ij}'(t+1), & x_{\min}<x_{ij}'(t+1)<x_{\max}\\ x_{\max}-\mathrm{mod}(x_{ij}'(t+1)-x_{\max},x_{\max}-x_{\min}), & x_{ij}'(t+1)\geqslant x_{\max}\end{cases}$$

图 2.4 反射型边界处理方式示意

3. 环型

设某只蝙蝠的位置 $\vec{x}_i(t)=(x_{i1}(t),x_{i2}(t),\cdots,x_{iD}(t))$ 更新为 $\vec{x}'_i(t+1)=(x'_{i1}(t+1),x'_{i2}(t+1),\cdots,x'_{iD}(t+1))$，若存在某分量 $x'_{ij}(t+1)\leqslant x_{\min}$，则该分量取为 $x_{\max}-\mathrm{mod}(x_{\min}-x'_{ij}(t+1),x_{\max}-x_{\min})$，同理，若 $x'_{ij}(t+1)\geqslant x_{\max}$，则令该分量取值为 $x_{\min}+\mathrm{mod}(x'_{ij}(t+1)-x_{\max},x_{\max}-x_{\min})$，从而相当于该区域 $[x_{\min},x_{\max}]$ 首尾相连，组成一个环（见图 2.5），即

$$x'_{ij}(t+1)=\begin{cases} x_{\max}-\mathrm{mod}(x_{\min}-x'_{ij}(t+1),x_{\max}-x_{\min}), & x'_{ij}(t)\leqslant x_{\min} \\ x'_{ij}(t+1), & x_{\min}<x'_{ij}(t+1)<x_{\max} \\ x_{\min}+\mathrm{mod}(x'_{ij}(t+1)-x_{\max},x_{\max}-x_{\min}), & x'_{ij}(t+1)\geqslant x_{\max} \end{cases}$$

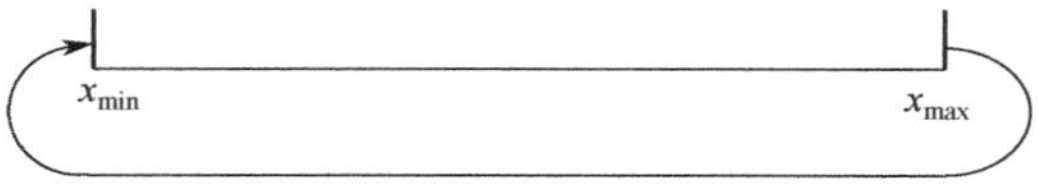

图 2.5 环型边界处理方式示意

2.5 基本蝙蝠算法的收敛性分析

按照前面分析，速度有无记忆方式、记忆方式及混合方式 3 种更新方式，而边界则有吸收型、反射型及环型 3 种处理方式，这样一共有 9 种组合方式。下面讨论这些组合方式中哪些方式能保证基本蝙蝠算法的全局收敛性。

参照文献[13]，设问题求解精度为 κ，将定义域 E 离散化，则离散化后的搜索位置有 $|E|=\prod_{i=1}^{D}\left(\left\lfloor\dfrac{x_{\max}-x_{\min}}{\kappa}\right\rfloor+1\right)$ 个（$\lfloor x\rfloor$ 表示取整函数，即不超过 x 的最大整数）。因此，算法的收敛性将主要对这些点进行搜索。

假设蝙蝠算法的种群所含元素个数为 n，维数为 D，第 t 代的脉冲发射频率及响度为 $r_i(t)$ 与 $A_i(t)$，第 t 代的群体历史最优位置 $\vec{p}(t)=(p_1(t),p_2(t),\cdots,p_k(t),\cdots,p_D(t))$。由于在蝙蝠算法中，每只蝙蝠的当前位置为曾经经历过的最优位置，因此不妨设位置 $\vec{p}(t)=(p_1(t),p_2(t),\cdots,p_k(t),\cdots,p_D(t))$ 位于第 g 只蝙蝠，即

$$\vec{x}_g(t)=\vec{p}(t)=(p_1(t),p_2(t),\cdots,p_k(t),\cdots,p_D(t))$$

蝙蝠 i 在第 $t+1$ 代有 $r_i(t)$ 的概率利用式（2.1）及式（2.2）计算新位置 $\vec{x}'_i(t+1)$，设 $\vec{x}'_i(t+1)$

优于当前位置 $\vec{x}_i(t)$ 的概率为 $p_i(t+1)$，则 $q_i(t+1) = 1 - p_i(t+1)$ 为得到的位置劣于当前位置 $\vec{x}_i(t)$ 的概率。

设蝙蝠个体 i 在第 t 代的位置为 $\vec{x}_i(t) = (x_{i1}(t), x_{i2}(t), \cdots, x_{ik}(t), \cdots, x_{iD}(t))$，按照基本蝙蝠算法的流程，蝙蝠个体 i 在第 $t+1$ 代的新位置 $\vec{x}_i'(t+1)$ 以概率 $r_i(t)$ 由式（2.1）及式（2.2）计算所得。对于新位置 $\vec{x}_i'(t+1)$，其以 $q_i(t+1)$ 的概率使得 $\vec{x}_i'(t+1)$ 劣于 $\vec{x}_i(t)$，此时，位置 $\vec{x}_i(t)$ 保持不变；而以 $p_i(t+1)$ 的概率使得 $\vec{x}_i'(t+1)$ 优于 $\vec{x}_i(t)$。当 $\vec{x}_i'(t+1)$ 优于 $\vec{x}_i(t)$ 时，基本蝙蝠算法仍以概率 $1 - A_i(t)$ 不发生变化。因此，可以得到蝙蝠个体 i 在第 $t+1$ 代不发生变化的概率为

$$P\{\vec{x}_i'(t+1) = \vec{x}_i(t)\}$$
$$= r_i(t) \cdot [p_i(t+1) \cdot (1 - A_i(t)) + q_i(t+1)]$$
$$= r_i(t) \cdot [1 - A_i(t) + q_i(t+1) \cdot A_i(t)]$$

由于 $r_i(t) \geqslant r(0) \cdot (1 - e^{-\gamma})$，且 $1 - A_i(t) + q_i(t+1) \cdot A_i(t) \geqslant 1 - A_i(t) \geqslant 1 - A(0)$，则上式可以修改为

$$P\{\vec{x}_i(t+1) = \vec{x}_i(t)\} \geqslant r(0) \cdot (1 - e^{-\gamma}) \cdot (1 - A(0)) \quad (2.25)$$

其中，$A(0)$ 表示响度 $A_i(t)$ 的初始值，$r(0)$ 表示脉冲发射速率 $r_i(t)$ 的初始值，γ 为脉冲发射速率的固定参数。而蝙蝠个体 i 在第 $t+2$ 代的位置仍为 $\vec{x}_i(t)$ 的概率为

$$P\{\vec{x}_i(t+2) = \vec{x}_i(t)\}$$
$$= P\{\vec{x}_i(t+2) = \vec{x}_i(t+1) = \vec{x}_i(t)\}$$
$$= P\{\vec{x}_i(t+2) = \vec{x}_i(t+1)\} \cdot P\{\vec{x}_i(t+1) = \vec{x}_i(t)\} \geqslant [r(0) \cdot (1 - e^{-\gamma}) \cdot (1 - A(0))]^2$$

重复上述过程，可以得到蝙蝠个体 i 在第 $t+s$ 代的位置仍为 $\vec{x}_i(t)$ 的概率为

$$P\{\vec{x}_i(t+s) = \vec{x}_i(t)\} \geqslant [r(0) \cdot (1 - e^{-\gamma}) \cdot (1 - A(0))]^s$$

对于整个种群 $\text{pop}(t) = \{\vec{x}_1(t), \vec{x}_2(t), \cdots, \vec{x}_n(t)\}$ 而言，若经过 s 代，且所有蝙蝠的位置都不发生变化的概率为

$$P\{\text{pop}(t+s) = \text{pop}(t)\} = \prod_{i=1}^{n} P\{\vec{x}_i(t+s) = \vec{x}_i(t)\} \geqslant [r(0) \cdot (1 - e^{-\gamma}) \cdot (1 - A(0))]^{ns}$$

因此，有如下定理。

定理 2.1 在基本蝙蝠算法中，每只蝙蝠都有一个非 0 概率使得其在有限代内位置不变，进而，整个种群存在一个非 0 概率使得所有的蝙蝠位置在有限代内都不发生变化。

注 2.1：对于基本蝙蝠算法而言，响度 $A_i(t)$ 的更新方式为 $A_i(t+1) = \alpha A_i(t)$，其初始值 $A(0)$ 为介于 $(0,1)$ 的数，显然，这种方式为线性递减方式。因此，$A_i(t) \leqslant A_i(0)$，图 2.6 所示为当 $A_i(0) = 0.9$、$\alpha = 0.99$ 时响度的更新示意。

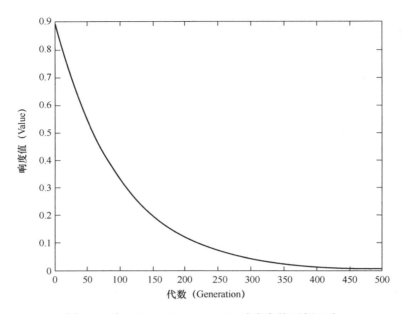

图 2.6 当 $A_i(0) = 0.9$、$\alpha = 0.99$ 时响度的更新示意

注 2.2：对于基本蝙蝠算法而言，脉冲发射速率 $r_i(t)$ 的更新方式为 $r(0) \cdot (1 - e^{-\gamma t})$，其初始值 $r(0)$ 为介于 $(0,1)$ 的数。显然，这种方式为线性递增方式。因此，$r_i(t) \geqslant r(0) \cdot (1 - e^{-\gamma})$。图 2.7 所示为当 $r(0) = 0.9$、$\gamma = 0.9$ 时脉冲发射速率的更新示意。

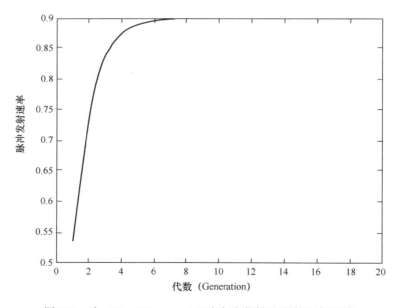

图 2.7 当 $r(0) = 0.9$、$\gamma = 0.9$ 时脉冲发射速率的更新示意

定理 2.2 若基本蝙蝠算法的速度更新采用记忆方式，边界条件采用反射型策略，并且群体历史最优位置及蝙蝠个体 i 的当前位置 $\vec{x}_i(t)=(x_{i1}(t),x_{i2}(t),\cdots,x_{ik}(t),\cdots,x_{iD}(t))$ 在连续 $T=\left\lfloor\dfrac{2(x_{\max}-x_{\min})}{f_{\max}-f_{\min}}\right\rfloor+1$ 代内不发生变动，则该蝙蝠的支撑集为整个定义域 E。

证明：考虑到定义域为 $E=[x_{\min},x_{\max}]^D\subseteq R^D$，每一维的长度为 $x_{\max}-x_{\min}$，对于蝙蝠个体 i 的当前位置 $\vec{x}_i(t)=(x_{i1}(t),x_{i2}(t),\cdots,x_{ik}(t),\cdots,x_{iD}(t))$，若采用反射型策略，则要把第 k 维区间覆盖，其长度应为 $2x_{\max}-x_{ik}(t)-v_{ik}(t)-x_{\min}$ [见图 2.2（c）、图 2.2（e）] 或 $x_{\max}+x_{ik}(t)+v_{ik}(t)-2x_{\min}$ [见图 2.2（d）、图 2.2（f）]。而若群体历史最优位置及蝙蝠个体 i 的当前位置 $\vec{x}_i(t)=(x_{i1}(t),x_{i2}(t),\cdots,x_{ik}(t),\cdots,x_{iD}(t))$ 在连续 s 代内不发生变化，则依照式（2.21）随机变量 $x_{ik}(t+s)=x_{ik}(t)+v_{ik}(t)+(x_{ik}(t)-p_k)\cdot\sum_{u=0}^{s-1}\mathrm{fr}_i(t+u)$ 的支撑集将逐渐扩大，由于 $\sum_{u=0}^{s-1}\mathrm{fr}_i(t+u)$ 的搜索范围为 $[s\cdot\mathrm{fr}_{\min},s\cdot\mathrm{fr}_{\max}]$，其区间大小为 $s\cdot(\mathrm{fr}_{\max}-\mathrm{fr}_{\min})$，因此，当

$$s\cdot(\mathrm{fr}_{\max}-\mathrm{fr}_{\min})\geqslant 2x_{\max}-x_{ik}(t)-v_{ik}(t)-x_{\min}$$

和

$$s\cdot(\mathrm{fr}_{\max}-\mathrm{fr}_{\min})\geqslant x_{\max}+x_{ik}(t)+v_{ik}(t)-2x_{\min}$$

都成立时，其支撑集就可以覆盖定义域的第 k 维区间。这表明，可以选择代数

$$s_k=\max\left\{\left\lfloor\dfrac{2x_{\max}-x_{ik}(t)-v_{ik}(t)-x_{\min}}{\mathrm{fr}_{\max}-\mathrm{fr}_{\min}}\right\rfloor+1,\left\lfloor\dfrac{x_{\max}+x_{ik}(t)+v_{ik}(t)-2x_{\min}}{\mathrm{fr}_{\max}-\mathrm{fr}_{\min}}\right\rfloor+1\right\} \quad (2.26)$$

其中，$\lfloor x\rfloor$ 表示取整函数，即不超过 x 的最大整数。对于所有的维数，可以选择变量 $s=\max\{s_1,s_2,\cdots,s_D\}$，即

$$\max\left\{\max\left\{\left\lfloor\dfrac{2x_{\max}-x_{ik}(t)-v_{ik}(t)-x_{\min}}{\mathrm{fr}_{\max}-\mathrm{fr}_{\min}}\right\rfloor+1,\left\lfloor\dfrac{x_{\max}+x_{ik}(t)+v_{ik}(t)-2x_{\min}}{\mathrm{fr}_{\max}-\mathrm{fr}_{\min}}\right\rfloor+1\right\}\right\} \quad (2.27)$$

其中，$k=1,2,\cdots,D$。显然，若蝙蝠个体 i 在连续 s 代内位置都不发生变化，则该个体的支撑集将能覆盖整个定义域。然而，式（2.27）的最小代数与蝙蝠的位置 $\vec{x}_i(t)=(x_{i1}(t),x_{i2}(t),\cdots,x_{ik}(t),\cdots,x_{iD}(t))$ 及速度 $\vec{v}_i(t)=(v_{i1}(t),v_{i2}(t),\cdots,v_{ik}(t),\cdots,v_{iD}(t))$ 有关，较为复杂，故此，进一步做如下缩放。

$$2x_{\max}-x_{ik}(t)-v_{ik}(t)-x_{\min}=(x_{\max}-x_{\min})+[x_{\max}-(x_{ik}(t)+v_{ik}(t))]\leqslant 2(x_{\max}-x_{\min})$$

$$x_{\max}+x_{ik}(t)+v_{ik}(t)-2x_{\min}=(x_{\max}-x_{\min})+[x_{ik}(t)+v_{ik}(t)-x_{\min}]\leqslant 2(x_{\max}-x_{\min})$$

因此有

$$\max\left\{\left\lfloor\dfrac{2x_{\max}-x_{ik}(t)-x_{\min}}{\mathrm{fr}_{\max}-\mathrm{fr}_{\min}}\right\rfloor+1,\left\lfloor\dfrac{x_{\max}+x_{ik}(t)-2x_{\min}}{\mathrm{fr}_{\max}-\mathrm{fr}_{\min}}\right\rfloor+1\right\}\leqslant\left\lfloor\dfrac{2(x_{\max}-x_{\min})}{\mathrm{fr}_{\max}-\mathrm{fr}_{\min}}\right\rfloor+1$$

由于代数 T 的选择与蝙蝠的下标 i、代数 t、速度 $\vec{v}_i(t)$ 没有关联，因此若连续

$T = \left\lfloor \dfrac{2(x_{\max} - x_{\min})}{f_{\max} - f_{\min}} \right\rfloor + 1$ 代内，蝙蝠的位置及群体历史最优位置不发生更新，则该蝙蝠的支撑集将为整个定义域。

定理 2.3 若基本蝙蝠算法的速度更新采用记忆方式，边界条件采用反射型策略，则算法以概率 1 收敛到全局最优解。

证明：在基本蝙蝠算法中，每一代均考虑相应的群体历史最优位置，则可定义如下函数。

$$D(\vec{p}(t), \vec{p}(t+1)) = \begin{cases} \vec{p}(t), & f(\vec{p}(t+1)) \geqslant f(\vec{p}(t)) \\ \vec{p}(t+1), & f(\vec{p}(t+1)) < f(\vec{p}(t)) \end{cases}$$

显然，该函数满足引理 2.1。

对于引理 2.2 而言，蝙蝠个体 i 的初始值在定义域内均匀选择，故支撑集为定义域 E，按照定理 2.1，所有的蝙蝠以一定的概率（大于等于 $[r(0) \cdot (1 - \mathrm{e}^{-\gamma}) \cdot (1 - A(0))]^{nt}$）保证其位置从第 1 代到第 $T = \left\lfloor \dfrac{2(x_{\max} - x_{\min})}{\mathrm{fr}_{\max} - \mathrm{fr}_{\min}} \right\rfloor + 1$ 代不发生变化，即群体历史最优位置及蝙蝠个体 i 的位置在 T 代内不发生变化，从而按照定理 2.2 可知蝙蝠个体 i 在第 T 代的支撑集为定义域 E；同理，按照定理 2.1，所有蝙蝠以一定的概率保证其位置从第 $T+1$ 代到第 $2T$ 代不发生变化。在此基础上，按照定理 2.2 的结果，其第 $2T$ 代的支撑集为定义域 E。以此类推，可以发现，蝙蝠个体 i 以一定的概率保证其位置在第 kT 代（$k = 1, 2, \cdots$）的支撑集为定义域，且在第 kT 代时，对于任意 Borel 子集 A，若 $L(A) > 0$，$g(x)$ 为随机变量 $\sum\limits_{U=0}^{T-1} f_i(t+u)$ 的概率密度函数，由于 $g(x) > 0$，按照引理 2.4，则

$$\mu_{kT}(A) = \int_A g(x) \mathrm{d}x = c > 0$$

从而按照引理 2.2，有

$$\prod_{k=0}^{+\infty}(1 - \mu_k(A)) \leqslant \prod_{k=0}^{+\infty}(1 - \mu_{kT}(A)) \leqslant \prod_{k=0}^{+\infty}(1 - c) = \lim_{k \to +\infty}(1 - c)^k = 0$$

从而满足引理 2.2。按照引理 2.3 的结论，证明基本蝙蝠算法在速度更新采用记忆方式，边界条件采用反射型策略时以概率 1 收敛于全局最优解。

从定理 2.3 的证明过程可以看出，定理 2.1 只保证群体能在有限代内以一定概率不发生变化，从而满足定理 2.2 的条件；而定理 2.2 则用于保证在算法种群的演化过程中，存在一系列代数，使得这些代数中蝙蝠个体 i 的支撑集都能覆盖整个定义域。

定理 2.4 若基本蝙蝠算法的速度更新采用记忆方式，边界条件采用环型策略，并且群体历史最优位置及蝙蝠个体 i 的当前位置 $\vec{x}_i(t) = (x_{i1}(t), x_{i2}(t), \cdots, x_{ik}(t), \cdots, x_{iD}(t))$ 在连续 $T = \left\lfloor \dfrac{(x_{\max} - x_{\min})}{\mathrm{fr}_{\max} - \mathrm{fr}_{\min}} \right\rfloor + 1$ 代内不发生变动，则该蝙蝠在 T 代后的支撑集为整个定义域 E。

证明：整个证明过程与定理 2.2 相似，对于环型策略而言，其遍历的长度为 $x_{\max} - x_{\min}$，

因此，对第 k 维区间而言，当 $s \cdot (\text{fr}_{\max} - \text{fr}_{\min}) \geqslant x_{\max} - x_{\min}$ 时，可以遍历定义域 E。这表明，可以选择代数

$$T = \left\lfloor \frac{x_{\max} - x_{\min}}{\text{fr}_{\max} - \text{fr}_{\min}} \right\rfloor + 1 \tag{2.28}$$

上述代数显然与维数 k 无关，故对于该蝙蝠而言，这个代数可以使得所有维数的支撑集都遍历 $[x_{\min}, x_{\max}]$，从而该蝙蝠在 T 代后的支撑集为整个定义域 E。

定理 2.5 若基本蝙蝠算法的速度更新采用记忆方式，边界条件采用环型策略，则算法以概率 1 收敛到全局最优解。

其证明过程与定理 2.3 类似，唯一不同之处在于：代数 $T = \left\lfloor \dfrac{x_{\max} - x_{\min}}{\text{fr}_{\max} - \text{fr}_{\min}} \right\rfloor + 1$，而不是定理 2.3 中的 $T = \left\lfloor \dfrac{2(x_{\max} - x_{\min})}{f_{\max} - f_{\min}} \right\rfloor + 1$，具体过程不再赘述。

注 2.3：在定理 2.3 及定理 2.5 的证明过程中，边界条件非常重要，当边界条件为反射型策略及环型策略时，基本蝙蝠算法具有了遍历性。因此，对于任意 Borel 子集 A，若 $L(A) > 0$，则算法总可以无数次以一个非 0 概率搜索到 A，从而保证了算法的全局收敛性。但当边界条件为吸收型策略时，基本蝙蝠算法不再具有遍历性。此时，该算法将无法保证算法的全局收敛性。图 2.8 所示为基本蝙蝠算法的速度更新采用记忆方式、边界条件为吸收型策略的支撑集示意，其中，$[p_k - \overline{A}, p_k + \overline{A}]$ 表示局部搜索策略的支撑集，$\vec{x}^* = (x_1^*, x_2^*, \cdots, x_k^*, \cdots, x_D^*)$ 表示问题的全局最优解。若 $x_{ik}(t) + v_{ik}(t)$ 小于 p_k，则左侧的 $x_{ik}(t) + v_{ik}(t)$ 附近阴影区域表示其搜索区域；若 $x_{ik}(t) + v_{ik}(t)$ 大于 p_k，则右侧的 $x_{ik}(t) + v_{ik}(t)$ 附近阴影区域表示其搜索区域。显然，按照吸收型策略的速度更新方式，无法搜索到全局最优解 $\vec{x}^*$。

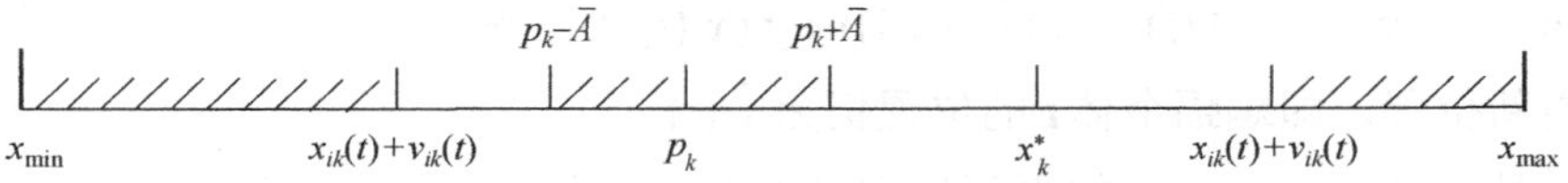

图 2.8 基本蝙蝠算法的速度更新采用记忆方式、边界条件为吸收型策略的支撑集示意

综上所述，当速度更新方式采用记忆方式时，基本蝙蝠算法具有全局收敛性。显然，混合方式与记忆方式的不同之处在于：混合方式少了一个扰动 $\vec{v}_i(t) = (v_{i1}(t), v_{i2}(t), \cdots, v_{ik}(t), \cdots, v_{iD}(t))$，且其求和 $\sum\limits_{u=1}^{T-1} \text{fr}_i(t+u)$ 比记忆方式少一个 $\text{fr}_i(t)$。因此，关于混合方式的全局收敛性的讨论与此类似，下面仅列出相关结果。

定理 2.6 若基本蝙蝠算法的速度更新采用混合方式，边界条件采用反射型策略，并且群体历史最优位置及蝙蝠个体 i 的当前位置 $\vec{x}_i(t) = (x_{i1}(t), x_{i2}(t), \cdots, x_{ik}(t), \cdots, x_{iD}(t))$ 在连续

$$T = \left\lfloor \frac{2(x_{\max} - x_{\min})}{\text{fr}_{\max} - \text{fr}_{\min}} \right\rfloor + 2 \text{ 代内不发生变动，则该蝙蝠的支撑集为整个定义域 } E。$$

定理 2.7 若基本蝙蝠算法的速度更新采用混合方式，边界条件采用反射型策略，则算法以概率 1 收敛到全局最优解。

定理 2.8 若基本蝙蝠算法的速度更新采用混合方式，边界条件采用环型策略，并且群体历史最优位置及蝙蝠个体 i 的当前位置 $\vec{x}_i(t) = (x_{i1}(t), x_{i2}(t), \cdots, x_{ik}(t), \cdots, x_{iD}(t))$ 在连续

$$T = \left\lfloor \frac{(x_{\max} - x_{\min})}{\text{fr}_{\max} - \text{fr}_{\min}} \right\rfloor + 2 \text{ 代内不发生变动，则该蝙蝠的支撑集为整个定义域 } E。$$

定理 2.9 若基本蝙蝠算法的速度更新采用混合方式，边界条件采用环型策略，则算法以概率 1 收敛到全局最优解。

为了方便理解，将上述结果进行总结，如表 2.1 所示。

表 2.1 基本蝙蝠算法的收敛性

边界条件 \ 收敛性 \ 更新方式	无记忆方式	记忆方式	混合方式
吸收型	不收敛	不收敛	不收敛
反射型	不收敛	收敛	收敛
环型	不收敛	收敛	收敛

2.6 标准蝙蝠算法的收敛性分析

基本蝙蝠算法的特殊之处在于：在更新位置时，选择一个介于 $(0, 1)$ 且满足均匀分布的随机数 rand_2，当 $\text{rand}_2 < A_i(t)$ 且 $f(\vec{x}_i(t+1)) < f(\vec{x}_i(t))$ 时，蝙蝠个体 i 将位置更新为 $\vec{x}_i(t+1)$；否则，不更新位置，即蝙蝠个体 i 的位置仍为 $\vec{x}_i(t)$。

显然，按照基本蝙蝠算法的更新规则可以发现，并不是每次得到的最优解都能更新，由于 $A_i(t)$ 递减，因此在算法后期，其位置几乎无法更新，从而影响算法效率。为此，我们提出了标准蝙蝠算法。该算法的位置更新规则为：当 $f(\vec{x}_i(t+1)) < f(\vec{x}_i(t))$ 时，蝙蝠个体 i 将位置更新为 $\vec{x}_i(t+1)$；否则，不更新位置。那么，接下来要考虑的问题是更新规则的变化是否影响标准蝙蝠算法的收敛性？下面对此问题进行分析。

设蝙蝠个体 i 在第 t 代的位置为 $\vec{x}_i(t) = (x_{i1}(t), x_{i2}(t), \cdots, x_{ik}(t), \cdots, x_{iD}(t))$，$M_{i,t+1}$ 为蝙蝠个体 i 在第 $t+1$ 代的支撑集，则可以考虑如下两种情况。

（1）若 $\vec{x}_i(t)$ 在支撑集 $M_{i,t+1}$ 内性能最差，即 $\forall \vec{y} \in M_{i,t+1}$，有 $f(\vec{y}) < f(\vec{x}_i(t))$，可以让该蝙蝠按照式（2.1）及式（2.2）移动，并按照结果将 $\vec{x}_i(t)$ 移动至新的位置。

（2）若情况（1）不成立，则 $\exists \vec{y} \in M_{i,t+1}$，有 $f(\vec{y}) \geq f(\vec{x}_i(t))$ 成立。此时，个体 $\vec{x}_i(t)$ 移动至性能较差个体（如 $\vec{y}$）的概率为

$$P\{\vec{x}_i(t+1) = \vec{x}_i(t)\} = P\{\vec{x}_i(t+1) = \vec{y} \mid \vec{y} \in M_{i,t+1}, f(\vec{y}) \geq f(\vec{x}_i(t))\}$$

$$\geq \frac{1}{|M_{i,t+1}|}$$

$$\geq \frac{1}{\prod_{i=1}^{D}\left(\left\lfloor\dfrac{x_{\max} - x_{\min}}{\kappa}\right\rfloor + 1\right)}$$

其中，$|M_{i,t+1}|$ 表示支撑集 $M_{i,t+1}$ 内所包含的离散点。

继续这一过程，有

$$P\{\vec{x}_i(t+2) = \vec{x}_i(t)\} = P\{\vec{x}_i(t+2) = \vec{x}_i(t+1)\} \times P\{\vec{x}_i(t+1) = \vec{x}_i(t)\}$$

$$\geq \left[\frac{1}{\prod_{i=1}^{D}\left(\left\lfloor\dfrac{x_{\max} - x_{\min}}{\kappa}\right\rfloor + 1\right)}\right]^2$$

从而有下式成立，即

$$P\{\vec{x}_i(t+s) = \vec{x}_i(t)\} \geq \left[\frac{1}{\prod_{i=1}^{D}\left(\left\lfloor\dfrac{x_{\max} - x_{\min}}{\kappa}\right\rfloor + 1\right)}\right]^s$$

进而，对于整个种群 $\text{pop}(t) = \{\vec{x}_1(t), \vec{x}_2(t), \cdots, \vec{x}_n(t)\}$ 而言，经过 s 代，并且所有蝙蝠的位置都不发生变化的概率为

$$P\{\text{pop}(t+s) = \text{pop}(t)\} = \prod_{i=1}^{n} P\{\vec{x}_i(t+s) = \vec{x}_i(t)\} \geq \left[\frac{1}{\prod_{i=1}^{D}\left(\left\lfloor\dfrac{x_{\max} - x_{\min}}{\kappa}\right\rfloor + 1\right)}\right]^{ns}$$

定理 2.10 在标准蝙蝠算法中，每只蝙蝠都有一个非 0 概率使得其在有限代内位置不变，进而，整个种群存在一个非 0 概率使得所有的蝙蝠位置在有限代内位置都不发生变化。

证明：在标准蝙蝠算法中，若第 $t+1$ 代存在蝙蝠个体 i 满足上述情况（1），则其按照式（2.1）及式（2.2）移动，并按照结果将 $\vec{x}_i(t)$ 移动至新的位置，另外从第 $t+2$ 代开始，群体中的所有蝙蝠都满足情况（2）。此时，可以按照上述的概率使得有限代内群体的所有蝙蝠都保持位置不变。

定理 2.11 若标准蝙蝠算法的速度更新采用记忆方式，边界条件采用反射型策略，并且群体历史最优位置及蝙蝠个体 i 的当前位置 $\vec{x}_i(t) = (x_{i1}(t), x_{i2}(t), \cdots, x_{ik}(t), \cdots, x_{iD}(t))$ 在连续 $T = \left\lfloor\dfrac{2(x_{\max} - x_{\min})}{\text{fr}_{\max} - \text{fr}_{\min}}\right\rfloor + 2$ 代内不发生变动，则该蝙蝠在 T 代后的支撑集为整个定义域 E，进而，种群中每只蝙蝠在 T 代后的支撑集都为整个定义域 E。

证明：与定理 2.2 的证明方式相同，其中唯一的差别在于本定理的证明过程可能会有

情况（1）发生，故其连续代数 T 应该比定理 2.2 中的代数多 1 代，用以处理情况（2）发生的问题，其余均相同，此处不再赘述。

定理 2.12 若标准蝙蝠算法的速度更新采用记忆方式，边界条件采用反射型策略，则算法以概率 1 收敛到全局最优解。

证明：标准蝙蝠算法与基本蝙蝠算法的不同之处在于群体历史最优位置的保存策略，而这一点不影响证明过程，故可采用与定理 2.3 相同的方式来证明，此处不再赘述。

定理 2.13 若标准蝙蝠算法的速度更新采用记忆方式，边界条件采用环型策略，并且群体历史最优位置及某蝙蝠个体 i 的当前位置 $\vec{x}_i(t) = (x_{i1}(t), x_{i2}(t), \cdots, x_{ik}(t), \cdots, x_{iD}(t))$ 在连续 $T = \left\lfloor \dfrac{(x_{\max} - x_{\min})}{\text{fr}_{\max} - \text{fr}_{\min}} \right\rfloor + 2$ 代内不发生变动，则该蝙蝠在 T 代后的支撑集为整个定义域 E，进而种群中每只蝙蝠在 T 代后的支撑集都为整个定义域 E。

定理 2.14 若标准蝙蝠算法的速度更新采用记忆方式，边界条件采用环型策略，则算法以概率 1 收敛到全局最优解。

定理 2.15 若标准蝙蝠算法的速度更新采用混合方式，边界条件采用反射型策略，并且群体历史最优位置及蝙蝠个体 i 的当前位置 $\vec{x}_i(t) = (x_{i1}(t), x_{i2}(t), \cdots, x_{ik}(t), \cdots, x_{iD}(t))$ 在连续 $T = \left\lfloor \dfrac{2(x_{\max} - x_{\min})}{\text{fr}_{\max} - \text{fr}_{\min}} \right\rfloor + 3$ 代内不发生变动，则该蝙蝠在 T 代后的支撑集为整个定义域 E，进而种群中每只蝙蝠在 T 代后的支撑集都为整个定义域 E。

定理 2.16 若标准蝙蝠算法的速度更新采用混合方式，边界条件采用反射型策略，则算法以概率 1 收敛到全局最优解。

定理 2.17 若标准蝙蝠算法的速度更新采用混合方式，边界条件采用环型策略，并且群体历史最优位置及蝙蝠个体 i 的当前位置 $\vec{x}_i(t) = (x_{i1}(t), x_{i2}(t), \cdots, x_{ik}(t), \cdots, x_{iD}(t))$ 在连续 $T = \left\lfloor \dfrac{(x_{\max} - x_{\min})}{\text{fr}_{\max} - \text{fr}_{\min}} \right\rfloor + 3$ 代内不发生变动，则该蝙蝠在 T 代后的支撑集为整个定义域 E，进而种群中每只蝙蝠在 T 代后的支撑集都为整个定义域 E。

定理 2.18 若标准蝙蝠算法的速度更新采用混合方式，边界条件采用环型策略，则算法以概率 1 收敛到全局最优解。

与基本蝙蝠算法相似，标准蝙蝠算法的收敛性也可以通过表 2.2 来描述。

表 2.2 标准蝙蝠算法的收敛性

边界条件 \ 收敛性 \ 更新方式	无记忆方式	记忆方式	混合方式
吸收型	不收敛	不收敛	不收敛
反射型	不收敛	收敛	收敛
环型	不收敛	收敛	收敛

2.7 收敛速度分析

前面提出了两种不同的蝙蝠算法,即基本蝙蝠算法与标准蝙蝠算法,其不同之处仅在于个体位置的更新规则。对于基本蝙蝠算法而言,其个体位置的更新,不仅需要优于原先的位置,而且存在一定的概率不进行位置更新;而标准蝙蝠算法只需要更新位置优于原先位置即可。这两种蝙蝠算法在边界条件为反射型及环型,速度更新方式为记忆方式及混合方式,都以概率 1 收敛于全局极值点。

然而,不同的个体位置更新方式是否会影响这两种算法的收敛速度呢?为此,本节对此进行简单分析。

定义 2.3 定义随机优化算法 A 的收敛速度[14]为

$$E(A) = \sum_{t=0}^{+\infty} t \cdot P\{\xi_t \in D_0, \xi_j \in D_1, j=0,1,\cdots,t-1\}$$

定义 2.3 表示的是算法 A 的最早收敛代数的期望值。一般而言,若算法的收敛速度越快,则其首次发现全局最优解的期望越大。

定理 2.19 标准蝙蝠算法的收敛速度比基本蝙蝠算法快。

证明: 由于标准蝙蝠算法与基本蝙蝠算法的流程相同,其唯一区别在于位置的更新方式。因此,若令 $\{\xi_t^{(1)}\}_{t=0}^{+\infty}$ 表示标准蝙蝠算法(Standard Bat Algorithm,SBA)在第 t 代首次发现全局最优解的随机变量,$\{\xi_t^{(2)}\}_{t=0}^{+\infty}$ 表示基本蝙蝠算法(Canonical Bat Algorithm,CBA)在第 t 代首次发现全局最优解的随机变量,由于

$$\begin{aligned}
&P\{\xi_t^{(2)} \in D_0, \xi_j \in D_1, j=0,1,\cdots,t-1\} \\
&= A_i(t) \times P\{f(\vec{p}(t)) \in D_0, f(\vec{p}(j)) \in D_1, j=0,1,\cdots,t-1\} \\
&\leqslant P\{f(\vec{p}(t)) \in D_0, f(\vec{p}(j)) \in D_1, j=0,1,\cdots,t-1\} \\
&= P\{\xi_t^{(1)} \in D_0, \xi_j \in D_1, j=0,1,\cdots,t-1\}
\end{aligned}$$

故

$$\begin{aligned}
E(\text{SBA}) &= \sum_{t=0}^{+\infty} t \cdot P\{\xi_t^{(1)} \in D_0, \xi_j \in D_1, j=0,1,\cdots,t-1\} \\
&\leqslant \sum_{t=0}^{+\infty} t \cdot P\{\xi_t^{(2)} \in D_0, \xi_j \in D_1, j=0,1,\cdots,t-1\} \\
&= E(\text{CBA})
\end{aligned}$$

上述结果表明,从收敛速度的角度来看,标准蝙蝠算法要优于基本蝙蝠算法。因此,本书后续研究都在标准蝙蝠算法基础上进行。此外,从收敛性结果可以看出,边界条件为反射型与环型均能保证算法以概率 1 收敛,二者之间区别不大,故本书后续研究都将边界条件默认为环型结构。

2.8 小结

本章首先介绍了蝙蝠算法的研究进展，然后拓展了蝙蝠算法的速度更新方式，从是否与位置更新方式同步出发，讨论了速度更新的无记忆方式、记忆方式及混合方式，并针对这3种方式讨论了算法的收敛性问题。结果表明，算法的全局收敛性不仅与算法本身有关，而且与边界条件及速度更新方式有关。另外，讨论了基本蝙蝠算法与标准蝙蝠算法在收敛速度上的不同，结果表明标准蝙蝠算法的平均收敛速度更快。

参 考 文 献

[1] Solis F J, Wets R J. Minimization by random search techniques[J]. Mathematics of Operations Research, 1981, 6(1): 19-30.
[2] 程其襄. 实变函数与泛函分析基础[M]. 北京：高等教育出版社, 1983.
[3] 盛孟龙, 贺兴时, 丁文静. 蝙蝠算法的全局收敛性分析[J]. 纺织高校基础科学学报, 2013, 26(4): 543-547.
[4] 李枝勇, 马良, 张惠珍. 蝙蝠算法收敛性分析[J]. 数学的实践与认识, 2013, 43(12): 182-190.
[5] 曾建潮, 介婧, 崔志华. 微粒群算法[M]. 北京：科学出版社, 2004.
[6] 尚俊娜, 程涛, 岳克强, 等. 蝙蝠算法的Markov链模型分析[J]. 计算机工程, 2017, 43(7): 199-202.
[7] 林元烈. 应用随机过程[M]. 北京：清华大学出版社, 2002.
[8] 王凡, 贺兴时, 王燕, 等. 基于CS算法的Markov模型及收敛性分析[J]. 计算机工程, 2012, 36(11): 180-182, 185.
[9] 黄光球, 赵魏娟, 陆秋琴. 求解大规模优化问题的可全局收敛蝙蝠算法[J]. 计算机应用研究, 2013, 30(5): 1324-1328.
[10] 贺毅朝, 王熙照. 基于改进DE算法的难约束优化问题的求解[J]. 计算机工程, 2008, 34(13): 193-194.
[11] 王翔, 董晓马, 阎瑞霞, 等. 改进DE/EDA算法在求解难约束优化问题中的应用研究[J]. 计算机应用研究, 2010, 27(11): 4114-4117.
[12] 欧阳枢. n个独立同均匀分布的随机变量之和及算术平均的分布[J]. 宁夏大学学报（自然科学版）, 1989, 1(7): 1-7.
[13] He J, Yao X. From an individual to a population: an analysis of the first hitting time of population-based evolutionary algorithms[J]. IEEE Transactions on Evolutionary Computation, 2002, 6(5): 495-511.
[14] 何为. 优化试验设计法及其在化学中的应用[M]. 成都：电子科技大学出版社, 1994.

第二部分

原理篇

第 3 章
Chapter 3

三角翻转蝙蝠算法

增强蝙蝠算法的全局收敛性，可以防止蝙蝠陷入局部最优，最终搜索到最优位置。这对蝙蝠算法的性能来说是至关重要的。因此，自剑桥大学 Yang 教授在 2010 年首次提出蝙蝠算法[1]以来，很多学者针对蝙蝠算法的全局收敛性做了大量改进研究。

Selim 等[2]在速度更新公式中引入了随机个体信息，增加蝙蝠飞行随机性，因而能避免陷入局部最优。Bahman 等[3]设计了 4 种全局搜索速度更新公式，且在速度更新公式中参照了最优个体信息、最差个体信息、随机个体信息和平均位置信息。王文等不仅根据对不同个体采用不同的搜索模式[4]，还根据蝙蝠前后期搜索影响，提出了一种具有记忆特征的改进蝙蝠算法[5]，从而提高了算法的性能。黄光球等[6]采用正交拉丁方原理，借鉴蝙蝠从众、避开危险物等特征构造出每个蝙蝠的位置转移策略。李枝勇在文献[7]中将蝙蝠算法简化到一维向量，定义了速度和位置更新模式。此外，He 等[8]在蝙蝠算法中引入了模拟退火和高斯扰动策略，提高了算法性能。尹进田等[9]利用立方映射产生混沌序列，对蝙蝠速度和位置进行初始化，提高了全局搜索性能。Topal 等[10]根据蝙蝠在搜索过程中的动态转变角色的特性，提出了动态虚拟蝙蝠算法，加强了算法的全局收敛性。Shan 等[11]提出了一种基于 Lévy 飞行和相对学习的蝙蝠算法，避免陷入局部最优。Cao 等[12]将群体历史最优位置调整为质心位置，改善了算法性能。此外，Yang 等[13]、谢健等[14]、Jaddi 等[15]、Zhu 等[16]都对蝙蝠算法的全局收敛性进行了相应的改进，提高了算法的性能。

受微粒群算法启发，惯性权重的方法也被广泛使用。Yilmaz 等[17,18]与 Cui 等[19]都在速度更新公式中引入惯性权重，Cai 等[20]利用振荡环节的稳定性定理讨论了惯性权重参数的取值。Wang 等[21]在速度项增加了权重，该权重随迭代次数的增加而增加，从而增强了速度在位置更新公式中的影响。Cai 等[22]和 Cao 等[23]删除了速度更新公式中的惯性部分，从而提高了算法的性能。刘长平等[24]直接忽略速度更新公式中的惯性部分，提出了一种具有 Lévy 飞行特征的蝙蝠算法。

当速度更新方式采用记忆方式及混合方式时，标准蝙蝠算法能以概率 1 收敛到全局极值点，而当采用无记忆方式时则无法保证蝙蝠算法的全局收敛性。因此，从全局收敛性角度来看，记忆方式与混合方式差别不大，故本章仅讨论记忆方式与无记忆方式在全局搜索模式中的不同特点，并对其进行改进。

3.1 记忆方式的速度更新公式分析

记忆方式的速度更新公式为

$$v_{ik}(t+1) = v_{ik}(t) + (x_{ik}(t) - p_k(t)) \cdot \mathrm{fr}_i(t) \tag{3.1}$$

式（3.1）的右边为 3 个变量 $\vec{v}_i(t)$、$\vec{x}_i(t)$ 及 $\vec{p}(t)$ 的线性组合。对于速度 $\vec{v}_i(t)$ 而言，其与位置 $\vec{x}_i(t)$ 唯一的不同之处在于它没有适应值，二者之间的定义域完全相同。从这个角度而言，我们可以将速度与位置等同对待，图 3.1（a）所示为记忆方式的速度更新公式的搜索示意。由于我们仅关注 $\vec{v}_i(t)$、$\vec{x}_i(t)$、$\vec{p}(t)$ 及 $\vec{v}_i(t+1)$，为了方便，将图 3.1（a）中不需要的位置删除,调整为图 3.1(b)。显然,以 $\vec{x}_i(t)$ 为起点,式(3.1)可以视为从向量 $\overrightarrow{v_i(t)p_i(t)}$ 经由 $\overrightarrow{v_i(t)x_i(t)}$ 顺时针旋转到向量 $\overrightarrow{v_i(t)v_i(t+1)}$。由于 $f(\vec{p}(t)) \leq f(\vec{x}_i(t))$,因此该旋转的前一部分相当于跳出局部极值点 $\vec{p}(t)$ 的吸引域,继续旋转可以到达 $\vec{v}_i(t+1)$。虽然 $\vec{x}_i(t+1)$ 的适应值不清楚,但依照 $\vec{v}_i(t+1)$ 与 $\vec{p}(t)$ 的距离来看,至少可以认为 $\vec{v}_i(t+1)$ 跳出 $\vec{p}(t)$ 吸引域的概率要大于 $\vec{x}_i(t)$ 的概率,从而能在一定程度上改善算法的全局搜索性能。

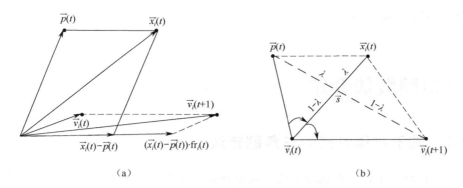

图 3.1 记忆方式的速度更新的搜索示意

下面主要讨论频率 $\mathrm{fr}_i(t)$ 的几何意义。考察向量 $\overrightarrow{v_i(t)x_i(t)}$ 与向量 $\overrightarrow{p(t)v_i(t+1)}$ 的交点 $\vec{s}$,在图 3.1(b)中,点 $\vec{s}$ 将向量 $\overrightarrow{v_i(t)x_i(t)}$ 分为两部分,其中向量 $\overrightarrow{v_i(t)s}$ 占其中原先长度的 $1-\lambda$。由于 $\overrightarrow{p(t)x_i(t)}$ 平行于 $\overrightarrow{v_i(t)v_i(t+1)}$ [可参照图 3.1(a)],因此三角形 $\overrightarrow{p(t)x_i(t)s}$ 相似于三角形 $\overrightarrow{v_i(t+1)v_i(t)s}$,按照相似性理论,有

$$\frac{|\overrightarrow{p(t)s}|}{|\overrightarrow{sx_i(t)}|} = \frac{|\overrightarrow{sv_i(t+1)}|}{|\overrightarrow{v_i(t)s}|}$$

其中,$|\overrightarrow{p(t)s}|$ 表示向量 $\overrightarrow{p(t)s}$ 的长度,$|\overrightarrow{sv_i(t+1)}|$ 表示向量 $\overrightarrow{sv_i(t+1)}|$ 的长度,$|\overrightarrow{sx_i(t)}|$ 表示向量 $\overrightarrow{sx_i(t)}$ 的长度,$|\overrightarrow{v_i(t)s}|$ 表示向量 $\overrightarrow{v_i(t)s}$ 的长度。上式可以调整为

$$\frac{|\overrightarrow{sx_i(t)}|}{|\overrightarrow{v_i(t)s}|} = \frac{|\overrightarrow{p(t)s}|}{|\overrightarrow{sv_i(t+1)}|} = \frac{\lambda}{1-\lambda} \tag{3.2}$$

从而有

$$\frac{\vec{x}_i(t) - \vec{s}}{\vec{s} - \vec{v}_i(t)} = \frac{\vec{s} - \vec{p}(t)}{\vec{v}_i(t+1) - \vec{s}} = \frac{\lambda}{1-\lambda}$$

即

$$\vec{s} = (1-\lambda)\vec{x}_i(t) + \lambda \vec{v}_i(t) = (1-\lambda)\vec{p}(t) + \lambda \vec{v}_i(t+1)$$

上式等价于

$$(1-\lambda)\vec{x}_i(t) + \lambda \vec{v}_i(t) = (1-\lambda)\vec{p}(t) + \lambda \vec{v}_i(t+1) \tag{3.3}$$

整理可得

$$\vec{v}_i(t+1) = \vec{v}_i(t) + \frac{1-\lambda}{\lambda}(\vec{x}_i(t) - \vec{p}(t)) \tag{3.4}$$

若取 $\text{fr}_i(t) = \frac{1-\lambda}{\lambda} \geq 0$，则式（3.4）可以重写为

$$\vec{v}_i(t+1) = \vec{v}_i(t) + (\vec{x}_i(t) - \vec{p}(t)) \cdot \text{fr}_i(t) \tag{3.5}$$

显然，从这个相似性的角度来看，频率 $\text{fr}_i(t)$ 的几何意义相当于两截向量的长度之比（如 $\overrightarrow{v_i(t)s}$ 与 $\overrightarrow{sx_i(t)}$ 的长度之比）。

3.2 三角翻转法介绍

3.2.1 基于对称方式的三角翻转法

图 3.1（b）对式（3.1）的解释实际上就是优化算法中的三角翻转法[1]，它是一种利用 3 个不同位置的信息进行有效搜索的优化算法。

假设有 3 个已知位置，按照其适应值排序依次为 $\vec{x}_\text{best}$、$\vec{x}_\text{mid}$、$\vec{x}_\text{worst}$，即

$$f(\vec{x}_\text{best}(t)) < f(\vec{x}_\text{mid}(t)) < f(\vec{x}_\text{worst}(t)) \tag{3.6}$$

显然，它们构成一个三角形，且随着不同的排列方式，一共有 6 种情形，如图 3.2 所示。

下面依次分析这 6 种情形。图 3.2（a）可视为一个启发式搜索过程。例如，向量 $\overrightarrow{x_\text{best}x_\text{worst}}$ 以点 $\vec{x}_\text{best}$ 为中心，顺时针旋转到向量 $\overrightarrow{x_\text{best}x_\text{mid}}$ 的位置，其终点从 $\vec{x}_\text{worst}$ 移动到 $\vec{x}_\text{mid}$，由于 $f(\vec{x}_\text{mid}(t)) < f(\vec{x}_\text{worst}(t))$，因此明显改善了算法性能。显然，按照这个方式，继续旋转可能会进一步改善算法性能。我们继续选择至点 $\vec{x}'$，但如何计算这个点呢？为此，不妨设 $\vec{x}'$ 为 $\vec{x}_\text{worst}$ 的对称点，因而 $\vec{x}_\text{worst}$ 与 $\vec{x}'$ 关于线段 $\overrightarrow{x_\text{best}x_\text{mid}}$ 的中点对称，即

$$\frac{\vec{x}_\text{worst} + \vec{x}'}{2} = \frac{\vec{x}_\text{best} + \vec{x}_\text{mid}}{2} \tag{3.7}$$

整理可得

$$\vec{x}' = \vec{x}_\text{best} + (\vec{x}_\text{mid} - \vec{x}_\text{worst}) \tag{3.8}$$

类似地，图 3.2（c）表示以 $\vec{x}_\text{mid}$ 为中心的向量顺时针旋转，其终点从 $\vec{x}_\text{worst}$ 移动到 $\vec{x}_\text{best}$，显然也改善了算法性能。因此，也可以选择继续旋转，其迭代公式为

$$\vec{x}' = \vec{x}_\text{mid} + (\vec{x}_\text{best} - \vec{x}_\text{worst}) \tag{3.9}$$

图 3.2（e）则表示以 $\vec{x}_\text{worst}$ 为中心的向量顺时针旋转，其终点从 $\vec{x}_\text{mid}$ 移动到 $\vec{x}_\text{best}$，显然也改善了算法性能。因此，也可以继续旋转，其迭代公式为

$$\vec{x}' = \vec{x}_\text{worst} + (\vec{x}_\text{best} - \vec{x}_\text{mid}) \tag{3.10}$$

而其余 3 种情形，即图 3.2（b）、图 3.2（d）、图 3.2（f）则可以认为提高了算法跳出局部极值点的概率。例如，在图 3.2（b）中，向量终点从 $\vec{x}_\text{mid}$ 经 $\vec{x}_\text{worst}$ 移动到 $\vec{x}'$，可以提高

算法跳出 $\vec{x}_{\text{mid}}$ 吸引域的概率，而图 3.2（d）与图 3.2（f）则相当于增加跳出 $\vec{x}_{\text{best}}$ 吸引域的概率。因此，按照点对称的方式，可以得到在这 3 种情形下的迭代公式。

$$\vec{x}' = \vec{x}_{\text{best}} + (\vec{x}_{\text{worst}} - \vec{x}_{\text{mid}}) \tag{3.11}$$

$$\vec{x}' = \vec{x}_{\text{mid}} + (\vec{x}_{\text{worst}} - \vec{x}_{\text{best}}) \tag{3.12}$$

$$\vec{x}' = \vec{x}_{\text{worst}} + (\vec{x}_{\text{mid}} - \vec{x}_{\text{best}}) \tag{3.13}$$

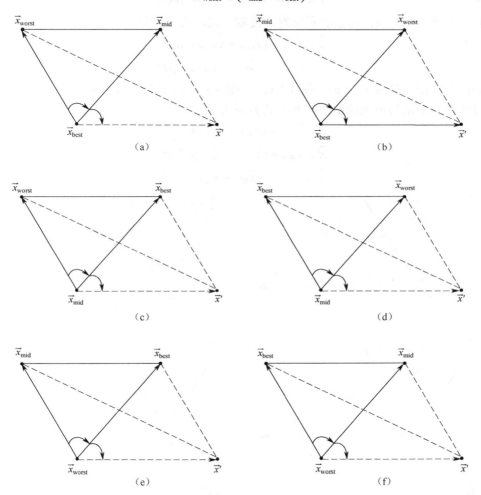

图 3.2 基于对称的 6 种排列方式示意

3.2.2 基于比例方式的三角翻转法

上述的翻转，其结果与原先的点是对称的，是否可以采用比例变换呢？首先考虑对图 3.2（a）采用比例变换，即图 3.3（a）。此时，有下式成立。

$$(1-\lambda)\vec{x}_{\text{mid}} + \lambda \vec{x}_{\text{best}} = (1-\lambda)\vec{x}_{\text{worst}} + \lambda \vec{x}' \tag{3.14}$$

整理可得

$$\vec{x}' = \vec{x}_{\text{best}} + \frac{1-\lambda}{\lambda}(\vec{x}_{\text{mid}} - \vec{x}_{\text{worst}}) \tag{3.15}$$

取 $\text{fr}_i(t) = \frac{1-\lambda}{\lambda}$，显然，$f_i(t) \in (0, +\infty)$，且式（3.15）可以重写为

$$\vec{x}' = \vec{x}_{\text{best}} + (\vec{x}_{\text{mid}} - \vec{x}_{\text{worst}}) \cdot \text{fr}_i(t) \tag{3.16}$$

图 3.3（c）及图 3.3（e）可以表示启发式搜索方式，其公式为

$$\vec{x}' = \vec{x}_{\text{mid}} + (\vec{x}_{\text{best}} - \vec{x}_{\text{worst}}) \cdot \text{fr}_i(t) \tag{3.17}$$

$$\vec{x}' = \vec{x}_{\text{worst}} + (\vec{x}_{\text{best}} - \vec{x}_{\text{mid}}) \cdot \text{fr}_i(t) \tag{3.18}$$

而剩余的 3 个图［见图 3.3（b）、图 3.3（d）、图 3.3（f）］则用于提高算法的全局搜索性能，增加算法跳出局部极值点的概率。其公式分别为

$$\vec{x}' = \vec{x}_{\text{best}} + (\vec{x}_{\text{worst}} - \vec{x}_{\text{mid}}) \cdot \text{fr}_i(t) \tag{3.19}$$

$$\vec{x}' = \vec{x}_{\text{mid}} + (\vec{x}_{\text{worst}} - \vec{x}_{\text{best}}) \cdot \text{fr}_i(t) \tag{3.20}$$

$$\vec{x}' = \vec{x}_{\text{worst}} + (\vec{x}_{\text{mid}} - \vec{x}_{\text{best}}) \cdot \text{fr}_i(t) \tag{3.21}$$

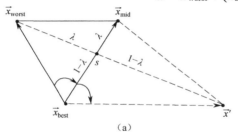
（a）

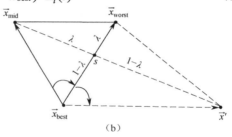
（b）

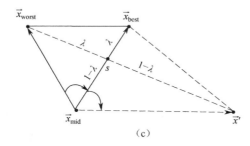
（c）

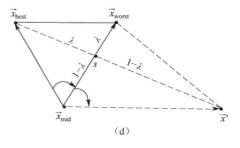
（d）

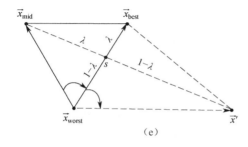
（e）

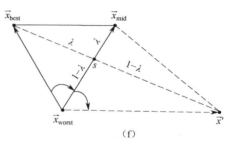
（f）

图 3.3　基于比例的 6 种排列方式示意

3.3 记忆型三角翻转蝙蝠算法

3.3.1 记忆型三角翻转蝙蝠算法概述

在记忆型蝙蝠算法中,式(3.1)相当于式(3.19)~式(3.21)中的一个,其不同之处在于 $\vec{v}_i(t)$ 的适应值。若 $f(\vec{v}_i(t)) < f(\vec{p}(t)) < f(\vec{x}_i(t))$,则式(3.1)等价于式(3.19);若 $f(\vec{p}(t)) < f(\vec{v}_i(t)) < f(\vec{x}_i(t))$ 成立,则式(3.1)等价于式(3.20);若 $f(\vec{p}(t)) < f(\vec{x}_i(t)) < f(\vec{v}_i(t))$ 成立,则式(3.1)等价于式(3.21)。因此,从三角翻转法的角度来看,记忆方式的速度更新公式式(3.1)的本质是:以较大的概率跳出局部极值点,从而增加搜索到全局极值点的概率。那么,我们是否可以将包含启发式搜索的式(3.16)~式(3.18)也引入速度更新公式中,以便在保证算法全局收敛性的基础上改善算法的局部搜索性能。由于算法不计算 $\vec{v}_i(t)$ 的适应值,因此我们引入下面3种不同的速度更新方式。

(1) 速度三角翻转方式:
$$\vec{v}_i(t+1) = \vec{v}_i(t) + (\vec{v}_m(t) - \vec{v}_u(t)) \cdot \text{fr}_i(t) \tag{3.22}$$

(2) 位置三角翻转方式:
$$\vec{v}_i(t+1) = \vec{v}_i(t) + (\vec{x}_m(t) - \vec{x}_u(t)) \cdot \text{fr}_i(t) \tag{3.23}$$

(3) 混合三角翻转方式:在算法迭代过程中,以 50%的概率选择式(3.22),以另外50%的概率选择式(3.23)。

其中,$\vec{x}_m(t)$ 及 $\vec{x}_u(t)$ 为群体中随机选择的两个个体的位置,而 $\vec{v}_m(t)$ 及 $\vec{v}_u(t)$ 为群体中随机选择的两个个体的速度。这样,每个翻转方式都可以包含图3.3中的6种情形。

式(3.23)明显为式(3.1)的扩展模式,当 $\vec{x}_m(t) = \vec{x}_i(t)$,且 $\vec{x}_u(t) = \vec{p}(t)$ 时,式(3.23)就会变成式(3.1),且

$$|x_{ik}(t) - p_k(t)| \leq \max\{|x_{mk}(t) - x_{uk}(t)|\} \tag{3.24}$$

若令 $M_{i,k,t+1}$ 表示式(3.23)及式(1.3)计算的点 $\vec{x}_i(t+1)$ 支撑集的第 k 维分量,而 $M'_{i,k,t+1}$ 表示式(3.1)及式(1.3)计算得到的点 $\vec{x}_i(t+1)$ 支撑集的第 k 维分量,则

$$M_{i,k,t+1} = x_{ik}(t) + v_{ik}(t) + (x_{mk}(t) - x_{uk}(t)) \cdot \text{fr}_i(t) \tag{3.25}$$

若令 $u(t) = \max\{|x_{mk}(t) - x_{uk}(t)|\}$,由于 $\vec{x}_m(t)$ 及 $\vec{x}_u(t)$ 的任意性,有

$$M_{i,k,t+1} = [x_{ik}(t) + v_{ik}(t) - u(t) \cdot \text{fr}_{\max}, x_{ik}(t) + v_{ik}(t) + u(t) \cdot \text{fr}_{\max}]$$

即以 $x_{ik}(t) + v_{ik}(t)$ 为中心,长度为 $2 \cdot u(t) \cdot \text{fr}_{\max}$ 的线段,而

$$M'_{i,k,t+1} = x_{ik}(t) + v_{ik}(t) + (x_{ik}(t) - p_k(t)) \cdot \text{fr}_i(t) \tag{3.26}$$

为线段 $[x_{ik}(t) + v_{ik}(t) + (x_{ik}(t) - p_k(t)) \cdot \text{fr}_{\min}, x_{ik}(t) + v_{ik}(t) + (x_{ik}(t) - p_k(t)) \cdot \text{fr}_{\max}]$,因此

$$M_{i,k,t+1} = [x_{ik}(t) + v_{ik}(t) - u(t) \cdot \text{fr}_{\max}, x_{ik}(t) + v_{ik}(t) + u(t) \cdot \text{fr}_{\max}]$$
$$\supseteq [x_{ik}(t) + v_{ik}(t) + (x_{ik}(t) - p_k(t)) \cdot \text{fr}_{\min}, x_{ik}(t) + v_{ik}(t) + (x_{ik}(t) - p_k(t)) \cdot \text{fr}_{\max}]$$
$$= M'_{i,k,t+1}$$

从而表明式（3.23）的支撑集不小于式（3.1）的支撑集，即式（3.23）的全局搜索能力大于式（3.1）的全局搜索能力。

注 3.1：下面考虑群体历史最优位置 $\vec{p}(t)$（设其位于蝙蝠 g）的更新方式，若 $\vec{p}(t)$ 恰好为一个局部极值点，则其三角翻转得到的较优解的概率较小，因此，我们不妨让该位置在整个定义域内随机产生，即

$$x_{gk}(t+1) = x_{\min} + (x_{\max} - x_{\min}) \cdot \text{rand} \tag{3.27}$$

其中，rand 表示介于 (0, 1) 且满足均匀分布的随机数。这样，按照式（3.27），位置 $\vec{p}(t)$ 能以一定概率得到全局极值点，从而进一步改善算法的全局搜索性能。

为了方便，我们称上述改进的蝙蝠算法为记忆型三角翻转蝙蝠算法（Bat Algorithm with Triangle Flip and Memory，TMBA），其流程如下。

（1）初始化参数 $\vec{x}_i(0)$、$\vec{v}_i(0)$、$A(0)$、$r(0)$ 及 $\text{fr}_i(0)$。

（2）计算各蝙蝠的适应值，记 $\vec{p}(0)$ 为初始种群中性能最优的位置，即 $f(\vec{p}(t)) = \min\{f(\vec{x}_i(0))|i=1,2,\cdots,n\}$，令 $t=0$。

（3）按照速度三角翻转方式、位置三角翻转方式或混合三角翻转方式，计算各蝙蝠在第 $t+1$ 代的速度。

（4）对于蝙蝠个体 i，产生一个介于 (0,1) 且满足均匀分布的随机数 rand_1，若 $\text{rand}_1 < r_i(t)$，则按照式（1.3）计算该蝙蝠的新位置 $\vec{x}'_i(t+1)$；否则，按照式（1.4）计算新位置 $\vec{x}'_i(t+1)$。

（5）对于群体历史最优位置所在的蝙蝠，让其位置按照式（3.27）进行随机选择。

（6）计算新位置 $\vec{x}'_i(t+1)$ 的适应值。

（7）若 $f(\vec{x}'_i(t+1)) < f(\vec{x}_i(t))$，则更新位置 $\vec{x}_i(t+1)$，并按照式（1.7）、式（1.8）更新响度及脉冲发射速率。

（8）更新群体历史最优位置 $\vec{p}(t+1)$。

（9）如果满足结束条件则终止算法，并输出所得到的最优解 $\vec{p}(t+1)$；否则，令转入第 $t+1$ 代，即转入步骤（3）。

3.3.2 收敛性证明

参照第 2 章的全局收敛性证明，若在记忆型三角翻转蝙蝠算法（TMBA）中，每只蝙蝠的当前位置都为该蝙蝠搜索到的最优位置，则可以定义函数为

$$D(\vec{\pi}(\tau), \vec{p}(t+1)) = \begin{cases} \vec{p}(t), & f(\vec{p}(t+1)) \geq f(\vec{p}(t)) \\ \vec{p}(t+1), & f(\vec{p}(t+1)) < f(\vec{p}(t)) \end{cases}$$

显然，该函数满足引理 2.1。

按照注 3.1，群体历史最优位置 $\vec{p}(t)$（$\vec{x}_g(t)$）的支撑集为定义域 E，故对于任意 Borel 子集 A，若 $L(A) > 0$，则

$$\mu_k(A) = \frac{L(A)}{L(E)} = c > 0$$

从而有

$$\prod_{k=0}^{+\infty}(1-\mu_k(A)) = \prod_{k=0}^{+\infty}(1-c)$$
$$= \lim_{k \to +\infty}(1-c)^k = 0$$

从而满足引理 2.2，由此证明如下结果。

定理 3.1 记忆型三角翻转蝙蝠算法以概率 1 收敛于全局极值点。

显然，上述证明过程主要使用式（3.27），且无须考虑边界条件。

3.3.3 仿真试验

现在常用的无约束数值优化问题的测试集有 3 类：Yao 的测试集[25]、CEC2005 测试集[26]及 CEC2013 测试集[27]。Yao 的测试集[25]有 23 个测试函数，由于提出较早，许多测试函数的最优解在定义域的中心。CEC2005 测试集[26]包含 25 个测试函数，其最优解均不在定义域的中心，从而增加了优化难度。2013 年，J. J. Liang 等又提出了 CEC2013 测试集[27]，该测试集在 CEC2005 的基础上进行了扩充，包含 28 个测试函数（这些函数的分类及最优解如表 3.1 所示）。其中，单峰函数 5 个，多峰函数 15 个，复杂函数 8 个，其优化难度高于 CEC2005 测试集。

表 3.1 CEC2013 测试函数的分类及最优解

分 类	编 号	函 数	最优解
单峰函数	1	Sphere Function	−1400
	2	Rotated High Conditioned Elliptic Function	−1300
	3	Rotated Bent Cigar Function	−1200
	4	Rotated Discus Function	−1100
	5	Different Powers Function	−1000
多峰函数	6	Rotated Rosenbrock's Function	−900
	7	Rotated Schaffers F7 Function	−800
	8	Rotated Ackley's Function	−700
	9	Rotated Weierstrass Function	−600
	10	Rotated Griewank's Function	−500
	11	Rastrigin's Function	−400

(续表)

分类	编号	函数	最优解
多峰函数	12	Rotated Rastrigin's Function	−300
	13	Non-Continuous Rotated Rastrigin's Function	−200
	14	Schwefel's Function	−100
	15	Rotated Schwefel's Function	100
	16	Rotated Katsuura Function	200
	17	Lunacek Bi_Rastrigin Function	300
	18	Rotated Lunacek Bi_Rastrigin Function	400
	19	Expanded Griewank's plus Rosenbrock's Function	500
	20	Expanded Scaffer's F6 Function	600
复杂函数	21	Composition Function 1 (n=5, Rotated)	700
	22	Composition Function 2 (n=3, Unrotated)	800
	23	Composition Function 3 (n=3, Rotated)	900
	24	Composition Function 4 (n=3, Rotated)	1000
	25	Composition Function 5 (n=3, Rotated)	1100
	26	Composition Function 6 (n=5, Rotated)	1200
	27	Composition Function 7 (n=5, Rotated)	1300
	28	Composition Function 8 (n=5, Rotated)	1400

为了验证记忆型三角翻转蝙蝠算法的性能，我们选择 CEC2013 测试集来测试算法性能，并比较如下 4 种算法的性能。

（1）利用位置三角翻转方式的记忆型三角翻转蝙蝠算法（TMBA1）。
（2）利用混合三角翻转方式的记忆型三角翻转蝙蝠算法（TMBA2）。
（3）利用速度三角翻转方式的记忆型三角翻转蝙蝠算法（TMBA3）。
（4）标准蝙蝠算法（Standard Bat Algorithm，SBA）。

由于 TMBA1、TMBA2、TMBA3 没有额外增加参数，因此上述 4 种算法的参数选择相同，其试验设置与评价指标如表 3.2 所示。其中，种群规模、维度 D、独立运行次数、适应值评价次数、搜索空间等参数按照 CEC2013 测试集[27]的要求来设置，而频率范围、初始响度 $A_i(0)$、初始脉冲发射速率 $r_i(0)$、响度更新公式的 α 及脉冲发射速率更新公式的 γ 等参数请参照文献[28]。

表 3.2 试验设置与评价指标

种群规模	100	频率范围	[0.0, 5.0]
维度 D	30	初始响度 $A_i(0)$	0.95
独立运行次数（次）	51	初始脉冲发射速率 $r_i(0)$	0.9
适应值评价次数（次）	300000	响度更新公式的 α	0.99
搜索空间	$[-100,100]^D$	脉冲发射速率更新公式的 γ	0.9

对于测试集的每个函数，每种算法都独立运行 51 次，从而得到 51 个最优解

f_j^* ($j=1,2,\cdots,51$),计算其误差均值(其中,f^* 为 CEC2013 测试集提供的全局最优解)。

$$\text{Mean Error} = \left| \frac{\sum_{j=1}^{51} f_j^*}{51} - f^* \right|$$

表 3.3 给出了 SBA、TMBA1、TMBA2、TMBA3 这 4 种算法对于每个测试函数的误差均值。显然,误差越小,说明算法的优化效果越好。

表 3.3　4 种算法对于每个测试函数的误差均值

函　数	SBA	TMBA1	TMBA2	TMBA3
F1	1.96E+00	2.01E-02	2.01E-02	2.04E-02
F2	3.69E+06	1.40E+06	1.37E+06	1.34E+06
F3	3.44E+08	3.60E+08	3.82E+08	4.09E+08
F4	3.20E+04	3.67E+04	3.59E+04	3.73E+04
F5	5.86E-01	6.05E-02	5.92E-02	5.93E-02
F6	5.63E+01	6.02E+01	5.70E+01	5.22E+01
F7	2.16E+02	2.71E+02	2.86E+02	2.73E+02
F8	2.09E+01	2.09E+01	2.09E+01	2.10E+01
F9	3.57E+01	3.39E+01	3.39E+01	3.37E+01
F10	1.32E+00	3.27E-01	3.38E-01	3.35E-01
F11	4.07E+02	4.30E+02	4.39E+02	4.25E+02
F12	4.06E+02	4.39E+02	4.28E+02	4.25E+02
F13	4.37E+02	4.97E+02	4.83E+02	4.80E+02
F14	4.78E+03	4.56E+03	4.47E+03	4.64E+03
F15	4.89E+03	4.62E+03	4.66E+03	4.56E+03
F16	2.16E+00	4.33E-01	4.00E-01	4.35E-01
F17	8.92E+02	8.72E+02	8.62E+02	8.54E+02
F18	9.44E+02	8.47E+02	8.76E+02	8.89E+02
F19	6.07E+01	5.22E+01	5.66E+01	5.61E+01
F20	1.44E+01	1.45E+01	1.45E+01	1.44E+01
F21	3.38E+02	3.02E+02	2.97E+02	3.24E+02
F22	5.94E+03	5.26E+03	5.82E+03	5.42E+03
F23	5.77E+03	5.73E+03	5.51E+03	5.65E+03
F24	3.15E+02	3.24E+02	3.22E+02	3.20E+02
F25	3.49E+02	3.47E+02	3.49E+02	3.49E+02
F26	2.00E+02	2.00E+02	2.00E+02	2.00E+02
F27	1.28E+03	1.33E+03	1.29E+03	1.30E+03
F28	3.42E+03	3.67E+03	3.62E+03	3.68E+03
w/t/l	15/3/10	13/1/14	14/2/12	

由于误差均值为随机变量，对于表 3.3 中的 4 个随机序列，可以采用非参数统计方式分析其算法的优越性。Friedman 检验是用来检验多个总体分布是否存在显著性差异的方法，对于最小值优化问题而言，其结果越小，则性能越优。表 3.4 给出了这 4 种算法的 Ranking 值，从小到大分别为 TMBA3=TMBA2<TMBA1<SBA。表 3.3 的最后一行给出了 SBA、TMBA1、TMBA2 分别与 TMBA3 进行误差均值的比较结果，并将优于、等于、劣于的函数个数记录在 "w/t/l" 行内。从表 3.3 中可以看出，TMBA3 的结果优于 TMBA2 的函数有 14 个，性能相同的函数有 2 个，而 TMBA3 结果劣于 TMBA2 的函数有 12 个。因此，从这一点来看，对于 CEC2013 测试集而言，TMBA3 的性能要略优于 TMBA2。

从 3 种算法的定义可以看出，由于 TMBA1、TMBA2 及 TMBA3 的性能都优于 SBA（表 3.4 中的 Ranking 值，SBA 的最大），因此可以认为三角翻转方式提升了算法的性能。其中，TMBA1 最差，意味着三角翻转中采用位置三角翻转方式对性能的提升不大；而 TMBA3 的性能表现相对较好则意味着速度三角翻转方式对性能提升较大；TMBA2 的性能与 TMBA3 相差不大，意味着部分采用位置三角翻转方式、部分采用速度三角翻转方式的混合方式，不如全部采用速度三角翻转方式。总之，TMBA3 的平均性能最佳。

表 3.4 Friedman 测试结果

算　　法	Ranking	算　　法	Ranking
SBA	2.71	TMBA2	2.39
TMBA1	2.50	TMBA3	**2.39**

3.4　无记忆型三角翻转蝙蝠算法

3.3 节讨论了记忆型三角翻转蝙蝠算法的性能，由于混合方式与记忆方式的差别很小，因此，不再讨论混合型三角翻转蝙蝠算法。无记忆型三角翻转蝙蝠算法不同于这两种类型，速度更新的无记忆方式使得标准蝙蝠算法无法保证算法的全局收敛性，然而，群体历史最优位置在定义域内随机产生 [见式（3.27）] 的方式可保证算法的全局收敛性（见 3.3.2 节的收敛性证明）。为此，本节讨论无记忆型三角翻转蝙蝠算法。

3.4.1　无记忆型三角翻转蝙蝠算法概述

无记忆方式的搜索方式为：若 $f(\vec{x}_i(t)) \geqslant f(\vec{x}_i(t-1))$，则位置 $\vec{x}_i(t)$ 不更新，即 $\vec{x}_i(t) = \vec{x}_i(t-1)$。从而有 $\vec{v}_i(t) = \vec{0}$，则

$$x_{ik}(t+1) = x_{ik}(t) + v_{ik}(t+1) \tag{3.28}$$

$$v_{ik}(t+1) = (x_{ik}(t) - p_k(t)) \cdot \text{fr}_i(t) \tag{3.29}$$

从式（3.29）可以看出，若蝙蝠个体 i 在第 t 代没有更新位置，则其速度更新方程式（3.29）

中仅有两个位置 $\vec{x}_i(t)$ 及 $\vec{p}(t)$，显然，无法采用三角翻转方式。为此，可以将式（3.29）与式（3.28）合并，得到如下方程。

$$x_{ik}(t+1) = x_{ik}(t) + (x_{ik}(t) - p_k(t)) \cdot \mathrm{fr}_i(t) \tag{3.30}$$

此时，$\vec{x}_i(t+1)$ 的支撑集为一段线段，全局搜索性能较差。式（3.30）的全局搜索性能示意如图 3.4 所示。

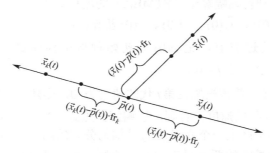

图 3.4 式（3.30）的全局搜索性能示意

由于式（3.30）为位置更新方程，因此可以在式（3.30）中引入 3 个不同的位置信息，利用三角翻转方式可以得到如下的翻转公式。

$$\vec{x}_i(t+1) = \vec{x}_i(t) + (\vec{x}_m(t) - \vec{x}_u(t)) \cdot \mathrm{fr}_i(t) \tag{3.31}$$

其中，$\vec{x}_u(t)$ 及 $\vec{x}_m(t)$ 为群体中随机选择的两个个体的位置。为了统一描述，式（3.31）可以等价地表示为

$$\vec{v}_i(t+1) = (\vec{x}_m(t) - \vec{x}_u(t)) \cdot \mathrm{fr}_i(t) \tag{3.32}$$

$$\vec{x}_i(t+1) = \vec{x}_i(t) + \vec{v}_i(t+1) \tag{3.33}$$

此外，不同于 TMBA3，位置 $\vec{x}_u(t)$ 及 $\vec{x}_m(t)$ 是有适应值的，若 $\vec{x}_m(t)$ 及 $\vec{x}_u(t)$ 为群体中随机选择的两个个体的位置，则可称算法为无记忆型随机三角翻转蝙蝠算法（Bat Algorithm with Random Triangle Flip and Memoryless，RTMBA）。由图 3.3 可知，有 50% 的概率使得算法性能改善，而有 50% 的概率使得算法跳出局部极值点的可能性增大。从这个角度出发，可以有针对性地选择两个个体的位置 $\vec{x}_m(t)$ 及 $\vec{x}_u(t)$，使 $\vec{x}_u(t)$ 及 $\vec{x}_m(t)$ 的选择满足三角翻转中的启发式方式，即式（3.16）～式（3.18），并将该算法称为无记忆型定向三角翻转蝙蝠算法（Bat Algorithm with Directed Triangle Flip and Memoryless，DTMBA）。

综上，可以设计两种不同的无记忆型三角翻转方式。

（1）随机三角翻转方式：$\vec{x}_m(t)$ 及 $\vec{x}_u(t)$ 为群体中随机选择的两个个体的位置。

（2）定向三角翻转方式：选择 $\vec{x}_m(t)$ 及 $\vec{x}_u(t)$，使其满足启发式方式，即

若 $f(\vec{x}_u(t)) < f(\vec{x}_m(t))$，则

$$v_{ik}(t+1) = (x_{uk}(t) - x_{mk}(t)) \cdot \mathrm{fr}_i(t) \tag{3.34}$$

反之，则为

$$v_{ik}(t+1) = (x_{mk}(t) - x_{uk}(t)) \cdot \mathrm{fr}_i(t) \tag{3.35}$$

注 3.2：为了保证算法的全局收敛性，对于群体历史最优位置而言，其位置更新仍采用式（3.27）进行。

定理 3.2 无记忆型随机三角翻转蝙蝠算法以概率 1 收敛于全局极值点。

定理 3.3 无记忆型定向三角翻转蝙蝠算法以概率 1 收敛于全局极值点。

这两个定理的证明过程与定理 3.1 相同，在此就不再赘述。

无记忆型随机三角翻转蝙蝠算法（RTMBA）的流程如下。

（1）初始化参数 $\vec{x}_i(0)$、$\vec{v}_i(0)$、$A(0)$、$r(0)$ 及 $\mathrm{fr}_i(0)$。

（2）计算各蝙蝠的适应值，记 $\vec{p}(0)$ 为初始种群中性能最优的位置，即 $f(\vec{p}(t)) = \min\{f(\vec{x}_i(0)) | i = 1, 2, \cdots, n\}$，令 $t = 0$。

（3）对于蝙蝠个体 i，若该蝙蝠在第 t 代的速度为 0，则随机选择 $\vec{x}_m(t)$ 及 $\vec{x}_u(t)$，并按照式（3.32）计算第 $t+1$ 代的速度；否则，该蝙蝠按照式（3.1）更新第 $t+1$ 代的速度信息。

（4）对于蝙蝠个体 i，产生一个介于 $(0,1)$ 且均匀分布的随机数 rand_1，如果 $\mathrm{rand}_1 < r_i(t)$，则按照式（1.3）计算该蝙蝠的新位置 $\vec{x}'_i(t+1)$；否则，按照式（1.4）计算新位置 $\vec{x}'_i(t+1)$。

（5）对于位于群体历史最优位置的蝙蝠，让其位置按照式（3.27）进行随机选择。

（6）计算新位置 $\vec{x}'_i(t+1)$ 的适应值。

（7）若 $f(\vec{x}'_i(t+1)) < f(\vec{x}_i(t))$，则更新位置 $\vec{x}_i(t+1)$，并按照式（1.7）、式（1.8）更新响度及脉冲发射速率。

（8）更新群体历史最优位置 $\vec{p}(t+1)$。

（9）如果满足结束条件则终止算法，并输出所得到的最优解 $\vec{p}(t+1)$；否则，令转入第 $t+1$ 代，即转入步骤（3）。

无记忆型定向三角翻转蝙蝠算法（DTMBA）的流程与无记忆型随机三角翻转蝙蝠算法（RTMBA）的流程基本相同，除了步骤（3）。在 DTMBA 中，步骤（3）需要修改为：对于蝙蝠个体 i，若该蝙蝠在第 t 代的速度为 0，则随机选择 $\vec{x}_m(t)$ 及 $\vec{x}_u(t)$，并按照式（3.34）或式（3.35）计算第 $t+1$ 代的速度；否则，该蝙蝠按照式（3.1）更新第 $t+1$ 代的速度信息。

注 3.3：无记忆型随机三角翻转蝙蝠算法（RTMBA）及无记忆型定向三角翻转蝙蝠算法（DTMBA）的三角翻转方式都只能作用在前代位置没有更新的蝙蝠，对于那些位置发生变化的蝙蝠则采用原先的速度更新方式 [见式（3.1）]。那么，我们是否可以考虑完全将记忆方式的速度更新公式 [见式（3.1）] 去掉？这样，不论蝙蝠的位置是否更新，每一代的速度更新方式都采用随机三角翻转或定向三角翻转，称相应的算法为完全无记忆型随机三角翻转蝙蝠算法（Bat Algorithm with Complete Random Triangle Flip and Memoryless，CRTMBA）及完全无记忆型定向三角翻转蝙蝠算法（Bat Algorithm with Complete Directed Rriangle Flip and Memoryless，CDTMBA）。其中，CRTMBA 的每只蝙蝠各代的速度更新方式都为式（3.32），而 CDTMBA 的每只蝙蝠各代的速度更新方式都为式（3.34）或式（3.35）。

由于群体历史最优位置的更新方式仍然采用式（3.27）进行，因此有如下两个定理。

定理 3.4 完全无记忆型随机三角翻转蝙蝠算法以概率 1 收敛于全局极值点。

定理 3.5 完全无记忆型定向三角翻转蝙蝠算法以概率 1 收敛于全局极值点。

3.4.2 仿真试验

为了详细测试算法的性能，比较如下 7 种算法。
（1）速度更新方式为记忆方式的标准蝙蝠算法（SBA1）。
（2）速度更新方式为无记忆方式的标准蝙蝠算法（SBA2）。
（3）无记忆型定向三角翻转蝙蝠算法（DTMBA）。
（4）完全无记忆型定向三角翻转蝙蝠算法（CDTMBA）。
（5）无记忆型随机三角翻转蝙蝠算法（RTMBA）。
（6）利用速度三角翻转方式的记忆型三角翻转蝙蝠算法（TMBA3）。
（7）完全无记忆型随机三角翻转蝙蝠算法（CRTMBA）。

引入 SBA2 的目的在于观察三角翻转所起的作用，测试函数集为 CEC2013 测试集，参数按照表 3.2 选择，仿真试验测试结果如表 3.5 所示。

表 3.5 仿真试验测试结果

函数	SBA1	SBA2	DTMBA	CDTMBA	RTMBA	TMBA3	CRTMBA
F1	1.96E+00	1.66E+00	1.80E+00	1.90E+00	2.38E+00	2.04E-02	6.38E-03
F2	3.69E+06	1.30E+06	1.64E+06	1.68E+06	1.31E+06	1.34E+06	7.16E+04
F3	3.44E+08	2.27E+08	3.57E+08	2.77E+08	1.70E+08	4.09E+08	2.12E+07
F4	3.20E+04	3.01E+04	2.16E+04	1.35E+04	8.51E+02	3.73E+04	1.97E+00
F5	5.86E-01	4.02E-01	3.54E-01	3.68E-01	6.76E-01	5.93E-02	1.27E-02
F6	5.63E+01	4.75E+01	4.78E+01	6.12E+01	4.90E+01	5.22E+01	1.91E+01
F7	2.16E+02	2.17E+02	3.34E+02	1.79E+04	2.13E+02	2.73E+02	1.06E+02
F8	2.09E+01	2.09E+01	2.09E+01	2.09E+01	2.09E+01	2.10E+01	2.10E+01
F9	3.57E+01	3.47E+01	3.55E+01	3.65E+01	3.53E+01	3.37E+01	2.95E+01
F10	1.32E+00	1.18E+00	1.17E+00	1.20E+00	1.32E+00	3.35E-01	5.25E-01
F11	4.07E+02	4.81E+02	6.83E+02	6.24E+02	4.64E+02	4.25E+02	3.74E+02
F12	4.06E+02	4.84E+02	6.55E+02	6.33E+02	4.75E+02	4.25E+02	3.69E+02
F13	4.37E+02	4.99E+02	6.32E+02	7.25E+02	5.18E+02	4.80E+02	3.44E+02
F14	4.78E+03	4.66E+03	4.74E+03	4.70E+03	4.96E+03	4.64E+03	4.50E+03
F15	4.89E+03	4.55E+03	4.80E+03	4.77E+03	4.78E+03	4.56E+03	4.34E+03
F16	2.16E+00	2.04E+00	2.11E+00	2.16E+00	2.04E+00	4.35E-01	9.75E-01
F17	8.92E+02	4.78E+02	4.60E+02	7.70E+02	4.22E+02	8.54E+02	2.12E+02
F18	9.44E+02	4.04E+02	4.19E+02	7.61E+02	3.92E+02	8.89E+02	2.06E+02
F19	6.07E+01	2.68E+01	2.92E+01	5.81E+01	2.35E+01	5.61E+01	9.86E+00
F20	1.44E+01	1.46E+01	1.46E+01	1.47E+01	1.46E+01	1.44E+01	1.31E+01

（续表）

函 数	SBA1	SBA2	DTMBA	CDTMBA	RTMBA	TMBA3	CRTMBA
F21	3.38E+02	3.43E+02	3.90E+02	3.58E+02	3.37E+02	3.24E+02	3.40E+02
F22	5.94E+03	5.70E+03	6.00E+03	5.79E+03	5.93E+03	5.42E+03	5.40E+03
F23	5.77E+03	5.72E+03	6.09E+03	5.79E+03	6.10E+03	5.65E+03	5.60E+03
F24	3.15E+02	3.26E+02	3.35E+02	3.52E+02	3.18E+02	3.20E+02	2.93E+02
F25	3.49E+02	3.59E+02	3.52E+02	3.42E+02	3.48E+02	3.49E+02	3.24E+02
F26	2.00E+02	2.42E+02	2.04E+02	2.08E+02	2.18E+02	2.00E+02	2.03E+02
F27	1.28E+03	1.32E+03	1.34E+03	1.41E+03	1.32E+03	1.30E+03	1.16E+03
F28	3.42E+03	4.45E+03	4.84E+03	4.77E+03	3.91E+03	3.68E+03	1.94E+03
w/t/l	25/0/3	27/0/1	27/0/1	26/1/1	26/0/2	23/1/4	

从表 3.5 中的最后一行记录的"w/t/l"可以看出，CRTMBA 优于 SBA1、SBA2、DTMBA、CDTMBA、RTMBA、TMBA3 的函数分别有 25 个、27 个、27 个、26 个、26 个、23 个，说明 CRTMBA 的性能远远优于其他 6 种算法。

表 3.6 所示为 Friedman 测试结果，其 Ranking 排名为 CRTMBA<TMBA3<SBA2<RTMBA<SBA1<CDTMBA<DTMBA。从结果可以发现，CRTMBA、TMBA3 及 RTMBA 的性能优于 CDTMBA、DTMBA，这说明随机三角翻转方式的搜索性能的确优于定向三角翻转方式的搜索性能。而 CDTMBA 与 DTMBA 的性能最差，甚至还不如 SBA1，这也说明了定向三角翻转每次都期望蝙蝠向更优的位置移动，导致了算法跳出局部极值点的能力下降，反而影响到算法的全局搜索性能。另外，RTMBA 的性能不如 SBA2，这说明无记忆型随机三角翻转蝙蝠算法的性能不如无记忆型标准蝙蝠算法的性能好。

表 3.6 Friedman 测试结果

算 法	Ranking	算 法	Ranking
SBA1	4.71	RTMBA	4.14
SBA2	4.04	TMBA3	3.57
DTMBA	5.13	CRTMBA	**1.46**
CDTMBA	4.95		

表 3.7 所示为 Wilcoxon 测试结果。该测试是为了确定 CRTMBA 与其他 6 种算法相比是否有显著性差异。从表 3.7 可以看出，其他 6 种算法与 CRTMBA 相比，p-value 值都为 0.000，小于 0.05，有显著性差异，这表明 CRTMBA 从统计的角度来看，的确优于其余 6 种算法。

表 3.7 Wilcoxon 测试结果

与 CRTMBA 相比	p-value	与 CRTMBA 相比	p-value
SBA1	**0.000**	CDTMBA	**0.000**
SBA2	**0.000**	RTMBA	**0.000**
DTMBA	**0.000**	TMBA3	**0.000**

3.5 快速三角翻转蝙蝠算法

3.5.1 快速三角翻转蝙蝠算法概述

与各种随机三角翻转方式相比，完全无记忆型随机三角翻转蝙蝠算法（CRTMBA）的性能在 CEC2013 测试集中的平均性能最优，该算法的全局搜索全部采用了随机三角翻转方式。然而，图 3.3 表明，在三角翻转的 6 种方式中，从启发式的角度来看，有 3 种方式类似于局部寻优，有 3 种方式相当于全局寻优。因此，CRTMBA 在算法迭代过程中，几乎有 50% 的更新方式采用局部寻优的方式；而另外 50% 的更新方式则采用全局寻优的方式。

然而，按照进化算法的一般原则，算法前半部分应该以全局寻优为主，以便以较大概率确定全局最优点所处的区域；后半部分应该以局部寻优为主，以便在该区域内找到一个尽可能优的解。而 CRTMBA 由于随机性较强，其在算法后期的搜寻过程中局部寻优能力不强，因此，本节将对 CRTMBA 进一步加以改进，使其在算法后期具有较强的局部搜索能力。

CRTMBA 的位置更新方式为

$$\vec{x}_i(t+1) = \vec{x}_i(t) + (\vec{x}_u(t) - \vec{x}_m(t)) \cdot \text{fr}_i(t) \tag{3.36}$$

从式（3.34）和式（3.35）可以看出，若要使式（3.36）表示一种启发式的局部寻优方式，则需要

$$f(\vec{x}_u(t)) < f(\vec{x}_m(t)) \tag{3.37}$$

基于条件式（3.37），我们让算法后期各蝙蝠向群体历史最优位置 $\vec{p}(t)$ 靠拢，即 $\vec{x}_u(t) = \vec{p}(t)$，而 $\vec{x}_m(t)$ 则任意选择，从而有

$$\vec{v}_i(t+1) = (\vec{p}(t) - \vec{x}_m(t)) \cdot \text{fr}_i(t) \tag{3.38}$$

$$\vec{x}_i(t+1) = \vec{x}_i(t) + \vec{v}_i(t+1) \tag{3.39}$$

由于其在算法后期的局部搜索能力较强，因此称这种改进算法为快速三角翻转蝙蝠算法[29]（Fast Bat Algorithm with Triangle Flip，FTBA），其流程如下。

（1）初始化参数 $\vec{x}_i(0)$、$\vec{v}_i(0)$、$A(0)$、$r(0)$ 及 $\text{fr}_i(0)$。

（2）计算各蝙蝠的适应值，记 $\vec{p}(0)$ 为初始种群中性能最优的位置，即 $f(\vec{p}(t)) = \min\{f(\vec{x}_i(0)) | i = 1, 2, \cdots, n\}$，令 $t = 0$。

（3）若 $t < \text{Threshold} \cdot \text{LG}$，对于蝙蝠个体 i，随机选择 $\vec{x}_m(t)$ 及 $\vec{x}_u(t)$，并按照式（3.32）计算第 $t+1$ 代的速度；否则，该蝙蝠按照式（3.38）更新第 $t+1$ 代的速度信息。

（4）对于蝙蝠个体 i，产生一个介于 $(0,1)$ 的随机数 rand_1，若 $\text{rand}_1 < r_i(t)$，则按照式（1.3）计算该蝙蝠的新位置 $\vec{x}_i'(t+1)$；否则，按照式（1.4）计算新位置 $\vec{x}_i'(t+1)$。

（5）对于群体历史最优位置所在的蝙蝠，让其位置按照式（3.27）进行随机选择。

（6）计算新位置 $\vec{x}_i'(t+1)$ 的适应值。

（7）若 $f(\vec{x}_i'(t+1)) < f(\vec{x}_i(t))$，则更新位置 $\vec{x}_i(t+1)$，并按照式（1.7）、式（1.8）更新响度及脉冲发射速率。

（8）更新群体历史最优位置 $\vec{p}(t+1)$。

（9）如果满足结束条件则终止算法，并输出所得到的最优解 $\vec{p}(t+1)$；否则，令转入第 $t+1$ 代，即转入步骤（3）。

其中，LG 为最大进化代数；Threshold 为一个预先设定的阈值，用于控制算法的前期与后期比例，该值由试验给出。

由于群体历史最优位置的更新方式仍然采用式（3.27），因此 FTBA 的全局收敛性不受影响，由此证明如下结论。

定理 3.6 快速三角翻转蝙蝠算法以概率 1 收敛于全局极值点。

3.5.2 仿真试验

测试函数及参数与 3.5.1 节相同，本节试验分为两部分：①用黄金分割法来确定 Threshold 的值；②与其他算法的性能比较。

试验 1：用黄金分割法来确定 Threshold 的值

黄金分割法[1]又称为 0.618 法，表 3.8 展示了 FTBA 采用黄金分割法确定的不同的 Threshold 的值得到的结果。在第 1 次时，需要用 Friedman 检验，对 Threshold 取 0.000、0.382、0.618 及 1.000 时得到的结果进行比较，并将 Ranking 值予以保留。当 Threshold = 0.000 时，蝙蝠在所有代数内都受群体历史最优位置吸引，而当 Threshold = 1.000 时，则为 CRTMBA。由于 Ranking 值越小，算法越优，因此可以认为最优的 Threshold 值应该在 0.382 附近（其 Ranking 值为 1.91），即保留区间[0.000, 0.618]，舍弃区间[0.618, 1.000]。在第 2 次时，选择 Threshold 值 0.236，该点在区间[0.000, 0.618]正好位于 38.2%的位置，而 0.382 恰好位于 61.8%的位置，考虑到 0.236 的 Ranking 值最优，保留区间[0.000, 0.382]，继续进行，最终在第 13 次迭代时，即当 Threshold 值取 0.258 时，性能最佳。

表 3.8 FTBA 采用黄金分割法的试验结果

次 数	参 数	Ranking	图 示
1	0.000	3.11	3.11　　1.91　　2.16　　2.82
	0.382	**1.91**	
	0.618	2.16	0.000　0.382　0.618　1.000
	1.000	2.82	
2	0.000	3.21	3.21　　1.86　　2.27　　2.66
	0.236	**1.86**	
	0.382	2.27	0.000　0.236　0.382　0.618
	0.618	2.66	

(续表)

次数	参数	Ranking	图示
3	0.000 0.146 **0.236** 0.382	3.21 2.46 **2.00** 2.32	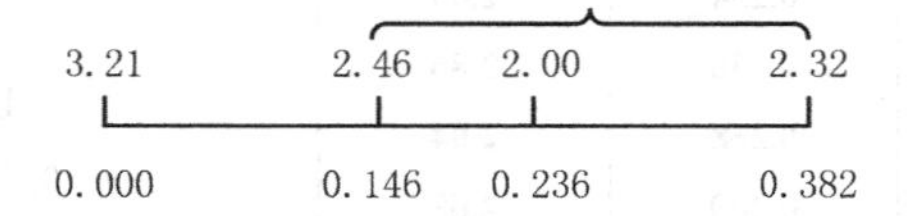 3.21　　2.46　2.00　　2.32 0.000　0.146　0.236　　0.382
4	0.146 **0.236** 0.292 0.382	2.64 **2.11** 2.68 2.57	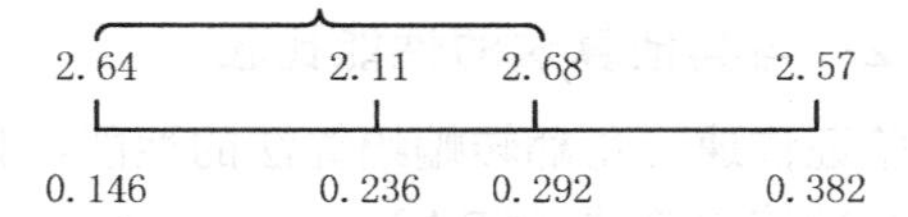 2.64　　2.11　2.68　　2.57 0.146　0.236　0.292　　0.382
5	0.146 0.202 **0.236** 0.292	2.57 2.36 **2.29** 2.79	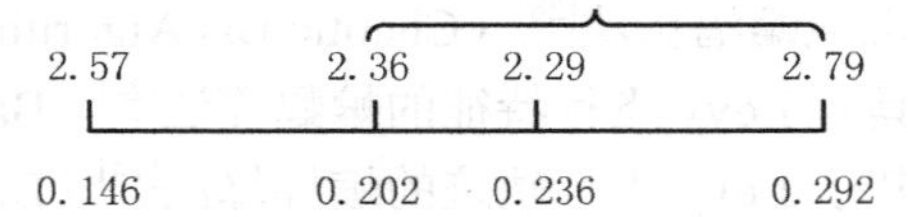 2.57　　2.36　2.29　　2.79 0.146　0.202　0.236　　0.292
6	0.202 0.236 **0.258** 0.292	2.43 2.50 **2.18** 2.89	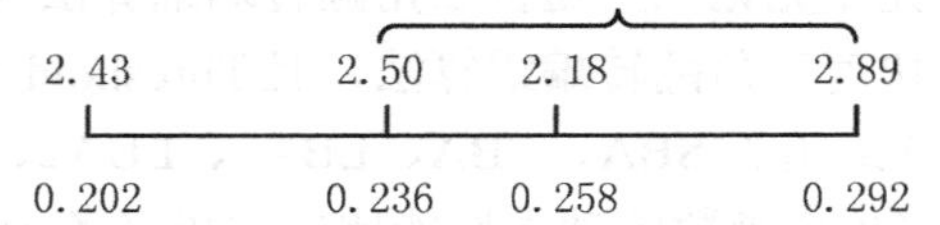 2.43　　2.50　2.18　　2.89 0.202　0.236　0.258　　0.292
7	0.236 **0.258** 0.270 0.292	2.43 **2.05** 2.68 2.84	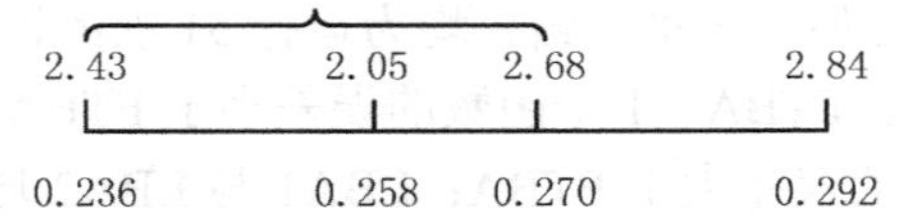 2.43　　2.05　2.68　　2.84 0.236　0.258　0.270　　0.292
8	0.236 0.248 **0.258** 0.270	2.43 2.93 **2.04** 2.61	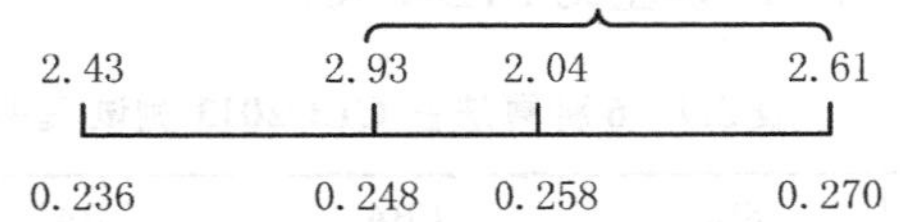 2.43　　2.93　2.04　　2.61 0.236　0.248　0.258　　0.270
9	0.248 **0.258** 0.260 0.270	2.93 **2.11** 2.54 2.43	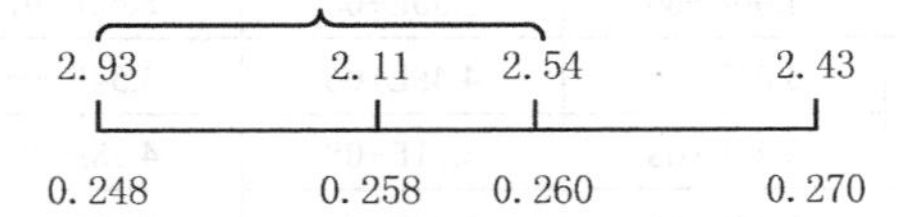 2.93　　2.11　2.54　　2.43 0.248　0.258　0.260　　0.270
10	0.248 0.250 **0.258** 0.260	2.93 2.36 **2.14** 2.57	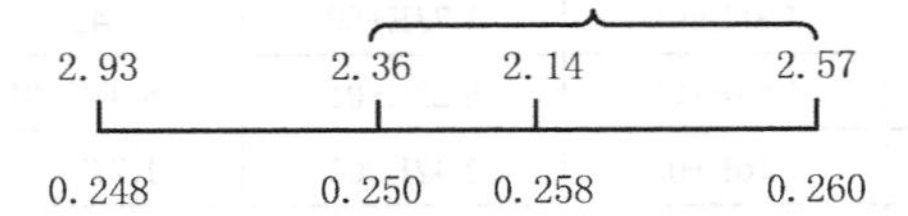 2.93　　2.36　2.14　　2.57 0.248　0.250　0.258　　0.260
11	0.250 0.252 **0.258** 0.260	2.46 2.50 **2.29** 2.75	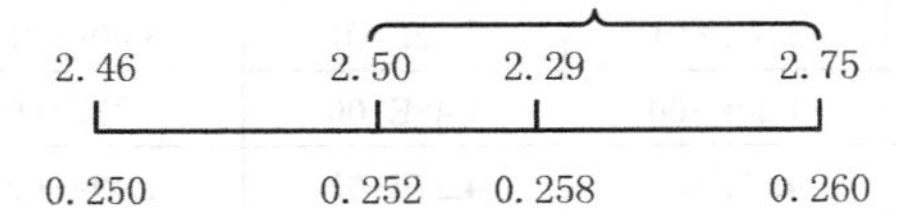 2.46　　2.50　2.29　　2.75 0.250　0.252　0.258　　0.260
12	0.252 0.254 **0.258** 0.260	2.43 2.61 **2.18** 2.79	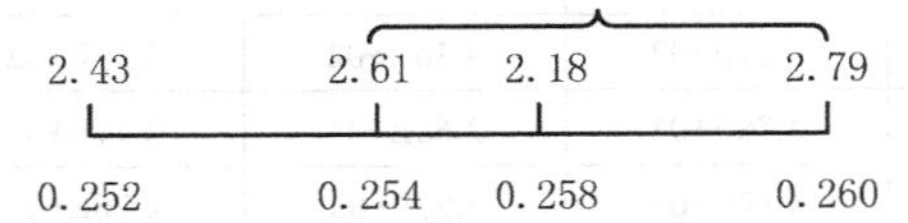 2.43　　2.61　2.18　　2.79 0.252　0.254　0.258　　0.260

（续表）

次 数	参 数	Ranking	图 示
13	0.254	2.43	2.43　　2.86　　2.04　　2.68
	0.256	2.86	
	0.258	**2.04**	
	0.260	2.68	0.254　0.256　0.258　0.260

试验 2：与其他算法的性能比较

为了验证快速三角翻转蝙蝠算法的性能，我们对如下几种算法进行比较。

（1）标准蝙蝠算法（SBA）。
（2）混沌蝙蝠算法[28]（Chaotic Bat Algorithm，CBA）。
（3）具有 Lévy 飞行特征的蝙蝠算法[24]（Bat Algorithm with Lévy Distribution，LBA1）。
（4）基于 Lévy 飞行轨迹的蝙蝠算法[14]（Bat Algorithm with Lévy Distribution，LBA2）。
（5）完全无记忆型随机三角翻转蝙蝠算法（CRTMBA）。
（6）快速三角翻转蝙蝠算法，且 Threshold = 0.258（FTBA）。

表 3.9 给出了 SBA、CBA、LBA1、LBA2、CRTMBA、FTBA 这 6 种算法在 CEC2013 测试集中 28 个函数的动态性能比较结果（各种算法的动态性能比较结果如图 3.5 所示）。为了分析方便，这里的结果均为运行 51 次的误差均值，与 FTBA 相比，SBA 有 26 个函数的误差大于 FTBA、1 个函数的误差小于 FTBA；而 CBA 则有 6 个函数的误差小于 FTBA，22 个函数的误差大于 FTBA；LBA1 与 LBA2 均有 23 个函数的误差大于 FTBA，CRTMBA 也有 19 个函数的误差比 FTBA 大。

表 3.9　6 种算法在 CEC2013 测试集中的 28 个函数的动态性能比较结果

函 数	SBA	CBA	LBA1	LBA2	CRTMBA	FTBA
F1	1.96E+00	2.30E+00	8.42E-01	3.59E-01	6.38E-03	9.63E-05
F2	3.69E+06	4.48E+06	3.54E+06	2.23E+06	7.16E+04	4.22E+04
F3	3.44E+08	6.71E+08	4.78E+08	3.57E+08	2.12E+07	7.75E+06
F4	3.20E+04	3.00E+04	1.45E+04	6.85E+03	1.97E+00	8.90E-02
F5	5.86E-01	1.73E+00	4.74E-01	2.76E-01	1.27E-02	1.11E-03
F6	5.63E+01	6.29E+01	5.07E+01	4.85E+01	1.91E+01	6.72E+00
F7	2.16E+02	2.42E+02	1.77E+02	2.00E+02	1.06E+02	1.06E+02
F8	2.09E+01	2.10E+01	2.09E+01	2.10E+01	2.10E+01	2.09E+01
F9	3.57E+01	3.52E+01	3.40E+01	3.62E+01	2.95E+01	2.98E+01
F10	1.32E+00	1.48E+00	1.23E+00	1.07E+00	5.25E-01	7.79E-02
F11	4.07E+02	4.27E+02	1.49E+02	3.16E+01	3.74E+02	3.45E+02
F12	4.06E+02	4.30E+02	7.42E+02	7.18E+02	3.69E+02	3.52E+02
F13	4.37E+02	4.36E+02	5.59E+02	5.11E+02	3.44E+02	3.58E+02
F14	4.78E+03	2.62E+03	3.17E+03	1.15E+03	4.50E+03	4.27E+03
F15	4.89E+03	3.87E+03	4.76E+03	4.83E+03	4.34E+03	4.44E+03

（续表）

函数	SBA	CBA	LBA1	LBA2	CRTMBA	FTBA
F16	2.16E+00	6.06E-01	1.33E+00	1.54E+00	9.75E-01	3.50E-01
F17	8.92E+02	2.74E+02	3.36E+02	1.61E+02	2.12E+02	1.72E+02
F18	9.44E+02	2.61E+02	3.28E+02	3.35E+02	2.06E+02	1.41E+02
F19	6.07E+01	4.35E+01	1.89E+01	1.28E+01	9.86E+00	7.14E+00
F20	1.44E+01	1.44E+01	1.47E+01	1.49E+01	1.31E+01	1.26E+01
F21	3.38E+02	3.27E+02	3.22E+02	3.05E+02	3.40E+02	3.33E+02
F22	5.94E+03	3.15E+03	3.32E+03	1.20E+03	5.40E+03	5.49E+03
F23	5.77E+03	5.03E+03	6.03E+03	5.82E+03	5.60E+03	5.55E+03
F24	3.15E+02	2.92E+02	3.22E+02	3.23E+02	2.93E+02	2.95E+02
F25	3.49E+02	3.32E+02	3.53E+02	3.54E+02	3.24E+02	3.27E+02
F26	2.00E+02	2.83E+02	3.54E+02	3.36E+02	2.03E+02	2.04E+02
F27	1.28E+03	1.19E+03	1.33E+03	1.35E+03	1.16E+03	1.13E+03
F28	3.42E+03	2.89E+03	4.68E+03	4.34E+03	1.94E+03	2.25E+03
w/t/l	26/1/1	22/0/6	23/1/4	23/0/5	19/1/8	

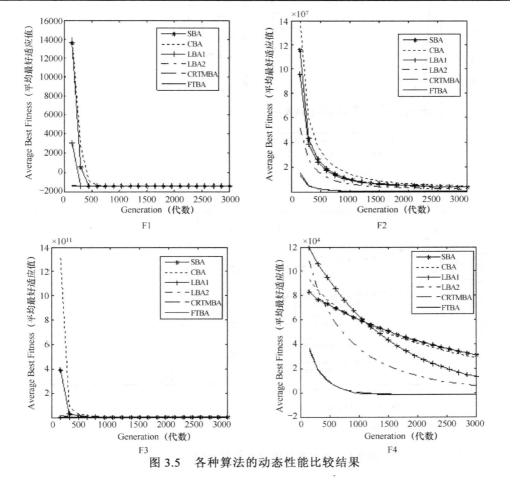

图 3.5　各种算法的动态性能比较结果

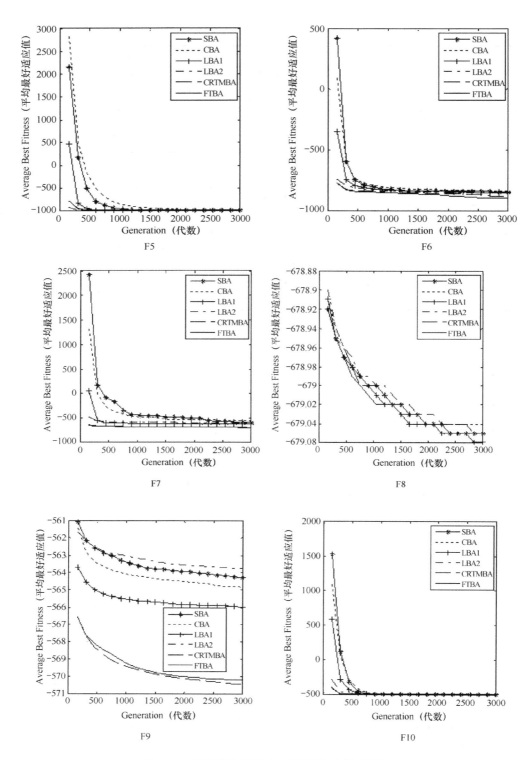

图 3.5　各种算法的动态性能比较结果（续）

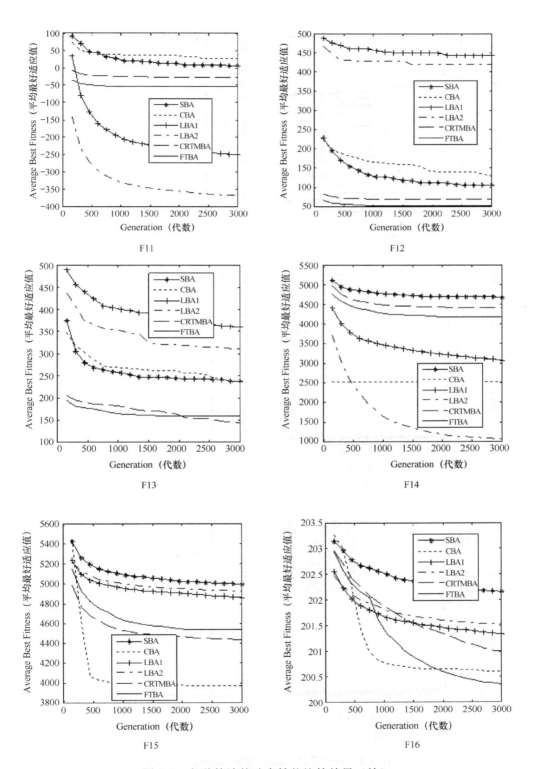

图 3.5 各种算法的动态性能比较结果（续）

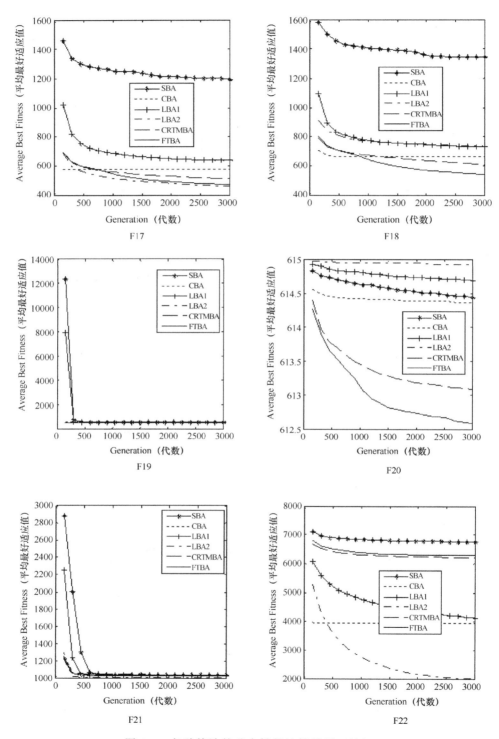

图 3.5 各种算法的动态性能比较结果（续）

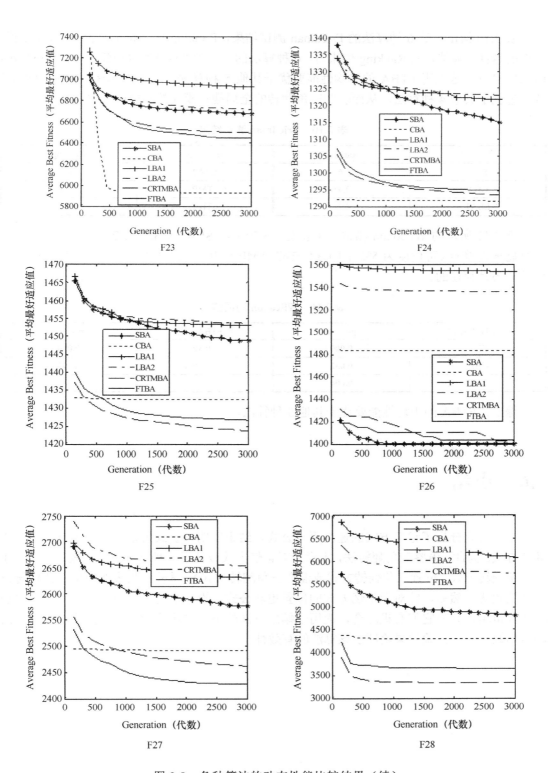

图 3.5　各种算法的动态性能比较结果（续）

表 3.10 给出了这 6 种算法的 Friedman 测试结果，Ranking 排名越小，表明该算法的评价性能越优。显然，从 Ranking 值来看，6 种算法的排名为 FTBA<CRTMBA<LBA2<CBA<LBA1<SBA。这表明 FTBA 的平均性能要优于其他 5 种算法，而 CRTMBA 的性能排第 2 位，也优于其他 4 种算法，从而表明三角翻转的全局搜索模式的确能改善算法性能。

表 3.10　Friedman 测试结果

算法	Ranking	算法	Ranking
SBA	4.63	LBA2	3.89
CBA	3.91	CRTMBA	2.45
LBA1	4.21	FTBA	**1.91**

表 3.11 所示的 Wilcoxon 测试结果表明，FTBA 与 SBA、CBA、LBA1、LBA2 的性能具有显著性差异（可信度为 5%）；FTBA 与 CRTMBA 的性能虽然没有显著性差异（0.093），但差异还是存在的。

表 3.11　Wilcoxon 测试结果

与 FTBA 相比	p-value	与 FTBA 相比	p-value
SBA	**0.000**	LBA2	**0.010**
CBA	**0.032**	CRTMBA	0.093
LBA1	**0.004**		

综上，FTBA 的平均性能要优于其他 5 种算法。

3.6　小结

本章首先分析了记忆方式的速度更新公式，结果表明该公式可以视为一个特殊的三角翻转方式。为此，借鉴三角翻转法，本章针对记忆方式设计了 3 种不同的三角翻转方式（速度三角翻转方式、位置三角翻转方式或混合三角翻转方式），试验结果表明速度三角翻转方式性能较优；然后，针对无记忆方式的位置更新公式，设计了随机三角翻转与定向三角翻转两种策略，并将它们有机融合，应用于蝙蝠算法的不同进化阶段，进而提出了快速三角翻转蝙蝠算法，试验结果验证了该算法的有效性。

参 考 文 献

[1] Yang X S. Nature-inspired metaheuristic algorithm[M]. Luniver Press, 2010.
[2] Selim Y, Ecir U K. A new modification approach on bat algorithm for solving optimization problems[J]. Applied Soft Computing, 2015, 28(3): 259-275.
[3] Bahman B, Rasoul A. Optimal sizing of battery energy storage for micro-grid operation management using a new improved bat algorithm[J]. Electrical Power and Energy Systems, 2014, 56(5): 42-54.
[4] 王文, 王勇, 王晓伟. 采用机动飞行的蝙蝠算法[J]. 计算机应用研究, 2014, 31(10): 2962-2964.
[5] 王文, 王勇, 王晓伟. 一种具有记忆特征的改进蝙蝠算法[J]. 计算机应用与软件. 2014, 31(11): 257-259.
[6] 黄光球, 赵魏娟, 陆秋琴. 求解大规模优化问题的可全局收敛蝙蝠算法[J]. 计算机应用研究, 2013, 30(5): 1323-1328.
[7] 李枝勇, 马良, 张惠珍. 蝙蝠算法收敛性分析[J]. 数学的实践与认识, 2013, 43(12): 182-190.
[8] He X, Ding W J, Yang X S. Bat algorithm based on simulated annealing and Gaussian perturbations[J]. Neural Computing & Applications, 2013, 25(2): 459-468.
[9] 尹进田, 刘云连, 刘丽等. 一种高效的混合蝙蝠算法[J]. 计算机工程与应用, 2014, 50(7): 62-66.
[10] Topal A O, Altun O. A novel meta-heuristic algorithm: dynamic virtual bats algorithm[J]. Information Sciences, 2016, 354: 222-235.
[11] Shan X, Liu K, Sun P L. Modified bat algorithm based on Lévy flight and opposition based learning[J]. Scientific Programming, 2016, 2016(2): 1-13.
[12] Cao Y, Cui Z H, Li F X, et al. Improved low energy adaptive clustering hierarchy protocol based on local centroid bat algorithm[J]. Sensor Letters, 2014, 12 (9): 1372-1377.
[13] Gandomi A H, Yang X S. Chaotic bat algorithm[J]. Journal of Computational Science, 2014, 5(2): 224-232.
[14] 谢健, 周永权, 陈欢. 一种基于 Lévy 飞行轨迹的蝙蝠算法[J]. 智能模式与人工智能, 2013, 26(9): 829-837.
[15] Jaddi N S, Abdullah S, Hamdan A R. Multi-population cooperative bat algorithm-based optimization of artificial neural network model[J], Information Sciences, 2015, 294: 628-644.
[16] Zhu B L, Zhu W Y, Liu Z J, et al. A novel quantum-behaved bat algorithm with mean best position directed for numerical optimization[J]. Computational Intelligence and Neuroscience, 2016, 2016: 1-17.
[17] Yilmaz S, Kucuksille E U. Improved bat algorithm (IBA) on continuous optimization problems[J]. Lecture Notes on Software Engineering, 2013, 1(3): 279-283.
[18] Yilmaz S, Kucuksille E U. A new modification approach on bat algorithm for solving optimization problems[J]. Applied Soft Computing, 2015, 28(5): 259-275.
[19] Cui Z H, Li F X, Kang Q. Bat algorithm with inertia weight[C], Proceedings of Chinese Automation Congress, Wuhan, China, 2015, November 27-29, pp.792-796.
[20] Cai X J, Li W Z, Kang Q, et al. Bat algorithm with oscillation element[J]. International Journal of Innovative Computing and Applications, 2015, 6(3/4): 171-180.
[21] Wang W, Wang Y, Wang X. Bat algorithm with recollection[C]. Proceedings of the 9th international conference on Intelligent Computing Theories and Technology, Nanning, China, 2013, July 28-31,

207-215.

[22] Cai X J, Wang L, Kang Q, et al. Bat algorithm with Gaussian walk[J]. International Journal of Bio-inspired Computation, 2014, 6(3): 166-174.

[23] Cao Y, Cui Z H. RNA Secondary structure prediction based on binary-coded centroid bat algorithm[J]. Journal of Bionanoscience, 2014, 8(5): 364-367.

[24] 刘长平, 叶春明. 具有 Lévy 飞行特征的蝙蝠算法[J]. 智能系统学报, 2013, 8(3): 56-62.

[25] Yao X, Liu Y, Lin G M. Evolutionary programming made faster[J]. IEEE Transactions on Evolutionary Computation, 1999, 3(3): 82-102.

[26] Suganthan P N, Hansen N, Liang J J, et al. Problem Definitions and Evaluation Criteria for the CEC 2005 Special Session on Real-Parameter Optimization[C]. Nanyang Technological University, IIT Kanpur, India, 2005, May.

[27] Liang J J, Qu B Y, Suganthan P N, et al. Problem Definitions and Evaluation Criteria for the CEC 2013 Special Session and Competition on Real-Parameter Optimization[C]. Computational Intelligence Laboratory, Zhengzhou University, Zhengzhou China and Technical Report, Nanyang Technological University, Singapore, 2013, January.

[28] Xue F, Cai Y, Cao Y, et al. Optimal parameter settings for bat algorithm[J]. International Journal of BioInspired Computation, 2015, 7(2): 125-128.

[29] Cai X J, Wang H, Cui Z H, et al. Bat algorithm with triangle-flipping strategy for numerical optimization[J]. International Journal of Machine Learning and Cybernetics, 2018, 9(2):199-215.

第 4 章
Chapter 4

蝙蝠算法的扰动策略设计

第 2 章从理论上讨论了蝙蝠算法的全局收敛性，第 3 章则针对蝙蝠算法的全局搜索模式设计了一种快速三角翻转蝙蝠算法。本章将讨论局部搜索模式的改进策略。

针对蝙蝠算法局部策略的改进，许多学者已经做了研究。Sundaravadivu 等[1]将布朗运动用于替换随机数 ε_{ik}，改进了局部搜索性能。Deng 等[2]将微分进化算法的 DE/rand/2 策略用于局部搜索阶段，即其扰动范围受 4 个随机选择蝙蝠位置的联合影响。另外，盛孟龙等[3]提出了引入一种交叉变换的方式更新蝙蝠群体的位置，以减小蝙蝠算法陷入局部最优解的可能性。Cai 等[4]还用 Lévy 分布替换了正态分布，进一步改善了算法性能。尹进田等[5]在初始化蝙蝠算法时使用了混沌映射，搜索的过程加入了变异策略，提出了局部搜索的混合蝙蝠算法。此外，Lin 等[6]提出了一种混沌 Lévy 飞行轨迹蝙蝠算法，将 ε_{ik} 用混沌搜索进行了替换。S. Yilmaz 等[7]通过不同蝙蝠维度的变化对原有的蝙蝠算法的局部搜索公式进行了优化。Wang 等[8]通过在蝙蝠当前位置与群体历史最优位置所在的线段上任意选点，从而对点的搜索范围提供了一个明确的导向。张宇楠等[9]提出了一种随着增加迭代次数缩短搜索步长的自适应蝙蝠算法，该算法后期的收敛精度更高。Suman 等[10]则通过相反数的方式改进算法，在执行完蝙蝠算法的全部流程后，以一定概率选择部分蝙蝠。Cai 等[11,12]用正态分布替换 ε_{ik}，用线性递减的参数 η 替换 $\overline{A(t)}$，进一步提高了算法的局部搜索性能。陈媛媛等[13]利用 BA 对小波红外光谱进行研究，实现了对整个解空间（可行域）的搜索，避免陷入局部最优。Wang 等[14]在蝙蝠算法的局部搜索引入和声搜索算法的变异操作，而 Coelho 等[15]将局部搜索用微分进化算法中的微分算子替换，用以改善算法的搜索质量。尹进田等[16]提出了一种融合局部搜索的混合蝙蝠算法，通过融合 Powell 搜索来增强算法的局部搜索能力。Zhang 等[17]对局部策略公式中的蝙蝠位置进行调整，优化蝙蝠算法。谢健等[18]引入了 Lévy 飞行和群体间的信息交流机制对算法进行改进，可以有效避免算法过早陷入局部最优。王文等[19]提出了一种具有记忆特征的改进蝙蝠算法，在速度更新公式中加入了速度惯性权重因子，有效地避免了早熟收敛。陈梅雯等[20]通过随机蝙蝠来引导个体飞行和局部搜索，同时通过修改部分维的策略，提出了一种求解多维全局优化问题的改进蝙蝠算法。Wang 等[21]在算法中动态调整各蝙蝠的飞行速度及方向，并在局部搜索中增加了随机搜索及抖动搜索两种策略。

4.1 标准蝙蝠算法的局部收敛性能分析

蝙蝠算法的局部搜索方式为一种扰动策略，在第 $t+1$ 代的位置更新中，若蝙蝠 i 被选中进行局部搜索，则将会在全局最优值附近产生如下扰动。

$$x'_{ik}(t+1) = p_k(t) + \varepsilon_{ik}\overline{A}(t) \tag{4.1}$$

其中，ε_{ik} 是一个介于 $(-1,1)$ 且满足均匀分布的随机变量，$\overline{A}(t)$ 为所有蝙蝠在 t 时刻的平均响度。

第 2 章的全局收敛性证明过程没有考虑局部搜索模式［见式（4.1）］，本节将利用局部收敛性理论证明：若不考虑全局搜索模式，则标准蝙蝠算法在式（4.1）中为一个局部搜索算法。换句话说，随着代数的增加，算法将以概率 1 收敛于某个局部极值点。

引理 4.1[22] 对于概率空间 (R^n, B, μ_k)，设 $\vec{z}$ 为随机优化算法已有的解，D 为该算法产生新解的算子，$\vec{\zeta}$ 为算法随机产生的解，则对于目标函数 f，若 $f(D(\vec{z}, \vec{\zeta})) \leqslant f(\vec{z})$，则

$$f(D(\vec{z}, \vec{\zeta})) \leqslant f(\vec{\zeta}) \tag{4.2}$$

引理 4.2[22] 对于定义域 E 的任意点 $\vec{x}_0$，存在两个参数 γ 及 η，且 $\gamma > 0$，$0 < \eta \leqslant 1$，使得下式

$$\mu_k[\operatorname{dist}(D(\vec{z}, \vec{\zeta}), R_\varepsilon)] < \operatorname{dist}(\vec{z}, R_\varepsilon) - \gamma \quad \text{或} \quad D(\vec{z}, \vec{\zeta}) \in R_\varepsilon > \eta \tag{4.3}$$

对于满足 $L_0 = \{\vec{z} \in E \mid f(\vec{z}) \leqslant f(\vec{x}_0)\}$ 的所有 $\vec{z}$ 都成立。

其中，$\mu_k(A)$ 表示由 μ_k 产生集合 A 的概率，$R_\varepsilon = \{\|\vec{x} - \vec{x}^*_{\text{Local}}\| < \varepsilon, \vec{x} \in E\}$ 表示某个局部极值点 $\vec{x}^*_{\text{Local}}$ 的 ε-满意解，$\operatorname{dist}(\vec{z}, A)$ 表示点 $\vec{z}$ 与集合 A 之间的距离，定义为

$$\operatorname{dist}(\vec{z}, A) = \inf_{\vec{y} \in A} \operatorname{dist}(\vec{z}, \vec{y}) \tag{4.4}$$

引理 4.3[22] 若 $\{\vec{p}(k)\}_{k=1}^{+\infty}$ 表示随机优化算法产生的最优解序列，若其满足引理 4.1 及引理 4.2，则该算法收敛于局部极值点 $\vec{x}^*_{\text{Local}}$。

定理 4.1 若标准蝙蝠算法仅考虑局部搜索模式［见式（4.1）］，则该算法将以概率 1 收敛于一个局部极值点。

证明：设在第 t 代时，群体历史最优位置 $\vec{p}(t) = (p_1(t), p_2(t), \cdots, p_k(t), \cdots, p_D(t))$ 为蝙蝠 g 的当前位置，即 $\vec{x}_g(t) = \vec{p}(t)$，且该点位于某局部极值点 $\vec{x}^*_{\text{Local}} = (x^*_{\text{Local},1}, x^*_{\text{Local},2}, \cdots, x^*_{\text{Local},D})$ 的吸引域。

若令

$$\vec{x}_g(t+1) = D(\vec{x}_g(t+1), \vec{p}(t)) = \begin{cases} \vec{p}(t), f(\vec{x}_g(t+1)) > f(\vec{p}(t)) \\ \vec{x}_g(t+1), f(\vec{x}_g(t+1)) \leqslant f(\vec{p}(t)) \end{cases} \tag{4.5}$$

显然，函数 $D(\vec{x}_g(t+1), \vec{p}(t))$ 满足引理 4.1。

标准蝙蝠算法中的响度 $A_j(t)$ 满足 $A_j(t) \in [A_{\text{Lower}}, A_{\text{Upper}}]$（$A_{\text{Lower}} > 0$），由于 $\vec{A}(t)$ 为所有蝙蝠在 t 时刻的平均响度，即 $\vec{A}(t) = \dfrac{\sum_{i=1}^{m} A_i(t)}{m}$，因此有

$$A_{\text{Lower}} \leqslant \vec{A}(t) = \frac{\sum_{i=1}^{m} A_i(t)}{m} \leqslant A_{\text{Upper}} \tag{4.6}$$

图 4.1 给出了从点 $\vec{p}(t)$ 到局部极值点 $\vec{x}^*_{\text{Local}}$ 的 ε-满意解 $R_\varepsilon = \{\|\vec{x} - \vec{x}^*_{\text{Local}}\| < \varepsilon, \vec{x} \in E\}$ 的一个示意图。在图 4.1 中，从点 $\vec{p}(t)$ 出发到球 R_ε 画出两条切线。按照式（4.1），点 $\vec{p}(t)$ 的支撑集为区域 $M_A = \prod_{k=1}^{D} [p_k - \vec{A}(t), p_k + \vec{A}(t)] \bigcap E$，$M_L = \prod_{k=1}^{D} [p_k - A_{\text{Lower}}, p_k + A_{\text{Lower}}]$ 表示 $\vec{A}(t)$ 被 A_{Lower} 替换

后的支撑集，而 $M_U = \prod_{k=1}^{D}[p_k - A_{\text{Upper}}, p_k + A_{\text{Upper}}] \bigcap E$ 则表示 $\overline{A}(t)$ 被 A_{Upper} 替换后的支撑集。

为了考虑引理 4.2 是否满足，需要考察式（4.3）是否成立，即需要寻找与 $\overline{A}(t)$ 无关的两个参数 γ 及 η。显然，$\frac{1}{2}\overline{A}(t)$ 有两种情况：$\frac{1}{2}\overline{A}(t) > A_{\text{Lower}}$ 或 $\frac{1}{2}\overline{A}(t) \leqslant A_{\text{Lower}}$。第一种情况局部收敛性示意如图 4.1（a）所示，第二种情况局部收敛性示意如图 4.1（b）所示。从图 4.1（a）中可以看出，

$$P[\text{dist}(\vec{x}_g(t+1), R_\varepsilon) < \text{dist}(\vec{x}_g(t), R_\varepsilon) - 0.5A_{\text{Lower}}]$$
$$\geqslant P[\text{dist}(\vec{x}_g(t+1), R_\varepsilon) < \text{dist}(\vec{x}_g(t), R_\varepsilon) - 0.5\overline{A}(t)]$$
$$\geqslant \frac{L(S_{ABDC})}{L(M_A)}$$
$$\geqslant \frac{L(S_{\vec{x}_g AC})}{L(M_A)}$$
$$\geqslant \frac{L(S_{\vec{x}_g AC})}{L(M_U)}$$
$$\geqslant \frac{L(S_{\vec{x}_g EF})}{L(M_U)}$$
$$= \eta$$

其中，S_{ABDC} 表示图 4.1(a) 中阴影区域 $ABDC$ 的面积，$S_{\vec{x}_g EF}$ 表示图 4.1(a) 中阴影区域 $\vec{p}(t)EF$ 的面积。显然，当 $\gamma = 0.5A_{\text{Lower}}$，$\eta = \frac{L(S_{\vec{x}_g EF})}{L(M_U)}$ 时，该参数与 $\overline{A}(t)$ 无关。由于图 4.1（b）与图 4.1（a）的证明完全相同，因此表明引理 4.2 成立。按照定理 4.1，随着群体历史最优位置的更新，只要它没有离开局部极值点 $\vec{x}_{\text{Local}}^* = (x_{\text{Local},1}^*, x_{\text{Local},2}^*, \cdots, x_{\text{Local},k}^*, \cdots, x_{\text{Local},D}^*)$ 的吸引域，则其上述概率将一直成立，从而保证标准蝙蝠算法以概率 1 收敛到局部极值点。

从引理 4.2 的证明过程可以看出，在算法前期，由于群体历史最优位置 $\vec{p}(t)$ 距离 R_ε 较远，因此 $\overline{A}(t)$ 越大，显然越能以较快的概率接近 R_ε。例如，若 $\overline{A}(t) \approx A_{\text{Upper}}$，则算法有一定的概率搜索到区域 $BGHD$，而到算法后期，随着群体最优位置 $\vec{p}(t)$ 距离 R_ε 越来越近，当图 4.1（c）的情况发生时，由于 R_ε 的 Lebesgus 测度固定，因此 $\overline{A}(t)$ 越小，搜索时发现 R_ε 的概率越大。

下面以 Rotated Rosenbrock 函数为例来分析标准蝙蝠算法中 $\overline{A}(t)$ 的变化趋势。图 4.2 给出了 Rotated Rosenbrock 函数在 30 维条件下、$A(0)$ 等于 0.95，以及 α 分别为 0.9 和 0.99 时 $\overline{A}(t)$ 的变化趋势。从图 4.2 中可以看出，①当 $A(0)$ 等于 0.95、α 为 0.9 时，平均响度 $\overline{A}(t)$ 在标准蝙蝠算法的初期迅速降至较低点（低于 0.2），如果采用 α 等于 0.9 的值，那么在算法的前期，由于群体最优位置离全局最优位置较远，因此较小的 $\overline{A}(t)$ 值会导致算法前期对群体最优位置的过度开采而浪费资源；②当 $A(0)$ 等于 0.95、α 为 0.99 时，平均响度 $\overline{A}(t)$ 在算法的整个搜索过程中都处于 0.5～0.8，从而导致算法在后期无法快速收敛。

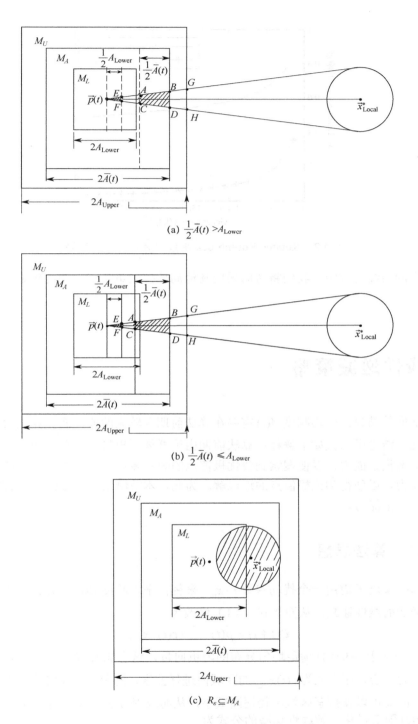

图 4.1　标准蝙蝠算法局部收敛性示意

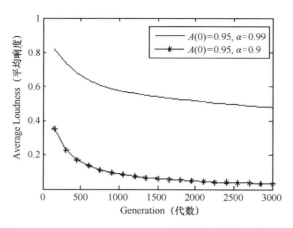

图 4.2　Rotated Rosenbrock 函数中 $\overline{A}(t)$ 的变化趋势

在本章的后续内容中，我们将考虑采用其他局部搜索策略，以期达到更好的局部寻优能力。

4.2　线性递减策略

按照前面的结论，平均响度 $\overline{A}(t)$ 需要在算法前期取较大的值，而在算法后期可以取较小的值。这一结论可以做如下解释：算法前期由于群体历史最优位置性能较差，因此需要大范围的局部搜索能力，以便搜索到较优极值点的吸引域；而在算法后期，则需要较强的局部搜索能力，以便得到该极值点的近似解。为此，本节给出一种线性递减策略，以保证算法的局部搜索能力。

4.2.1　算法思想

线性递减策略考虑用一个扰动参数 $\tau \cdot x_{\max}$ 来替代平均响度 $\overline{A}(t)$，并让参数 $\tau(t)$ 随着进化代数的增加而线性递减，从而将式（4.1）修改为

$$\vec{x}_i'(t+1) = \vec{p}(t) + \vec{\varepsilon}_i \cdot \tau(t) \cdot x_{\max} \tag{4.7}$$

由于 $\vec{\varepsilon}_i$ 是介于 $(-1,1)$ 且满足均匀分布的随机向量，这意味着扰动个体的支撑集将以群体最优 $\vec{p}(t)$ 为中心，在半径为 $\tau(t)x_{\max}$ 的区域内进行搜索，而参数 $\tau(t)$ 随着进化代数的增加线性递减，因此可以使搜索区域半径逐渐减小，从而改善算法的局部搜索性能。

参数 $\tau(t)$ 随着进化代数线性递减的公式为

$$\tau(t) = \tau_{\max} \cdot [1 - \frac{\tau_{\max} - \tau_{\min}}{\tau_{\max} \cdot (\mathrm{LG}-1)} \cdot (t-1)] \tag{4.8}$$

其中，t 表示进化代数，LG 表示最大进化代数，$[\tau_{\min},\tau_{\max}]$ 为参数 $\tau(t)$ 的取值范围。显然，算法的关键问题是如何确定 $\tau(t)$ 的上限 $\tau_{\max}$ 和下限 $\tau_{\min}$。一般而言，若 $\tau_{\max}$ 过大则会影响算法的局部搜索效率，因为它相当于全局搜索，而算法的后期需要很小范围的局部扰动，所以 $\tau_{\min}$ 应为一个较小的数。

为了表达方便，称该算法为基于线性参数的蝙蝠算法（Bat Algorithm with Linear Parameter，BA-LP），其流程如下。

（1）初始化参数 $\vec{x}_i(0)$、$\vec{v}_i(0)$、$r_i(0)$、$\tau_{\max}$ 及 $\tau_{\min}$，对于每只蝙蝠，按照式（1.5）产生脉冲频率 $fr_i(0)$。

（2）计算各蝙蝠的适应值，记 $\vec{p}(0)$ 为群体性能最优的位置，即 $f(\vec{p}(t)) = \min\{f(\vec{x}_i(0))|i=1,2,\cdots,n\}$，令 $t=0$。

（3）按照式（1.2），计算各蝙蝠在第 $t+1$ 代的速度。

（4）对于蝙蝠个体 i，产生一个介于 $(0,1)$ 的随机数 $rand_1$，如果 $rand_1 < r_i(t)$，则按照式（1.3）计算该蝙蝠的新位置 $\vec{x}'_i(t+1)$；否则，按照式（4.7）、式（4.8）计算新位置 $\vec{x}'_i(t+1)$。

（5）计算新位置 $\vec{x}'_i(t+1)$ 的适应值。

（6）若 $f(\vec{x}'_i(t+1)) < f(\vec{x}_i(t))$，则更新位置 $\vec{x}_i(t+1) = \vec{x}'_i(t+1)$，并按照式（1.8），更新脉冲发射速率。

（7）更新群体历史最优位置 $\vec{p}(t+1)$。

（8）如果满足结束条件则终止算法，并输出所得到的最优解 $\vec{p}(t+1)$；否则，令转入第 $t+1$ 代，即转入步骤（3）。

4.2.2 参数选择

局部搜索策略意味着 $\tau_{\max}$ 不宜过大，故在下面的试验中，$\tau_{\max}$ 等间距取 10%、30%、50%，而 $\tau_{\min}$ 应为一个较小的数，分别取 1%、0.1%、0.01%。它们相互组合，一共有 9 种方式，分别定义为策略 LP1～策略 LP9，如表 4.1 所示。

表 4.1 参数 τ 上下限的 9 种组合方式

策略	$\tau_{\max}$	$\tau_{\min}$	策略	$\tau_{\max}$	$\tau_{\min}$
LP1	10%	1%	LP6	30%	0.01%
LP2	10%	0.1%	LP7	50%	1%
LP3	10%	0.01%	LP8	50%	0.1%
LP4	30%	1%	LP9	50%	0.01%
LP5	30%	0.1%			

测试函数集为 CEC2013 测试集，参数按照第 3 章中的表 3.2 选择，表 4.2 所示为 Friedman 测试结果，各策略的测试结果数据如表 4.3 所示，由于策略较多，因此将 9 种策略的数据分别放在两个表中。

表 4.2 Friedman 测试结果

策　略	Ranking	策　略	Ranking
LP1	6.59	**LP6**	**3.00**
LP2	4.21	LP7	7.82
LP3	3.71	LP8	5.05
LP4	6.32	LP9	4.39
LP5	3.89		

表 4.3　各策略的测试结果

函　数	LP1	LP2	LP3	LP4	LP5	LP6	LP7	LP8	LP9
F1	1.14E+01	2.96E−01	4.99E−02	1.61E+01	7.67E−01	9.19E+06	1.26E+07	1.12E+07	1.19E+07
F2	7.27E+06	5.12E+06	5.73E+06	1.15E+07	9.77E+06	4.60E+08	9.97E+08	7.03E+08	7.41E+08
F3	6.40E+08	4.13E+08	3.47E+08	5.91E+08	4.14E+08	9.96E+03	1.61E+04	1.52E+04	1.53E+04
F4	5.74E+03	7.41E+03	7.03E+03	1.02E+04	1.11E+04	2.77E+00	5.90E+01	3.60E+01	4.13E+01
F5	3.74E+00	2.76E−01	1.12E−01	2.23E+01	3.79E+00	4.84E+01	6.28E+01	7.02E+01	5.41E+01
F6	4.99E+01	5.79E+01	5.40E+01	5.77E+01	6.28E+01	7.60E+01	8.81E+01	6.75E+01	6.99E+01
F7	1.24E+02	1.08E+02	1.23E+02	8.80E+01	7.58E+01	2.09E+01	2.10E+01	2.09E+01	2.09E+01
F8	2.09E+01	2.09E+01	2.10E+01	2.09E+01	2.09E+01	2.11E+01	2.32E+01	2.21E+01	2.18E+01
F9	2.47E+01	2.23E+01	2.20E+01	2.21E+01	2.07E+01	2.29E+00	1.10E+01	4.72E+00	4.59E+00
F10	4.01E+00	1.26E+00	1.16E+00	7.10E+00	2.52E+00	1.14E+02	1.65E+02	1.30E+02	1.20E+02
F11	2.17E+02	1.81E+02	1.92E+02	1.56E+02	1.28E+02	1.15E+02	1.69E+02	1.12E+02	1.25E+02
F12	1.95E+02	1.84E+02	1.82E+02	1.50E+02	1.18E+02	2.12E+02	2.22E+02	2.19E+02	2.10E+02
F13	2.84E+02	2.91E+02	2.86E+02	2.05E+02	2.14E+02	3.64E+03	4.78E+03	3.89E+03	3.68E+03
F14	4.10E+03	3.64E+03	3.58E+03	4.42E+03	3.56E+03	3.65E+03	4.57E+03	3.63E+03	3.42E+03
F15	3.78E+03	3.23E+03	3.32E+03	4.18E+03	3.69E+03	1.30E+00	2.48E+00	1.94E+00	1.65E+00
F16	2.47E+00	1.39E+00	1.01E+00	2.50E+00	1.86E+00	2.29E+02	3.20E+02	2.81E+02	2.51E+02
F17	3.06E+02	2.18E+02	1.89E+02	3.15E+02	2.53E+02	2.30E+02	3.26E+02	2.72E+02	2.61E+02
F18	3.00E+02	2.08E+02	1.86E+02	3.12E+02	2.52E+02	1.22E+01	2.15E+01	1.60E+01	1.50E+01
F19	1.92E+01	1.10E+01	9.62E+00	2.06E+01	1.47E+01	1.25E+01	1.30E+01	1.25E+01	1.28E+01
F20	1.36E+01	1.34E+01	1.33E+01	1.31E+01	1.26E+01	3.36E+02	3.70E+02	3.39E+02	3.18E+02
F21	3.56E+02	3.19E+02	3.17E+02	3.54E+02	3.29E+02	4.02E+03	5.07E+03	4.36E+03	4.35E+03
F22	4.60E+03	3.98E+03	3.90E+03	4.92E+03	4.04E+03	4.05E+03	5.08E+03	4.22E+03	4.10E+03
F23	4.35E+03	3.64E+03	3.77E+03	4.80E+03	3.98E+03	2.58E+02	2.61E+02	2.56E+02	2.56E+02
F24	2.79E+02	2.75E+02	2.74E+02	2.62E+02	2.58E+02	2.90E+02	2.94E+02	2.93E+02	2.91E+02
F25	3.07E+02	3.00E+02	3.03E+02	2.95E+02	2.91E+02	2.00E+02	2.01E+02	2.01E+02	2.01E+02
F26	2.00E+02	2.00E+02	2.00E+02	2.00E+02	2.00E+02	8.85E+02	9.14E+02	8.94E+02	9.06E+02
F27	9.87E+02	9.54E+02	9.44E+02	9.13E+02	8.49E+02	3.98E+02	4.64E+02	3.58E+02	3.26E+02
F28	4.44E+02	4.17E+02	4.43E+02	4.81E+02	4.51E+02	4.39E−01	1.96E+01	1.63E+00	1.20E+00

表 4.2 给出了各策略的 Ranking 排名，为 LP6<LP3<LP5<LP2<LP9<LP8<LP4<LP1<LP7，其中 LP6 策略的效果最优。这说明参数 τ 在从 30% 线性递减至 0.01% 时效果较优。通过 Wilcoxon

检验，表 4.4 表明 LP6 与 LP1、LP4、LP7、LP8、LP9 相比有显著性差异（可信度为 5%），而与 LP2、LP3、LP5 则无显著性差异。

表 4.4　Wilcoxon 测试结果

与 LP6 相比	p-value	与 LP6 相比	p-value
LP1	**0.001**	LP5	0.122
LP2	0.545	LP7	**0.000**
LP3	0.325	LP8	**0.003**
LP4	**0.000**	LP9	**0.015**

4.3　曲线递减策略

4.3.1　算法思想

4.2 节中的结果表明，扰动参数 τ 随着进化代数的增加而线性递减的策略能有效改善算法性能，那么不同的下降趋势是否会对算法产生不同的效果呢？例如，前期下降得快些而后期下降得慢些，或者前期下降得慢些而后期下降得快些，是否能进一步改善算法性能？从这个角度出发，本节将讨论几种不同的参数递减曲线。

式（4.9）描述了扰动参数 τ 的递减策略。

$$\tau(t) = \tau_{\max} \cdot [1 - (\frac{\tau_{\max} - \tau_{\min}}{\tau_{\max} \cdot (\mathrm{LG} - 1)} \cdot (t-1))^{k_1}]^{k_2} \tag{4.9}$$

其中，t 表示进化代数，LG 表示最大进化代数，而 k_1、k_2 的取值将决定不同的下降趋势。

图 4.3 给出了在进化代数 t 等于 3000 代，$\tau_{\max}$ 取 30%，下限 $\tau_{\min}$ 取 0.01% 时，k_1 与 k_2 不同组合而产生的曲线。

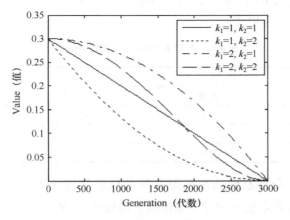

图 4.3　$\tau(t)$ 的各种变化曲线

图 4.3 表明 k_1 与 k_2 的组合大致可以产生 4 条曲线：当 $k_1=1$，$k_2=1$ 时，就是式（4.8）提到的线性递减直线；当 $k_1=1$，$k_2=2,3,\cdots$ 时，为凹型曲线；当 $k_1=2,3,\cdots$，$k_2=1$ 时，为凸型曲线；当 $k_1=2,3,\cdots$，$k_2=2,3,\cdots$ 时，为前凸后凹型曲线。除线性递减这条直线之外，其他 3 条曲线也是本节引入的比较有代表意义的典型曲线。在后面的参数选择中，将讨论 k_1 与 k_2 的取值。为了表达方便，称该算法为基于曲线参数的蝙蝠算法（Bat Algorithm with Curve Parameter，BA-CP），其流程如下。

（1）初始化参数 $\vec{x}_i(0)$、$\vec{v}_i(0)$、$r(0)$、$\tau_{\max}$、$\tau_{\min}$、k_1 与 k_2，对于每只蝙蝠，按照式（1.5）产生脉冲频率 $\mathrm{fr}_i(0)$。

（2）计算各蝙蝠的适应值，记 $\vec{p}(0)$ 为群体性能最优的位置，即 $f(\vec{p}(t))=\min\{f(\vec{x}_i(0))\,|\,i=1,2,\cdots,n\}$，令 $t=0$。

（3）按照式（1.2），计算各蝙蝠在第 $t+1$ 代的速度。

（4）对于蝙蝠个体 i，产生一个介于 $(0,1)$ 的随机数 rand_1，如果 $\mathrm{rand}_1<r_i(t)$，则按照式（1.3）计算该蝙蝠的新位置 $\vec{x}_i'(t+1)$；否则，按照式（4.7）、式（4.9）计算新位置 $\vec{x}_i'(t+1)$。

（5）计算新位置 $\vec{x}_i'(t+1)$ 的适应值。

（6）若 $f(\vec{x}_i'(t+1))<f(\vec{x}_i(t))$，则更新位置 $\vec{x}_i(t+1)=\vec{x}_i'(t+1)$，并按照式（1.8），更新脉冲发射速率。

（7）更新群体历史最优位置 $\vec{p}(t+1)$。

（8）如果满足结束条件则终止算法，并输出所得到的最优解 $\vec{p}(t+1)$；否则，令转入第 $t+1$ 代，即转入步骤（3）。

4.3.2 参数选择

曲线递减策略算法是在线性递减策略基础上提出来的，本节讨论在 $\tau\in[0.01\%,30\%]$ 时，什么曲线性能更优？测试环境与 4.2 节相同，即测试函数集和参数设置与 4.2 节相同。为了分析方便，我们用 CP1、CP2、CP3 分别表示凹型、凸型、前凸后凹型这 3 条曲线，其 k_1 与 k_2 的取值如表 4.5 所示。

表 4.5 k_1 与 k_2 的初步取值及测试结果

策　略	曲线类型	(k_1, k_2)	Ranking
CP1	**凹型**	**(1, 2)**	**1.59**
CP2	凸型	(2, 1)	3.43
CP3	前凸后凹	(2, 2)	2.38
LP6	直线	(1, 1)	2.61

测试 1：凹型、凸型及前凸后凹型 3 种曲线的性能比较

首先考虑 k_1 与 k_2 的取值来确定哪条曲线性能较优。CP1、CP2、CP3 与 LP6 的测试结果数据如表 4.6 所示。表 4.5 所示为这 4 种策略利用 Friedman 测试的结果，显然，Ranking

排名为 CP1 性能最佳，而表 4.7 中的 Wilcoxon 测试结果说明，CP1 与其他 3 种策略之间有显著性差异，从而说明凹型搜索曲线性能较优。

表 4.6 测试比较结果

函数	CP1	CP2	CP3	LP6
F1	1.89E−04	1.79E+00	2.38E−03	4.39E−01
F2	5.38E+06	1.23E+07	7.96E+06	9.19E+06
F3	1.90E+08	1.10E+09	2.98E+08	4.60E+08
F4	1.03E+04	1.57E+04	1.13E+04	9.96E+03
F5	2.40E−02	4.85E+01	4.04E−02	2.77E+00
F6	5.85E+01	5.34E+01	5.81E+01	4.84E+01
F7	6.74E+01	7.68E+01	6.93E+01	7.60E+01
F8	2.09E+01	2.09E+01	2.09E+01	2.09E+01
F9	1.95E+01	2.22E+01	1.99E+01	2.11E+01
F10	1.05E−01	5.78E+00	1.04E+00	2.29E+00
F11	1.20E+02	1.31E+02	1.15E+02	1.14E+02
F12	1.13E+02	1.14E+02	1.16E+02	1.15E+02
F13	2.00E+02	2.10E+02	2.18E+02	2.12E+02
F14	3.57E+03	3.86E+03	3.59E+03	3.64E+03
F15	3.41E+03	3.81E+03	3.51E+03	3.65E+03
F16	5.85E−01	1.62E+00	6.55E−01	1.30E+00
F17	1.75E+02	2.59E+02	1.87E+02	2.29E+02
F18	1.68E+02	2.55E+02	1.86E+02	2.30E+02
F19	8.05E+00	1.49E+01	9.30E+00	1.22E+01
F20	1.28E+01	1.25E+01	1.26E+01	1.25E+01
F21	3.27E+02	3.16E+02	3.33E+02	3.36E+02
F22	4.04E+03	4.27E+03	4.06E+03	4.02E+03
F23	3.89E+03	4.11E+03	3.85E+03	4.05E+03
F24	2.55E+02	2.64E+02	2.57E+02	2.58E+02
F25	2.84E+02	2.95E+02	2.85E+02	2.90E+02
F26	2.00E+02	2.01E+02	2.00E+02	2.00E+02
F27	8.35E+02	8.92E+02	8.68E+02	8.85E+02
F28	4.04E+02	3.52E+02	4.26E+02	3.98E+02

表 4.7 Wilcoxon 测试结果

与 CP1 相比	p-value
CP2	**0.000**
CP3	**0.001**
LP6	**0.014**

测试 2：凹型曲线的参数选择

上面的测试表明凹型曲线使得算法的平均性能较优，而凹型曲线受到参数 k_2 的影响。图 4.4 给出了 4 种不同 k_2 的取值对凹型曲线的影响，因此，本次测试讨论如何选择 k_2 的值。

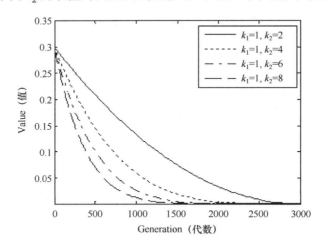

图 4.4 不同的凹型曲线

由于凹型曲线的不同主要体现在 k_2 的选择上，因此按照 k_2 的取值来定义 CP1-2、CP1-3、CP1-4、CP1-5、CP1-6、CP1-7 策略。k_1 与 k_2 的不同组合几种策略的设置如表 4.8 所示。

表 4.8　k_1 与 k_2 的不同组合的策略设置

策略	（k_1，k_2）	策略	（k_1，k_2）
CP1-2	（1，2）	CP1-5	（1，5）
CP1-3	（1，3）	CP1-6	（1，6）
CP1-4	**（1，4）**	CP1-7	（1，7）

表 4.9 所示为 6 种策略在 28 个测试函数下的平均性能。表 4.10 所示为这 6 种策略的 Friedman 测试结果。6 种策略的 Ranking 排名从小到大依次为 CP1-4<CP1-3<CP1-5<CP1-2<CP1-6<CP1-7，说明策略 CP1-4 的性能较优，而表 4.11 所示的 Wilcoxon 测试结果表明，CP1-4 与 CP1-6 及 CP1-7 有显著性差异。综上所述，测试结果表明 CP1-4，即当 $k_1=1$，$k_2=4$ 时，策略的优化性能最佳。

表 4.9　6 种策略的测试比较结果

函数	CP1-2	CP1-3	CP1-4	CP1-5	CP1-6	CP1-7
F1	1.89E-04	1.99E-07	6.51E-10	4.77E-12	2.27E-13	2.27E-13
F2	5.38E+06	4.18E+06	4.04E+06	3.67E+06	4.57E+06	5.05E+06
F3	1.90E+08	2.12E+08	2.10E+08	2.20E+08	3.17E+08	4.56E+08
F4	1.03E+04	1.18E+04	1.63E+04	1.88E+04	2.30E+04	2.61E+04
F5	2.40E-02	1.11E-02	7.44E-03	6.31E-03	5.74E-03	5.36E-03

（续表）

函　数	CP1-2	CP1-3	CP1-4	CP1-5	CP1-6	CP1-7
F6	5.85E+01	4.83E+01	4.27E+01	5.24E+01	5.44E+01	5.49E+01
F7	6.74E+01	7.52E+01	7.24E+01	8.38E+01	8.21E+01	9.16E+01
F8	2.09E+01	2.09E+01	2.09E+01	2.09E+01	2.09E+01	2.09E+01
F9	1.95E+01	2.06E+01	2.02E+01	2.03E+01	2.01E+01	2.16E+01
F10	1.05E-01	4.48E-02	4.00E-02	4.19E-02	3.57E-02	5.63E-02
F11	1.20E+02	1.14E+02	1.35E+02	1.33E+02	1.31E+02	1.46E+02
F12	1.13E+02	1.14E+02	1.31E+02	1.25E+02	1.39E+02	1.39E+02
F13	2.00E+02	2.23E+02	2.19E+02	2.18E+02	2.27E+02	2.41E+02
F14	3.57E+03	3.65E+03	3.43E+03	3.58E+03	3.65E+03	3.62E+03
F15	3.41E+03	3.38E+03	3.32E+03	3.47E+03	3.43E+03	3.48E+03
F16	5.85E-01	3.82E-01	3.66E-01	3.55E-01	3.75E-01	3.63E-01
F17	1.75E+02	1.73E+02	1.66E+02	1.68E+02	1.66E+02	1.71E+02
F18	1.68E+02	1.54E+02	1.54E+02	1.58E+02	1.70E+02	1.71E+02
F19	8.05E+00	7.35E+00	6.29E+00	7.04E+00	7.27E+00	6.96E+00
F20	1.28E+01	1.27E+01	1.28E+01	1.30E+01	1.30E+01	1.32E+01
F21	3.27E+02	3.15E+02	3.09E+02	3.19E+02	3.15E+02	3.11E+02
F22	4.04E+03	3.94E+03	3.97E+03	3.88E+03	4.20E+03	4.05E+03
F23	3.89E+03	3.97E+03	3.95E+03	3.96E+03	3.93E+03	4.00E+03
F24	2.55E+02	2.55E+02	2.56E+02	2.61E+02	2.62E+02	2.66E+02
F25	2.84E+02	2.88E+02	2.88E+02	2.86E+02	2.90E+02	2.91E+02
F26	2.00E+02	2.00E+02	2.00E+02	2.00E+02	2.00E+02	2.00E+02
F27	8.35E+02	8.35E+02	8.67E+02	8.60E+02	8.78E+02	8.75E+02
F28	4.04E+02	3.34E+02	4.09E+02	3.39E+02	4.52E+02	3.39E+02

表 4.10　Friedman 测试结果

策　略	Ranking	策　略	Ranking
CP1-2	3.34	CP1-5	3.21
CP1-3	3.18	CP1-6	3.96
CP1-4	**2.71**	CP1-7	4.59

表 4.11　Wilcoxon 测试结果

与 CP1-4 相比	p-value	与 CP1-4 相比	p-value
CP1-2	0.872	CP1-6	**0.001**
CP1-3	0.376	CP1-7	**0.000**
CP1-5	0.248		

4.4 基于曲线递减策略的快速三角翻转蝙蝠算法

在标准蝙蝠算法的框架内（速度为记忆方式），4.3 节给出了曲线为凹型时算法性能较优，然而，第 3 章提出的快速三角翻转蝙蝠算法（速度为无记忆方式）能有效改善全局搜索性能。如果把两者结合起来，效果会如何呢？为此，本节将 CP1-4 策略与快速三角翻转蝙蝠算法相结合，提出了基于曲线递减策略的快速三角翻转蝙蝠算法[23]（Fast Bat Algorithm with Triangle Flip and Curve Strategy，FTBA-TC），其流程如下。

（1）初始化参数 $\vec{x}_i(0)$、$\vec{v}_i(0)$、$r(0)$、$\tau_{\max}$、$\tau_{\min}$、k_1 与 k_2，对于每只蝙蝠，按照式（1.5）产生脉冲频率 $\text{fr}_i(0)$。

（2）计算各蝙蝠的适应值，记 $\vec{p}(0)$ 为初始种群中性能最优的位置，即 $f(\vec{p}(t)) = \min\{f(\vec{x}_i(0)) | i = 1, 2, \cdots, n\}$，令 $t = 0$。

（3）若 $t < 0.258 \cdot \text{LG}$，对于蝙蝠个体 i，随机选择 $\vec{x}_m(t)$、$\vec{x}_u(t)$，并按照式（3.32）计算第 $t+1$ 代的速度；否则，该蝙蝠按照式（3.38）更新第 $t+1$ 代的速度信息。

（4）对于蝙蝠个体 i，产生一个介于 $(0,1)$ 的随机数 rand_1，如果 $\text{rand}_1 < r_i(t)$，则按照式（1.3）计算该蝙蝠的新位置 $\vec{x}'_i(t+1)$；否则，按照式（4.8）、式（4.9）计算新位置 $\vec{x}'_i(t+1)$。

（5）对于群体历史最优位置所在的蝙蝠，让其位置按照式（3.27）进行随机选择。

（6）计算新位置 $\vec{x}'_i(t+1)$ 的适应值。

（7）若 $f(\vec{x}'_i(t+1)) < f(\vec{x}_i(t))$，则更新位置 $\vec{x}_i(t+1) = \vec{x}'_i(t+1)$，并按照式（1.8），更新脉冲发射速率。

（8）更新群体历史最优位置 $\vec{p}(t+1)$。

（9）如果满足结束条件则终止算法，并输出所得到的最优解 $\vec{p}(t+1)$；否则，令转入第 $t+1$ 代，即转入步骤（3）。

测试分两部分进行，首先我们比较如下 3 种算法的性能，用以验证 FTBA-TC 是否改善了快速三角翻转蝙蝠算法 FTBA 的性能。

（1）快速三角翻转蝙蝠算法，且 Threshold = 0.258（FTBA）。
（2）基于曲线递减策略的蝙蝠算法，且 $k_1 = 1$，$k_2 = 4$（CP1-4）。
（3）基于曲线递减策略的快速三角翻转蝙蝠算法（FTBA-TC）。

表 4.12 所示为 3 种算法的平均误差。在表 4.12 中，$w/t/l$ 分别表示 FTBA-TC 在 w 个函数上优于其他算法，在 t 个函数上获得与其他法相似的性能，在 l 个函数上性能效果表现相对较差。具体而言，与 FTBA 算法相比，FTBA-TC 在 22 个函数上胜出，在 1 个函数上表现相似，在 5 个函数上表现相对较差；与 CP1-4 算法相比，FTBA-TC 在 24 个函数上性能较优，在 2 个函数上性能与之相似，在 2 个函数上性能相对较差；FTBA-TC 的性能最优。

表 4.12　三种算法的平均误差

函　数	FTBA	CP1-4	FTBA-TC
F1	9.63E−05	6.51E−10	1.07E−10
F2	4.22E+04	4.04E+06	7.03E+04
F3	7.75E+06	2.10E+08	1.26E+07
F4	8.90E−02	1.63E+04	1.43E−01
F5	1.11E−03	7.44E−03	1.84E−03
F6	6.72E+00	4.27E+01	3.05E+01
F7	1.06E+02	7.24E+01	3.05E+01
F8	2.09E+01	2.09E+01	2.09E+01
F9	2.98E+01	2.02E+01	1.56E+01
F10	7.79E−02	4.00E−02	4.94E−02
F11	3.45E+02	1.35E+02	6.81E+01
F12	3.52E+02	1.31E+02	6.41E+01
F13	3.58E+02	2.19E+02	1.26E+02
F14	4.27E+03	3.43E+03	2.95E+03
F15	4.44E+03	3.32E+03	3.09E+03
F16	3.50E−01	3.66E−01	1.78E−01
F17	1.72E+02	1.66E+02	9.09E+01
F18	1.41E+02	1.54E+02	9.05E+01
F19	7.14E+00	6.29E+00	3.99E+00
F20	1.26E+01	1.28E+01	1.04E+01
F21	3.33E+02	3.09E+02	3.17E+02
F22	5.49E+03	3.97E+03	3.19E+03
F23	5.55E+03	3.95E+03	3.25E+03
F24	2.95E+02	2.56E+02	2.32E+02
F25	3.27E+02	2.88E+02	2.71E+02
F26	2.04E+02	2.00E+02	2.00E+02
F27	1.13E+03	8.67E+02	7.06E+02
F28	2.25E+03	4.09E+02	3.53E+02
w/t/l	22/1/5	24/2/2	

表 4.13　Friedman 测试结果

算　法	Ranking
FTBA	2.50
CP1-4	2.20
FTBA-TC	**1.30**

表 4.14　Wilcoxon 测试结果

与 FTBA-TC 相比	p-value
FTBA	**0.004**
CP1-4	**0.000**

为了进一步检验 FTBA-TC 的算法性能，将其与如下其他 4 种算法进行比较。

（1）标准微粒群算法（Standard Particle Swarm Optimization，PSO）。

（2）基于加速变化的微粒群算法[24]（PSO with Time-Varying Accelerator Coefficient，TVAC）。

（3）标准布谷鸟算法[25]（Cuckoo Search，CS）。

（4）多策略集成人工蜜蜂算法[26]（Multi-Strategy Ensemble Artificial Bee Colony Algorithm，MEABC）。

表 4.15 所示为 5 种算法的 Friedman 测试结果，这 5 种算法的 Rangking 值排名为 FTBA-TC<MEABC<TVAC<CS<PSO，表明 FTBA-TC 的平均性能优于其他 4 种算法，而 PSO 的平均性能则比其他算法差；表 4.16 所示的 Wilcoxon 测试结果表明，除 MEABC 之外，FTBA-TC 也与其他 4 种算法有显著性差异。

表 4.15　Friedman 测试结果

算　　法	Ranking
PSO	3.77
TVAC	2.89
CS	3.59
MEABC	2.57
FTBA-TC	**2.18**

表 4.16　Wilcoxon 测试结果

与 FTBA-TC 相比	p-value
PSO	**0.009**
TVAC	**0.007**
CS	**0.014**
MEABC	0.581

表 4.17 所示为这 5 种算法在 CEC2013 测试集中的平均误差，从 w/t/l 行的角度来看，PSO 有 7 个函数的误差小于 FTBA-TC，有 19 个函数的误差大于 FTBA-TC；而 TVAC 则有 20 个函数的误差大于 FTBA-TC；CS 则有 22 个函数的误差大于 FTBA-TC；即使对于 MEABC 而言，其仍然有 15 个函数的误差大于 FTBA-TC。总之，FTBA-TC 的平均性能优于其他 4 种算法。

表 4.17　5 种算法的比较结果

函　　数	PSO	TVAC	CS	MEABC	FTBA-TC
F1	0.00E+00	0.00E+00	3.90E-03	0.00E+00	1.07E-10
F2	1.86E+07	1.01E+07	3.21E+02	1.23E+06	7.03E+04
F3	4.77E+09	3.16E+08	3.66E+08	1.40E+08	1.26E+07
F4	1.95E+04	2.17E+03	2.17E+00	8.35E+04	1.43E-01

（续表）

函数	PSO	TVAC	CS	MEABC	FTBA-TC
F5	5.73E-06	0.00E+00	4.72E-02	0.00E+00	1.84E-03
F6	2.50E+02	1.72E+02	1.50E+01	1.01E+01	3.05E+01
F7	9.98E+01	7.98E+01	8.69E+01	9.23E+01	3.05E+01
F8	2.09E+01	2.09E+01	2.10E+01	2.09E+01	2.09E+01
F9	2.83E+01	2.71E+01	3.09E+01	2.88E+01	1.56E+01
F10	2.50E+01	1.29E+01	1.06E-01	5.57E+00	4.94E-02
F11	3.62E+01	1.99E+01	1.20E+02	0.00E+00	6.81E+01
F12	1.23E+02	1.14E+02	1.80E+02	2.07E+02	6.41E+01
F13	2.14E+02	1.88E+02	2.20E+02	2.29E+02	1.26E+02
F14	9.04E+02	9.39E+02	2.72E+03	1.37E+01	2.95E+03
F15	6.92E+03	3.74E+03	4.08E+03	3.41E+03	3.09E+03
F16	2.35E+00	1.91E+00	2.05E+00	1.44E+00	1.78E-01
F17	6.86E+01	4.67E+01	1.84E+02	3.04E+01	9.09E+01
F18	2.31E+02	1.02E+02	2.03E+02	1.80E+02	9.05E+01
F19	1.61E+01	1.07E+01	1.05E+01	3.94E-01	3.99E+00
F20	1.29E+01	1.19E+01	1.38E+01	1.56E+01	1.04E+01
F21	3.34E+02	3.69E+02	2.13E+02	2.10E+02	3.17E+02
F22	7.26E+02	8.21E+02	3.33E+03	1.78E+01	3.19E+03
F23	7.41E+03	4.41E+03	5.07E+03	5.16E+03	3.25E+03
F24	2.82E+02	2.77E+02	2.70E+02	2.81E+02	2.32E+02
F25	3.26E+02	3.26E+02	3.18E+02	2.74E+02	2.71E+02
F26	2.00E+02	2.00E+02	2.00E+02	2.01E+02	2.00E+02
F27	9.35E+02	8.74E+02	1.01E+03	4.02E+02	7.06E+02
F28	3.21E+02	3.98E+02	3.33E+02	3.00E+02	3.53E+02
w/t/l	19/2/7	20/2/6	22/1/5	15/1/12	

4.5 LEACH 协议的优化应用

无线传感器网络是由多个无线传感器组成的分布式网络系统，该系统经常用于定位、预警、抢险等特殊用途。由于传感器节点能量有限，因此如何尽可能长时间地使用是该网络系统的一个重要研究内容，影响网络生命周期的一个重要因素就是路由协议技术，现有的一些无线传感器网络路由协议分类[27]如图 4.5 所示。

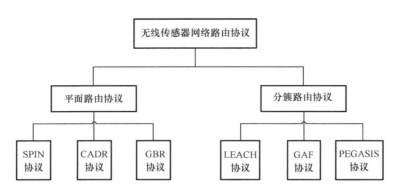

图 4.5 现有的一些无线传感器网络路由协议分类

LEACH（Low Energy Adaptive Clustering Hierarchy）协议[28-30]是一种典型的分簇路由协议。设无线传感器网络为

$$S = \{\text{Sensor}_1, \text{Sensor}_2, \cdots, \text{Sensor}_v\}$$

每个传感器 Sensor_i 在 LEACH 协议中的行为可以描述为

$$\text{Sensor}_i = (\text{Time}, \text{Head}, \text{Table}, \text{Communication})$$

其中，有

Time：表示稳定时间片断，在这段时间内，传感器 Sensor_i 将按照目前的状态进行，若超出该时间片断，则可以考虑调整当前状态，如图 4.6 所示。

Head：用于表示该传感器是否为簇头。

Table：若 Sensor_i 为簇头，则 Table 用于表示所在簇内其他传感器的位置信息。

Communication：若 Sensor_i 为簇头，则 Communication 表示该传感器与基站及簇内其他传感器之间的通信；若 Sensor_i 不为簇头，则仅表示该传感器与相应簇头间的通信。

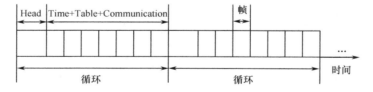

图 4.6 LEACH 协议运作周期图

为了保证各传感器节点尽可能长时间地工作，每个簇头工作 Time 时间后，就需要重新选择簇头，并依照簇头来对其他传感器进行分类，使得每类（每簇）传感器中仅有一个簇头。因此，簇头选择的好坏将直接影响算法的性能。常见簇头的选择方式为随机产生。然而，这种方式容易导致几个不良后果：①簇内节点在簇头的附近分布不均匀（簇内节点到簇头的距离方差较大），导致能量消耗较大；②簇头到基站的距离较大，会影响到簇头的生存期。为了避免上述两个缺陷，我们将智能优化算法引入簇头的选择中，使得上述两个缺陷尽可能地减少，以避免能量的消耗。换句话说，利用智能优化算法优化簇 C_j 的目标函数为

$$\min f = \alpha \cdot \text{std}(C_j) + (1-\alpha) \cdot D_j$$

其中，$\alpha \in (0,1)$ 为权重，试验中取 0.8；D_j 表示 C_j 的簇头与基站的欧氏距离，若令 L_j 表示簇 C_j 所含传感器的数目，D_{jk} 表示簇 C_j 内第 k 个传感器与簇头的欧氏距离，则 $\text{std}(C_j)$ 表示簇 C_j 内的距离方差，即

$$\text{std}(C_j) = \frac{\sum_{k=1}^{L_j} D_{jk}^2}{L_j} - \left(\frac{\sum_{k=1}^{L_j} D_{jk}}{L_j}\right)^2$$

此外，为了避免某些节点的能量过早耗尽，选择的簇头位置需要大于簇内的平均能量 $E(\text{Ave}_j)$，即

$$E(\text{Ave}_j) = \frac{\sum_{i=1}^{k} E(C_{ji})}{k}$$

其中，k 为簇 C_j 的节点个数，$E(C_{ji})$ 为簇 C_j 内节点 i 的剩余能量。

为了验证改进的 LEACH 协议，使用以下 3 种算法进行比较。
（1）标准 LEACH 协议。
（2）引入标准蝙蝠算法的 LEACH 协议（SBA-LEACH）。
（3）引入 FTBA-TC 的 LEACH 协议（FTBA-TC-LEACH）。

仿真环境为 100 个×100 个，传感器节点在该区域内随机分布，基站位于（50，50），并假设基站拥有无限能量，且不考虑节点间通信冲突和通信时延。具体仿真测试参数设置如表 4.18 所示。

表 4.18 仿真测试参数设置

节点个数	100 个
节点初始能量	0.5J
最大循环次数	2000
数据包	4000bit
发送和接收单位数据消耗能量 E_{elec}	50nJ/bit
融合单位数据消耗能量	5nJ/bit
节点成为簇头的概率	0.05

引入智能优化算法的 LEACH 协议流程如图 4.7 所示。图 4.8（a）所示为 LEACH 协议、SBA-LEACH 协议与 FTBA-TC-LEACH 协议生命周期的比较，用存活节点数来表示。从 800 代开始，LEACH 协议的存活节点数开始下降，且降幅较大，基本上在第 800～1300 代内，其存活节点数最低，虽然从第 1300 代之后，其存活节点数下降的幅度要小于 SBA-LEACH 协议与 FTBA-TC-LEACH 协议，但从第 1800 代开始，其降幅又大幅增加，表明 LEACH 协议的性能，从存活节点数的角度来看，要劣于其他两个协议。而 SBA-LEACH 协议与

FTBA-TC-LEACH 协议相比，其差距主要从第 1400 代开始出现，即 FTBA-TC-LEACH 协议的存活节点数要大于 SBA-LEACH 协议的存活节点数。

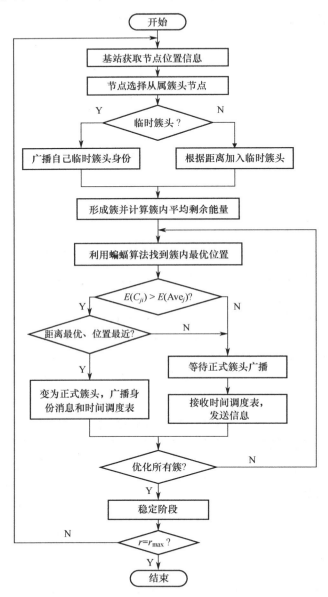

图 4.7　引入智能优化算法的 LEACH 协议流程

图 4.8（b）也表明了在第 1400 代前，LEACH 协议、SBA-LEACH 协议与 FTBA-TC-LEACH 协议的剩余能量相差不大，但随着代数的继续增加，LEACH 协议的能量迅速消耗，其速度远远快于 SBA-LEACH 协议与 FTBA-TC-LEACH 协议，同样的情形也适用于 SBA-LEACH 协议。从表 4.19 中也可以看出，经过 2000 代后，FTBA-TC-LEACH

协议剩余的节点数最多，几乎相当于 LEACH 协议的 2 倍，高于 SBA-LEACH 协议近 37.5%。而从节点总剩余能量来看，FTBA-TC-LEACH 协议的总剩余能量相当于 LEACH 协议的 1.63 倍，相当于 SBA-LEACH 协议的 1.41 倍。总体来看，FTBA-TC-LEACH 协议的性能较优。

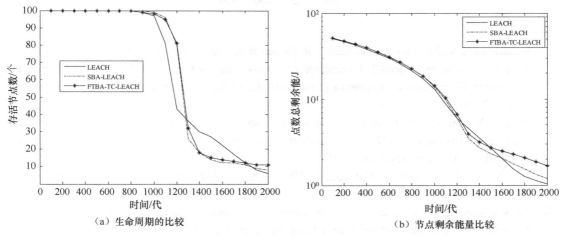

图 4.8　3 个协议的比较

表 4.19　3 个协议的比较结果

	LEACH 协议	SBA-LEACH 协议	FTBA-TC-LEACH 协议
存活节点数（个）	6	8	11
节点总剩余能量（J）	1.0350	1.2013	1.6879

4.6　小结

本章首先从理论上分析了蝙蝠算法的局部搜索策略能保证算法收敛到某个局部极值点。在此基础上，本章将平均响度用一个可控制变量来取代，针对该变量提出了线性递减策略及曲线递减策略，结果表明凹型的曲线递减策略性能较佳，并将该策略与第 3 章提出的快速三角翻转蝙蝠算法进行结合，应用于 LEACH 协议的优化，测试结果表明了该算法的有效性。

参 考 文 献

[1] Sundaravadivu K, Ramadevi C, Vishnupriya R. Design of optimal controller for magnetic levitation system using brownianbat algorithm[C]. Proceedings of International Conference on Artificial Intelligence and Evolutionary Computations in Engineering Systems (ICAIECES), VelammalEngnColl, Chennai, India, 2015, April 22-23, 1321-1329.

[2] Deng Y M, Duan H B. Chaotic mutated bat algorithm optimized edge potential function for target matching[C]. Proceedings of 10th IEEE Conference on Industrial Electronics and Applications, Auckland, New Zealand, 2015, June 15-17, 1054-1058.

[3] 盛孟龙, 贺兴时, 丁文静. 一种改进的自适应变异蝙蝠算法[J]. 计算机科学与发展, 2014, 10(24): 131-134.

[4] Cai X J, Wang L, Cui Z H, et al. Using bat algorithm with levy walk to solve directing orbits of chaotic systems[C]. Proceedings of 8th International Conference on Intelligent Information Processing, Hangzhou, China, 2014, October 17-20, 17-20.

[5] 尹进田, 刘云连, 刘丽, 等. 一种高效的混合蝙蝠算法[J]. 计算机工程与应用, 2014, 50(7): 62-66.

[6] Lin J H, Chou C W, Yang C H, et al. A chaotic lévy flight bat algorithm for parameter estimation in nonlinear dynamic biological systems[J]. Journal of Computer and Information Technology, 2012, 2(2): 56-63.

[7] Yilmaz S, Kucuksille E, Cengiz Y. Modified bat algorithm [J]. Elektronika ir Elektrotechnika, 2014, 20(2): 1392-1215.

[8] Wang C F, Ma M, Shen P P. A new improved bat algorithm for global optimization[J]. Mathematica Applicata, 2016, 29(3): 632-642.

[9] 张宇楠, 刘付永. 一种改进的变步长自适应蝙蝠算法及其应用[J]. 广西民族大学学报（自然科学版）, 2013, 19(2): 51-54.

[10] Saha S K, Kar R, Mandal D, et al. A new design method using opposition-based bat algorithm for IIR system identification problem[J]. International Journal of Bio-Inspired Computation, 2013, 5(2): 99-132.

[11] Cai X J, Li W L, Wang L, et al. Bat algorithm with gaussian walk for directing orbits of chaotic systems[J]. International Journal of Computing Science and Mathematics, 2014, 5(2): 198-208.

[12] Cai X J, Wang L, Kang Q, et al. Bat algorithm with Gaussian walk[J]. International Journal of Bio-inspired Computation, 2014, 6 (3): 166-174.

[13] 陈媛媛, 王志斌, 王召巴. 一种基于蝙蝠算法的新型小波红外光谱去噪方法[J]. 红外与激光工程, 2014, 35(6): 30-35.

[14] Wang G G, Guo L H. A novel hybrid bat algorithm with harmony search for global numerical optimization[J]. Journal of Applied Mathematics, 2013, DOI: 10.1155/2013/696491.

[15] Coelho L D S, Askarzadeh A. An enhanced bat algorithm approach for reducing electrical power consumption of air conditioning systems based on differential operator[J]. Applied Thermal Engineering, 2016, 99: 834-840.

[16] 尹进田, 刘云连, 刘丽, 等. 一种高效的混合蝙蝠算法[J]. 计算机工程与应用, 2014, 50(7): 62-66.

[17] Zhang M Q, Cui Z H, Chang Y, et al. Bat Algorithm with Individual Local Search[C]. Proceedings of

International Conference on Intelligence Science, Beijing, China, 2018, November 2-5, 442-451.

[18] 谢健, 周永权, 陈欢. 一种基于 Lévy 飞行轨迹的蝙蝠算法[J]. 模式识别与人工智能, 2013, 26(9): 829-837.

[19] 王文, 王勇, 王晓伟. 一种具有记忆特征的改进蝙蝠算法[J], 计算机应用与软件, 2014, 31(11): 257-259.

[20] 陈梅雯, 钟一文, 王李进. 一种求解多维全局优化问题的改进蝙蝠算法[J]. 小型微型计算机系统, 2015, 36(12): 2749-2735.

[21] Wang X W, Wang W, Wang Y. An adaptive bat algorithm[C]. Proceedings of Ninth International Conference on Intelligent Computing, Nanning, China, 2013, July 28-31, 216-223.

[22] Solis F J, Wets R J. Minimization by random search techniques[J]. Mathematics of Operations Research, 1981, 6(1): 19-30.

[23] Cai X J, Sun Y Q, Cui Z H, et al. Optimal LEACH protocol with improved bat algorithm in wireless sensor networks[J]. KSII Transactions on Internet and Information Systems, 2019, 13(5): 2469-2490.

[24] Ratnaweera A, Halgamuge S K, Watson H C. Self-organizing hierarchical particle swarm optimizer with time-varying acceleration coeffcients[J]. IEEE Transaction on Evolutionary Computation, 2004, 8(3): 240-255.

[25] Yang X S, Deb S. Cuckoo search via levy flights[C]. Proceedings of the 2009 World Congress on Nature and Biologically Inspired Computing, Coimbatore, India, 2009, December 9-11, 210-214.

[26] Wang H, Wu Z J, Rahnamayan S, et al. Multi-strategy ensemble artificial bee colony algorithm[J]. Information Sciences, 2014, 279: 587-603.

[27] Akkaya K, Younis M. A survey on routing protocols for wireless sensor networks[J]. Ad Hoc Networks. 2005, 3(3): 325-349.

[28] Heinzelman W R, Chandrakasan A, Balakrishnan H. Energy-efficient communication protocol for wireless mirelessmicrosensor networks[C]. Proceedings of the 33rd Hawaii international conference on system sciences, Maui, HI, USA, 2000, January 7-7, 1-10.

[29] Chen Y L, Wang N C, Shih Y N. Improving low-energy adaptive clustering hierarchy architectures with sleep mode for wireless sensor networks[J]. Wireless Personal Communications, 2014, 75(1): 349-368.

[30] Mottaghi S, Zahabi M R. Optimizing LEACH clustering algorithm with mobile sink and rendezvous nodes[J]. Aeu-international Journal of electronics and Communications, 2015, 69(2): 507-514.

第 5 章
Chapter 5

全局搜索与局部搜索的转化策略

5.1 已有的转化策略

智能优化算法的搜索模式，简单地说就是"搜索最优解→跳出局部最优→搜索最优解→跳出局部最优"的一个循环过程，搜索最优解本质上是深度优先的搜索策略，跳出局部最优解本质上是广度优先的搜索策略。在此基础上，引申出两种基本搜索策略，即探索（exploration）和开采（exploitation）[1]。探索是指在搜索优化过程中从整个解空间范围内获取目标函数的信息，以便定位全局最优解所在的局部区域，其本质上是广度优先的搜索，即全局搜索。开采是指在搜索优化过程中对解空间中有希望包含最优解的局部区域进行搜索，以期找到局部最优解甚至全局最优解，其本质上是深度优先的搜索，即局部搜索。一旦处理好探索和开采之间的权衡问题，就可以从众多方案中找到最好的或理想的解决方案。

对于智能优化算法而言，种群多样性[2,3]和收敛速度[4,5]之间的协调是探索—开采权衡的一种外在表现，大多数算法通过控制与两者权衡相关的一些指标或参数来实现其动态调节。种群多样性用以体现群体的分布程度，显然，群体的分布越广，算法越不易陷入局部极值点；反之，则可能发生早熟现象，一般的种群多样性可分为基于距离的多样性[6-8]、基于差异的多样性[9-11]、基于能量的多样性[12-14]及基于概率的多样性[15]。基于距离的种群多样性一般用于数值型范例，即通过计算群体内个体之间的距离来大致测定，从而利用平均距离来判定多样性的优劣。基于差异的多样性一般用结构化范例（如树结构、图结构）来判断算法的搜索性能。基于能量的多样性表示能量越大，种群越无序。基于概率的多样性主要参考了Simpson的概率理论。

例如，在遗传算法中，探索与开采的权衡主要由选择压力控制[16-18]。加大选择压力，会加快种群收敛，但同时会降低种群多样性；降低选择压力，多样性会增加，但收敛会变慢。在蚁群算法中，信息素的增加和挥发机制是影响其探索和开采权衡的主要因素[19,20]。当信息素增加多、挥发少时，开采能力强；当信息素增加少、挥发多时，探索能力强。在微粒群算法中，惯性权重与探索和开采的权衡之间存在密切的关系[21,22]。当惯性权重较大时，粒子飞行速度变化幅度较大，探索能力强；当惯性权重较小时，粒子飞行速度变化幅度较小，开采能力强。

对于标准蝙蝠算法而言，算法的全局搜索模式相当于探索方式，用于保证算法的全局搜索性能（参阅第2章及第3章），算法的局部搜索模式则相当于开采方式，用于保证算法的局部寻优能力（参阅第4章）。全局搜索模式与局部搜索模式之间采用随机转化的方式，即每代中局部搜索的个体采用随机选择的方式来确定，且局部搜索的比例由脉冲发射频率来决定。由于全局搜索模式与局部搜索模式的转化策略对于算法性能有重要的影响，因此本章将针对蝙蝠算法讨论几种不同的转化策略。

5.2 随机转化策略

在前面 4 章提出的各种蝙蝠算法，每代采用局部搜索模式的蝙蝠数量与脉冲发射频率 $r_i(t)$ 有关，当给定的随机数 rand $> r_i(t)$ 时，则采用局部搜索模式；否则，采用全局搜索模式。因此，$r_i(t)$ 越大，蝙蝠 i 选择局部搜索模式的概率越小；反之，蝙蝠 i 能以较大概率选择局部搜索模式。因此，每只蝙蝠选择局部搜索模式的概率是随机的，从而难以满足全局搜索模式与局部搜索模式之间的平衡。标准蝙蝠算法中脉冲发射频率的更新方式为

$$r_i(t+1) = r_i(0)[1 - \exp(-\gamma t)] \tag{5.1}$$

其中，$r_i(0)$ 为 0.9[23]；γ 为 0.9，图 5.1 给出了 $r_i(t)$ 的迭代轨迹。从图 5.1 中可以看出，$r_i(t)$ 在进化 10 代左右将很快上升至 $r_i(0)$。对于蝙蝠算法而言，其初始的若干代内将会发生剧烈变化，从而导致即使算法的迭代次数再多，脉冲发射频率在绝大多数迭代次数中基本上都采用 $r_i(0)$ 的值。当 $r_i(0)$ 为 0.9 时，算法大约有 10%的个体进行扰动，而 90%的个体则进行全局搜索。为了验证上述结论，笔者从 CEC2013 测试集中选择函数 F14，利用算法 FTBA-TC 运行 51 次，并计算其每代的平均扰动个体，绘制成图 5.2。从图 5.2 中可以看出，扰动个体在整个进化过程中，以 10 为中心在[9, 11]上下浮动，这也印证了通过概率的方式判断而得出的扰动个体数大致占种群总数 10%的结论。

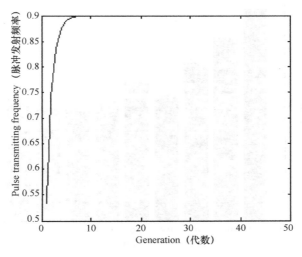

图 5.1　$r_i(t)$ 随着进化代数增加的变动示意

下面利用试验分析 $r_i(0)$ 取 0.9 对于算法 FTBA-TC 而言是否最优。如果不是，那么 $r_i(0)$ 取什么值能达到较好的效果？为此，令 $r_i(0)$ 分别为 0.1、0.2、0.3、0.4、0.5、0.6、0.7、0.8（见图 5.3），利用算法 FTBA-TC 进行测试，测试集为 CEC2013，结果列于表 5.1~表 5.3，

测试环境与 4.4 节相同。为了方便，取 FTBA-TC-0.1、FTBA-TC-0.2、FTBA-TC-0.3、FTBA-TC-0.4、FTBA-TC-0.5、FTBA-TC-0.6、FTBA-TC-0.7、FTBA-TC-0.8、FTBA-TC-0.9 分别表示算法 FTBA-TC 中 $r_i(0)$ 为 0.1、0.2、0.3、0.4、0.5、0.6、0.7、0.8、0.9。事实上，FTBA-TC-0.9 即第 4 章中的 FTBA-TC。

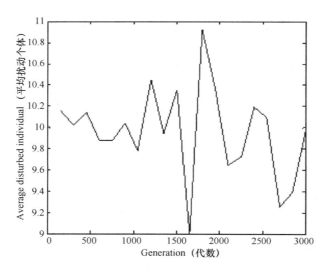

图 5.2　随着进化代数增加扰动个体的变动示意

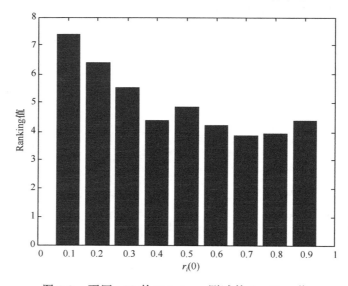

图 5.3　不同 $r_i(0)$ 的 Friedman 测试的 Ranking 值

显然，当 $r_i(0)$ 取 0.7 时效果较好，即当扰动个体大约为 30%时算法 FTBA-TC 的性能较优。表 5.3 给出了各算法的 Wilcoxon 测试结果，显然，$r_i(0)$ 取 0.7 的结果与 $r_i(0)$ 取 0.1、0.2、0.3、0.5 的结果有显著性差异。

表 5.1 脉冲发射频率初值取不同值的性能比较

函数	FTBA-TC-0.1	FTBA-TC-0.2	FTBA-TC-0.3	FTBA-TC-0.4	FTBA-TC-0.5	FTBA-TC-0.6	FTBA-TC-0.7	FTBA-TC-0.8	FTBA-TC-0.9
F1	2.27E−13	2.27E−13	2.27E−13	2.27E−13	6.82E−13	6.82E−13	9.09E−13	7.05E−12	1.07E−10
F2	5.29E+05	4.28E+05	3.16E+05	2.43E+05	1.51E+05	1.46E+05	1.28E+05	9.21E+04	7.03E+04
F3	2.39E+07	4.08E+07	2.73E+07	2.39E+07	2.08E+07	1.46E+07	1.66E+07	2.08E+07	1.26E+07
F4	5.53E−04	3.36E−04	2.80E−04	4.33E−04	6.70E−04	1.44E−03	2.64E−03	1.65E−02	1.43E−01
F5	2.98E−03	2.75E−03	2.38E−03	2.04E−03	1.76E−03	1.68E−03	1.46E−03	1.55E−03	1.84E−03
F6	3.38E+01	3.59E+01	3.74E+01	3.27E+01	3.58E+01	3.78E+01	3.17E+01	3.38E+01	3.05E+01
F7	3.36E+01	2.81E+01	2.62E+01	2.23E+01	2.54E+01	2.30E+01	2.62E+01	2.75E+01	3.05E+01
F8	2.09E+01	2.09E+01	2.09E+01	2.09E+01	2.09E+01	2.09E+01	2.09E+01	2.09E+01	2.09E+01
F9	1.51E+01	1.46E+01	1.41E+01	1.42E+01	1.47E+01	1.40E+01	1.48E+01	1.46E+01	1.56E+01
F10	1.81E−02	2.01E−02	2.53E−02	2.72E−02	2.86E−02	3.40E−02	5.11E−02	4.84E−02	4.94E−02
F11	8.24E+01	7.33E+01	7.39E+01	6.96E+01	7.21E+01	6.87E+01	6.45E+01	6.76E+01	6.81E+01
F12	8.61E+01	7.28E+01	6.91E+01	6.91E+01	6.54E+01	6.15E+01	6.07E+01	5.96E+01	6.41E+01
F13	1.62E+02	1.48E+02	1.45E+02	1.35E+02	1.37E+02	1.34E+02	1.23E+02	1.19E+02	1.26E+02
F14	3.27E+03	3.29E+03	3.14E+03	3.00E+03	2.90E+03	3.09E+03	3.13E+03	3.00E+03	2.95E+03
F15	3.01E+03	3.04E+03	2.89E+03	2.77E+03	2.90E+03	2.90E+03	2.86E+03	2.93E+03	3.09E+03
F16	1.57E−01	1.52E−01	1.47E−01	1.45E−01	1.48E−01	1.61E−01	1.77E−01	1.68E−01	1.78E−01
F17	1.17E+02	1.14E+02	1.04E+02	1.02E+02	9.79E+01	9.42E+01	9.89E+01	8.92E+01	9.09E+01
F18	1.26E+02	1.14E+02	1.05E+02	1.06E+02	9.94E+01	9.91E+01	9.31E+01	9.32E+01	9.05E+01
F19	4.79E+00	4.71E+00	4.45E+00	4.33E+00	4.53E+00	4.22E+00	4.01E+00	4.16E+00	3.99E+00
F20	1.21E+01	1.20E+01	1.16E+01	1.09E+01	1.09E+01	1.06E+01	1.07E+01	1.04E+01	1.04E+01
F21	3.07E+02	2.77E+02	3.14E+02	2.75E+02	3.00E+02	3.10E+02	3.04E+02	3.06E+02	3.17E+02
F22	3.90E+03	3.62E+03	3.71E+03	3.40E+03	3.47E+03	3.39E+03	3.23E+03	3.31E+03	3.19E+03
F23	3.80E+03	3.39E+03	3.46E+03	3.58E+03	3.49E+03	3.31E+03	3.26E+03	3.33E+03	3.25E+03
F24	2.37E+02	2.36E+02	2.37E+02	2.35E+02	2.35E+02	2.31E+02	2.34E+02	2.35E+02	2.32E+02
F25	2.72E+02	2.68E+02	2.68E+02	2.67E+02	2.68E+02	2.71E+02	2.69E+02	2.72E+02	2.71E+02
F26	2.53E+02	2.42E+02	2.22E+02	2.16E+02	2.18E+02	2.03E+02	2.05E+02	2.00E+02	2.00E+02
F27	7.13E+02	7.09E+02	6.88E+02	6.96E+02	6.99E+02	7.03E+02	7.00E+02	6.85E+02	7.06E+02
F28	4.00E+02	4.21E+02	3.71E+02	4.30E+02	3.80E+02	3.66E+02	3.38E+02	3.52E+02	3.53E+02
w/t/l	23/1/4	20/1/7	19/2/7	16/1/11	16/1/11	15/1/12	16/1/11	16/1/11	14/1/13

表 5.2 Friedman 测试结果

算　法	Ranking
FTBA-TC-0.1	7.41
FTBA-TC-0.2	6.39
FTBA-TC-0.3	5.54
FTBA-TC-0.4	4.38
FTBA-TC-0.5	4.86
FTBA-TC-0.6	4.23
FTBA-TC-0.7	**3.88**
FTBA-TC-0.8	3.95
FTBA-TC-0.9	4.38

表 5.3 Wilcoxon 测试结果

与 FTBA-TC-0.7 相比	p-value
FTBA-TC-0.1	**0.000**
FTBA-TC-0.2	**0.001**
FTBA-TC-0.3	**0.001**
FTBA-TC-0.4	0.113
FTBA-TC-0.5	**0.032**
FTBA-TC-0.6	0.156
FTBA-TC-0.8	0.501
FTBA-TC-0.9	0.728

5.3　基于适应值信息的转化策略

由于算法同时考虑全局搜索与局部搜索，因此，一个好的全局搜索/局部搜索转化策略应关注如下两个问题。

（1）每代大致需要多少个体采用局部搜索模式。

（2）什么个体需要采用局部搜索模式。

5.2 节对于 CEC2013 测试集，在 FTBA-TC 框架内给出了当 $r_i(0)$ 取 0.7 时性能较优，即大约有 30%的个体进行局部寻优，作为一种随机选择策略，该策略考虑了第一个问题，但没有考虑第二个问题。

由于个体的适应值反映了个体当前位置的优劣，因此对于个体适应值信息的利用，不仅可以利用适应值的相对顺序，而且可以直接利用适应值的数值进行决策。为此，本节考虑将这些适应值的优劣引入，提出一种全局搜索/局部搜索的转化策略。

5.3.1　基于秩的转化策略

在蝙蝠算法的每代，所有的个体按照适应值的优劣降序排列，可以得到每只蝙蝠的排名，称该排名为该蝙蝠的秩，秩是统计中常用的统计量[24]。

一般而言，全局最优位置在适应值较差个体附近的概率较小，而在较优个体附近的概率较大，因此，可以让若干较差个体采用局部扰动方式进行开采操作。为此，在每代设置一个阈值（Threshold），使得对于排名低于 Threshold×Popsize 的蝙蝠（Popsize 表示群体所含蝙蝠的个数）采用局部搜索模式，而其他蝙蝠则采用全局搜索模式。

由于算法的前期要进行大面积的全局寻优以确定较优位置，后期则要对较优位置进行开采，因此，前期需要对大量蝙蝠个体进行全局寻优，而后期则需要对大量蝙蝠个体通过扰动进行局部寻优。从而，Threshold 应随着代数的增加而递增，即

$$\text{Threshold} = \text{Th}_{\min} + (\text{Th}_{\max} - \text{Th}_{\min}) \times \frac{t-1}{\text{LG}-1} \quad (5.2)$$

其中，Th_{min} 为 Threshold 的下限，Th_{max} 为 Threshold 的上限，t 为进化代数，LG 为最大进化代数。式（5.2）表明 Threshold 将随着进化代数的增加由 Th_{min} 线性递增到 Th_{max}。

为了验证转化策略式（5.2），可以将其引入 FTBA-TC 框架内，称为基于秩转化的曲线递减快速三角翻转蝙蝠算法[25]（FTBA with Triangle Flip, Curve Strategy and Ranking, FTBA-TCR）。其具体算法流程如下。

（1）初始化参数 $\vec{x}_i(0)$、$\vec{v}_i(0)$ 及 $fr_i(0)$。

（2）计算各蝙蝠的适应值，记 $\vec{p}(0)$ 为初始种群中性能最优的位置，即 $f(\vec{p}(t)) = \min\{f(\vec{x}_i(0)) | i=1,2,\cdots,n\}$，令 $t=0$。

（3）若 $t < 0.258 \cdot LG$，对于蝙蝠个体 i，随机选择 $\vec{x}_l(t)$ 及 $\vec{x}_u(t)$，并按照式（3.32）计算第 $t+1$ 代的速度；否则，该蝙蝠按照式（3.38）更新第 $t+1$ 代的速度信息。

（4）对各蝙蝠适应值 $f(\vec{x}_i(t))$（$i=1,2,\cdots,n$）按照优劣进行排序，选择适应值较差的 Threshold × Popsize 个体按照局部搜索模式，即式（4.8）与式（4.9）计算新位置 $\vec{x}_i'(t+1)$；否则，按照式（1.3）计算该蝙蝠的新位置 $\vec{x}_i'(t+1)$。

（5）对于群体历史最优位置所在的蝙蝠，让其位置按照式（3.27）进行随机选择。

（6）计算新位置 $\vec{x}_i'(t+1)$ 的适应值。

（7）若 $f(\vec{x}_i'(t+1)) < f(\vec{x}_i(t))$，则更新位置 $\vec{x}_i(t+1) = \vec{x}_i'(t+1)$。

（8）更新群体历史最优位置 $\vec{p}(t+1)$。

（9）如果满足结束条件则终止算法，并输出所得到的最优解 $\vec{p}(t+1)$；否则，令转入第 $t+1$ 代，即转入步骤（3）。

显然，算法 FTBA-TCR 与 FTBA-TC 的不同之处在于：每代的局部搜索策略不再随机选择个体，而是根据秩直接选择个体。为了验证策略性能，可以对 CEC2013 测试集进行测试，参数 Threshold 的上限为 Th_{max}、下限为 Th_{min}，由于 Threshold 是介于 0~1 的值，因此取上限 Th_{max} 分别为 0.5、0.6、0.7、0.8、0.9 进行测试，而取下限 Th_{min} 分别为 0.1、0.2、0.3、0.4 进行测试。因此 Th_{min} 与 Th_{max} 总共有 20 种组合，相对应的策略如表 5.4 所示。

表 5.4　不同参数对应的策略

Th_{max} \ Th_{min}	0.5	0.6	0.7	0.8	0.9
0.1	S1	S2	S3	S4	S5
0.2	S6	S7	S8	S9	S10
0.3	S11	S12	S13	S14	S15
0.4	S16	S17	S18	S19	S20

表 5.5 所示为 20 种不同策略的测试结果。表 5.6 所示为它们的 Friedman 测试，并给出了相应的 Ranking 值，可以看出，当 Threshold 取 [0.2,0.7] 时，结果较优。

表5.5 20种不同策略的试验结果

函　数	S1	S2	S3	S4	S5	S6	S7	S8	S9	S10
F1	6.82E−13	2.27E−13	2.27E−13	2.27E−13	2.27E−13	2.27E−13	2.27E−13	2.27E−13	2.27E−13	2.27E−13
F2	1.27E+05	1.45E+05	1.38E+05	1.53E+05	1.78E+05	1.44E+05	1.56E+05	1.73E+05	1.78E+05	1.96E+05
F3	1.77E+07	2.11E+07	1.56E+07	2.13E+07	1.82E+07	1.69E+07	1.38E+07	1.34E+07	2.17E+07	2.04E+07
F4	2.22E−04	1.37E−04	1.05E−04	8.66E−05	1.22E−04	2.00E−04	1.14E−04	9.40E−05	8.42E−05	1.11E−04
F5	2.04E−03	2.30E−03	2.36E−03	2.49E−03	2.65E−03	2.14E−03	2.30E−03	2.52E−03	2.49E−03	2.76E−03
F6	3.99E+01	3.81E+01	3.35E+01	3.34E+01	3.99E+01	3.00E+01	3.63E+01	2.94E+01	4.10E+01	3.69E+01
F7	2.52E+01	2.94E+01	2.79E+01	2.39E+01	2.32E+01	2.38E+01	2.06E+01	2.26E+01	2.46E+01	2.44E+01
F8	2.09E+01	2.09E+01	2.09E+01	2.09E+01	2.09E+01	2.09E+01	2.09E+01	2.09E+01	2.09E+01	2.09E+01
F9	1.38E+01	1.40E+01	1.40E+01	1.34E+01	1.35E+01	1.42E+01	1.44E+01	1.46E+01	1.40E+01	1.35E+01
F10	3.94E−02	4.22E−02	3.26E−02	4.16E−02	3.44E−02	4.39E−02	3.89E−02	3.44E−02	3.03E−02	3.34E−02
F11	6.33E+01	6.41E+01	6.52E+01	6.54E+01	6.51E+01	6.48E+01	6.16E+01	6.09E+01	6.22E+01	6.54E+01
F12	6.25E+01	6.15E+01	6.07E+01	5.84E+01	5.84E+01	6.09E+01	6.16E+01	5.98E+01	5.96E+01	5.95E+01
F13	1.19E+02	1.18E+02	1.25E+02	1.19E+02	1.21E+02	1.20E+02	1.14E+02	1.19E+02	1.20E+02	1.22E+02
F14	2.95E+03	2.92E+03	2.99E+03	2.81E+03	2.91E+03	2.75E+03	2.97E+03	2.83E+03	2.85E+03	2.87E+03
F15	2.95E+03	2.70E+03	2.77E+03	2.94E+03	2.83E+03	2.78E+03	2.74E+03	2.82E+03	2.73E+03	2.76E+03
F16	1.53E−01	1.43E−01	1.61E−01	1.39E−01	1.48E−01	1.30E−01	1.54E−01	1.40E−01	1.48E−01	1.24E−01
F17	8.87E+01	8.99E+01	9.16E+01	9.13E+01	8.76E+01	9.03E+01	9.28E+01	8.65E+01	9.11E+01	9.23E+01
F18	9.19E+01	8.50E+01	8.68E+01	9.31E+01	9.10E+01	8.63E+01	8.94E+01	9.40E+01	8.97E+01	9.18E+01
F19	3.68E+00	3.85E+00	4.00E+00	4.04E+00	3.69E+00	3.67E+00	3.85E+00	4.05E+00	4.02E+00	4.19E+00
F20	1.38E+01	1.35E+01	1.40E+01	1.35E+01	1.35E+01	1.35E+01	1.39E+01	1.33E+01	1.38E+01	1.39E+01
F21	3.20E+02	3.15E+02	3.22E+02	3.01E+02	3.30E+02	2.93E+02	3.03E+02	3.21E+02	3.01E+02	3.18E+02
F22	3.15E+03	3.11E+03	3.27E+03	3.10E+03	3.24E+03	3.29E+03	3.19E+03	3.08E+03	3.23E+03	3.11E+03
F23	3.24E+03	3.00E+03	3.20E+03	3.11E+03	3.20E+03	3.25E+03	3.02E+03	3.21E+03	3.25E+03	3.19E+03
F24	2.28E+02	2.29E+02	2.29E+02	2.31E+02	2.28E+02	2.30E+02	2.28E+02	2.30E+02	2.24E+02	2.27E+02
F25	2.63E+02	2.64E+02	2.64E+02	2.63E+02	2.67E+02	2.62E+02	2.58E+02	2.66E+02	2.67E+02	2.67E+02
F26	2.00E+02	2.00E+02	2.00E+02	2.00E+02	2.00E+02	2.00E+02	2.00E+02	2.02E+02	2.03E+02	2.03E+02
F27	6.35E+02	6.50E+02	6.69E+02	6.35E+02	6.37E+02	6.63E+02	6.82E+02	6.43E+02	6.56E+02	6.59E+02
F28	3.57E+02	3.56E+02	3.21E+02	3.49E+02	3.63E+02	3.58E+02	4.75E+02	3.19E+02	3.83E+02	4.18E+02

(续表)

函数	S11	S12	S13	S14	S15	S16	S17	S18	S19	S20
F1	2.27E−13	2.27E−13	2.27E−13	2.27E−13	2.27E−13	2.27E−13	6.82E−13	2.27E−13	2.27E−13	2.27E−13
F2	1.66E+05	1.56E+05	1.88E+05	1.96E+05	2.32E+05	1.70E+05	1.80E+05	1.94E+05	1.95E+05	2.29E+05
F3	8.11E+06	1.99E+07	1.18E+07	1.77E+07	2.12E+07	1.67E+07	1.64E+07	2.48E+07	1.90E+07	1.97E+07
F4	2.18E−04	1.16E−04	9.81E−05	1.01E−04	9.72E−05	1.67E−04	9.93E−05	1.15E−04	9.00E−05	1.22E−04
F5	2.10E−03	2.23E−03	2.46E−03	2.56E−03	2.83E−03	2.11E−03	2.28E−03	2.44E−03	2.52E−03	2.76E−03
F6	3.10E+01	3.24E+01	3.59E+01	3.37E+01	3.79E+01	3.08E+01	3.79E+01	2.89E+01	3.80E+01	4.15E+01
F7	2.44E+01	2.53E+01	1.77E+01	2.24E+01	2.09E+01	2.19E+01	1.80E+01	2.23E+01	2.06E+01	2.13E+01
F8	2.09E+01	2.09E+01	2.09E+01	2.09E+01	2.09E+01	2.09E+01	2.09E+01	2.09E+01	2.09E+01	2.09E+01
F9	1.41E+01	1.35E+01	1.43E+01	1.35E+01	1.39E+01	1.38E+01	1.37E+01	1.41E+01	1.38E+01	1.31E+01
F10	4.10E−02	4.03E−02	3.61E−02	3.12E−02	2.86E−02	4.23E−02	3.42E−02	2.92E−02	2.63E−02	2.48E−02
F11	6.24E+01	6.15E+01	6.27E+01	6.82E+01	6.10E+01	5.93E+01	6.57E+01	6.19E+01	6.29E+01	6.39E+01
F12	5.89E+01	5.89E+01	6.40E+01	6.21E+01	5.79E+01	5.86E+01	6.18E+01	6.06E+01	6.40E+01	5.62E+01
F13	1.21E+02	1.21E+02	1.19E+02	1.22E+02	1.24E+02	1.23E+02	1.19E+02	1.27E+02	1.14E+02	1.17E+02
F14	3.00E+03	3.03E+03	2.90E+03	2.94E+03	2.76E+03	2.92E+03	2.88E+03	2.94E+03	2.92E+03	2.91E+03
F15	2.77E+03	2.81E+03	2.91E+03	2.72E+03	2.75E+03	2.70E+03	2.84E+03	2.81E+03	2.77E+03	2.73E+03
F16	1.34E−01	1.45E−01	1.23E−01	1.34E−01	1.40E−01	1.25E−01	1.33E−01	1.40E−01	1.24E−01	1.57E−01
F17	8.95E+01	9.41E+01	9.20E+01	9.00E+01	9.00E+01	9.37E+01	9.20E+01	9.18E+01	9.24E+01	8.91E+01
F18	9.26E+01	9.43E+01	8.91E+01	9.14E+01	9.48E+01	9.27E+01	8.84E+01	9.13E+01	8.97E+01	9.34E+01
F19	4.15E+00	4.11E+00	4.05E+00	3.97E+00	3.99E+00	3.96E+00	3.98E+00	3.77E+00	4.21E+00	3.96E+00
F20	1.38E+01	1.35E+01	1.41E+01	1.37E+01	1.36E+01	1.34E+01	1.38E+01	1.32E+01	1.38E+01	1.41E+01
F21	3.23E+02	2.82E+02	3.02E+02	3.21E+02	3.12E+02	3.06E+02	3.03E+02	3.07E+02	3.15E+02	3.23E+02
F22	3.10E+03	3.15E+03	3.14E+03	3.23E+03	3.25E+03	3.10E+03	3.07E+03	3.36E+03	3.14E+03	3.11E+03
F23	3.33E+03	3.21E+03	3.15E+03	3.15E+03	3.23E+03	3.29E+03	3.25E+03	3.18E+03	3.11E+03	3.22E+03
F24	2.31E+02	2.26E+02	2.30E+02	2.29E+02	2.29E+02	2.28E+02	2.33E+02	2.30E+02	2.27E+02	2.30E+02
F25	2.65E+02	2.68E+02	2.62E+02	2.63E+02	2.68E+02	2.68E+02	2.62E+02	2.65E+02	2.62E+02	2.59E+02
F26	2.05E+02	2.10E+02	2.00E+02	2.03E+02	2.03E+02	2.10E+02	2.11E+02	2.02E+02	2.08E+02	2.03E+02
F27	6.64E+02	6.68E+02	6.60E+02	6.43E+02	6.63E+02	6.45E+02	6.90E+02	6.59E+02	6.54E+02	6.66E+02
F28	3.25E+02	3.29E+02	3.30E+02	4.59E+02	3.68E+02	3.98E+02	3.43E+02	3.54E+02	3.75E+02	3.61E+02

表 5.6 不同参数对应的 Friedman 测试及 Ranking 值

Th$_{min}$ \ Th$_{max}$	0.5	0.6	0.7	0.8	0.9
0.1	11.07	9.55	11.50	9.04	10.66
0.2	9.46	9.88	**9.02**	10.79	11.79
0.3	11.52	11.41	9.71	10.89	11.29
0.4	9.93	10.79	10.75	10.02	10.95

5.3.2 基于数值的转化策略

基于秩的转化策略仅考虑个体适应值的相对优劣，但对于其中的差异不太关注，因此，是否可以将个体适应值的大小直接引入转化策略来体现个体性能的优劣呢？由于各函数适应值大小不一，存在较大或较小的情况，因此我们引入性能评价指标 score 对个体的适应值做出评价，score 的值介于[0,1]。

设 $\vec{x}(t) = (\vec{x}_1(t), \vec{x}_2(t), \cdots, \vec{x}_n(t))$ 是第 t 代群体，$\vec{x}_i(t)$ 表示蝙蝠 i 在第 t 代的位置，$f_{best}(\vec{x}_i(t)) = \mathrm{argmax}\{f(\vec{x}_i(t)) | i = 1, 2, \cdots, n\}$ 表示第 t 代群体中最差个体的适应值，$f_{worst}(\vec{x}(t)) = \mathrm{argmin}\{f(\vec{x}_i(t)) | i = 1, 2, \cdots, n\}$ 表示第 t 代群体中最优个体的适应值。对于蝙蝠 i，其当前蝙蝠在第 t 代的性能评价指标如下：

$$\mathrm{score}_i(t) = \begin{cases} 1, & f_{worst}(\vec{x}(t)) = f_{best}(\vec{x}(t)) \\ \dfrac{f_{worst}(\vec{x}(t)) - f(\vec{x}_i(t))}{f_{worst}(\vec{x}(t)) - f_{best}(\vec{x}(t))}, & \text{其他} \end{cases} \quad (5.3)$$

式（5.3）相当于对蝙蝠个体当前位置的适应值进行排序，蝙蝠 i 在第 t 代的适应值越优，$\mathrm{score}_i(t)$ 值就越大，即该蝙蝠个体的性能分值就越高；反之，该个体的性能分值则越低。因此，通过计算蝙蝠个体 i 的性能分值，可以确定该个体在群体中性能的优劣，从而帮助个体做出评价，以指导该个体的搜索方式。Threshold 相当于性能评价指标的分界线，所有性能评价指标 score 小于 Threshold 的较差个体进行扰动，进行局部搜索，而较优个体则进行全局寻优。这样，就可以根据个体的性能优劣选择个体的寻优方式。显然，不同于秩的评价，按照指标 $\mathrm{score}_i(t)$ 的影响，对于不同的 Threshold，其满足的个体不一定恰好为 $\lfloor \mathrm{Threshold} \times \mathrm{Popsize} \rfloor$ 只蝙蝠（$\lfloor x \rfloor$ 表示 x 的取整操作），其数目应与当前群体的适应值分布有关。下面将其引入 FTBA-TC 框架内，称为基于数值转化的曲线递减快速三角翻转蝙蝠算法（FTBA with Triangle Flip, Curve Strategy and Numerical Value，FTBA-TCN）。其具体算法流程如下。

（1）初始化参数 $\vec{x}_i(0)$、$\vec{v}_i(0)$ 及 $\mathrm{fr}_i(0)$。

（2）计算各蝙蝠的适应值，记 $\vec{p}(0)$ 为初始种群中性能最优的位置，即 $f(\vec{p}(t)) = \min\{f(\vec{x}_i(0)) | i = 1, 2, \cdots, n\}$，令 $t = 0$。

（3）若 $t < 0.258 \cdot \mathrm{LG}$，对于蝙蝠个体 i，随机选择 $\vec{x}_m(0)$ 及 $\vec{x}_u(0)$，并按照式（3.32）计

算第 $t+1$ 代的速度；否则，该蝙蝠按照式（3.38）更新第 $t+1$ 代的速度信息。

（4）按式（5.3）计算各蝙蝠的性能评价指标 $\text{score}_i(t)$，对于性能评价指标小于 Threshold 的蝙蝠个体，按照局部搜索模式，即式（4.8）与式（4.9）计算新位置 $\vec{x}_i'(t+1)$；否则，按照式（1.3）计算该蝙蝠的新位置 $\vec{x}_i'(t+1)$。

（5）对于群体历史最优位置所在的蝙蝠，让其位置按照式（3.27）进行随机选择。

（6）计算新位置 $\vec{x}_i'(t+1)$ 的适应值。

（7）若 $f(\vec{x}_i'(t+1)) < f(\vec{x}_i(t))$，则更新位置 $\vec{x}_i(t+1) = \vec{x}_i'(t+1)$。

（8）更新群体历史最优位置 $\vec{p}(t+1)$。

（9）如果满足结束条件则终止算法，并输出所得到的最优解 $\vec{p}(t+1)$；否则，令转到第 $t+1$ 代，即转入步骤（3）。

与 5.3.1 节的测试相同，我们用表 5.4 中对应的参数表示 20 种不同的算法。各算法的 Ranking 排名如表 5.7 所示。显然，算法 S8 和算法 S10 的效果最好，也就是说，当 $\text{Th}_{\min}$ 取 0.2、$\text{Th}_{\max}$ 取 0.7 或 0.9 时效果较好。

表 5.7　不同参数对应的算法 Ranking 排名

$\text{Th}_{\min}$ \ $\text{Th}_{\max}$	0.5	0.6	0.7	0.8	0.9
0.1	10.02	9.36	10.84	8.91	9.20
0.2	11.21	10.59	**8.54**	9.70	**8.54**
0.3	11.07	10.02	9.71	9.73	9.98
0.4	11.55	12.59	12.61	14.05	11.79

通过对算法 S8 和算法 S10 进行 Wilcoxon 测试，可以发现算法 S8 和算法 S10 的相关性为 0.915，因此，两者的性能非常接近。可随意选取一个算法同其他算法进行比较，本节在后续算法的比较中，选择 Threshold 取值为 [0.2, 0.7]。

表 5.8 列出了不同算法在 CEC2013 测试集中的性能。

5.4　基于启发式信息的统一搜索蝙蝠算法

上述两种转化策略，只能保证每个蝙蝠个体参与一种搜索模式，即全局搜索模式或局部搜索模式。如果每个蝙蝠个体既带有全局搜索模式，又具有局部搜索模式，那么是否能进一步提高算法性能呢？本节利用性能评价指标设计一种蝙蝠个体的位置更新方式，使得该更新方式中既有全局搜索模式，又有局部搜索模式。这样，每个蝙蝠个体在飞行过程中，就能在全局搜索模式与局部搜索模式之间自由转化。

表 5.8 不同算法在 CEC2013 测试集中的性能

函数	S1	S2	S3	S4	S5	S6	S7	S8	S9	S10
F1	2.27E−13	2.27E−13	2.27E−13	2.27E−13	2.27E−13	2.27E−13	2.27E−13	2.27E−13	2.27E−13	2.27E−13
F2	1.07E+05	1.52E+05	1.24E+05	1.64E+05	1.52E+05	1.31E+05	1.09E+05	1.10E+05	1.62E+05	2.16E+05
F3	2.37E+07	1.98E+07	1.67E+07	1.69E+07	2.02E+07	1.74E+07	1.63E+07	2.41E+07	1.48E+07	1.68E+07
F4	4.17E−02	2.27E−02	6.51E−03	2.38E−03	9.96E−04	2.61E−02	1.17E−02	4.31E−03	1.90E−03	7.66E−04
F5	2.52E−03	2.68E−03	2.90E−03	2.84E−03	2.94E−03	2.64E−03	2.76E−03	2.82E−03	2.82E−03	3.00E−03
F6	3.61E+01	3.44E+01	3.56E+01	3.77E+01	3.88E+01	3.78E+01	3.99E+01	3.38E+01	4.07E+01	3.63E+01
F7	2.77E+01	2.58E+01	2.76E+01	2.50E+01	2.49E+01	2.64E+01	2.31E+01	2.00E+01	2.31E+01	1.92E+01
F8	2.09E+01	2.09E+01	2.09E+01	2.09E+01	2.09E+01	2.09E+01	2.09E+01	2.09E+01	2.09E+01	2.09E+01
F9	1.48E+01	1.37E+01	1.38E+01	1.36E+01	1.37E+01	1.37E+01	1.36E+01	1.34E+01	1.36E+01	1.33E+01
F10	4.17E−02	3.60E−02	3.44E−02	2.79E−02	2.39E−02	4.10E−02	3.24E−02	3.15E−02	2.65E−02	2.03E−02
F11	6.45E+01	6.63E+01	6.48E+01	6.55E+01	6.54E+01	6.04E+01	6.30E+01	6.28E+01	6.27E+01	6.32E+01
F12	5.96E+01	5.83E+01	6.21E+01	5.97E+01	6.10E+01	6.30E+01	6.15E+01	6.09E+01	6.24E+01	5.84E+01
F13	1.24E+02	1.21E+02	1.21E+02	1.32E+02	1.21E+02	1.26E+02	1.26E+02	1.24E+02	1.26E+02	1.23E+02
F14	2.93E+03	3.06E+03	3.07E+03	2.97E+03	3.02E+03	2.85E+03	2.97E+03	2.94E+03	2.93E+03	2.97E+03
F15	2.82E+03	2.84E+03	2.83E+03	2.88E+03	2.73E+03	2.83E+03	2.83E+03	2.77E+03	2.90E+03	2.72E+03
F16	1.54E−01	1.36E−01	1.31E−01	1.32E−01	1.35E−01	1.55E−01	1.44E−01	1.34E−01	1.43E−01	1.37E−01
F17	9.03E+01	9.16E+01	9.44E+01	8.38E+01	8.95E+01	8.87E+01	9.18E+01	9.10E+01	8.72E+01	9.45E+01
F18	8.51E+01	8.59E+01	8.65E+01	9.07E+01	9.12E+01	8.76E+01	9.17E+01	9.47E+01	9.05E+01	9.45E+01
F19	4.20E+00	3.90E+00	3.93E+00	4.17E+00	4.03E+00	4.00E+00	4.09E+00	4.34E+00	4.09E+00	4.41E+00
F20	1.09E+01	1.07E+01	1.07E+01	1.09E+01	1.08E+01	1.12E+01	1.10E+01	1.10E+01	1.10E+01	1.07E+01
F21	3.09E+02	2.99E+02	3.22E+02	2.80E+02	3.07E+02	3.26E+02	3.17E+02	3.00E+02	2.99E+02	3.12E+02
F22	3.15E+03	3.10E+03	3.21E+03	3.08E+03	3.16E+03	3.15E+03	3.14E+03	3.16E+03	3.18E+03	3.16E+03
F23	3.14E+03	3.18E+03	3.22E+03	3.11E+03	3.19E+03	3.16E+03	3.27E+03	3.12E+03	3.10E+03	3.18E+03
F24	2.28E+02	2.25E+02	2.29E+02	2.25E+02	2.26E+02	2.26E+02	2.29E+02	2.26E+02	2.27E+02	2.26E+02
F25	2.65E+02	2.70E+02	2.66E+02	2.64E+02	2.62E+02	2.66E+02	2.56E+02	2.62E+02	2.65E+02	2.60E+02
F26	2.00E+02	2.00E+02	2.00E+02	2.00E+02	2.00E+02	2.00E+02	2.00E+02	2.00E+02	2.00E+02	2.00E+02
F27	6.41E+02	6.33E+02	6.33E+02	6.14E+02	6.26E+02	6.52E+02	6.60E+02	6.48E+02	6.30E+02	6.12E+02
F28	2.84E+02	3.04E+02	3.25E+02	3.21E+02	3.30E+02	3.38E+02	2.84E+02	3.10E+02	3.97E+02	3.69E+02

(续表)

函数	S11	S12	S13	S14	S15	S16	S17	S18	S19	S20
F1	2.27E−13	2.27E−13	2.27E−13	2.27E−13	2.27E−13	2.27E−13	2.27E−13	2.27E−13	2.27E−13	2.27E−13
F2	1.11E+05	1.39E+05	1.64E+05	1.84E+05	2.22E+05	1.31E+05	1.46E+05	2.00E+05	2.30E+05	2.57E+05
F3	1.89E+07	1.25E+07	1.54E+07	1.66E+07	3.27E+07	2.49E+07	1.17E+07	1.24E+07	1.79E+07	2.41E+07
F4	2.36E−02	8.91E−03	3.82E−03	1.69E−03	6.38E−04	1.60E−02	7.17E−03	3.31E−03	1.11E−03	5.83E−04
F5	2.59E−03	2.68E−03	2.73E−03	2.90E−03	3.07E−03	2.58E−03	2.64E−03	2.82E−03	2.90E−03	2.99E−03
F6	3.71E+01	3.43E+01	3.51E+01	3.73E+01	3.32E+01	3.39E+01	4.23E+01	4.15E+01	3.99E+01	3.60E+01
F7	2.46E+01	2.36E+01	2.04E+01	2.55E+01	2.23E+01	2.19E+01	2.16E+01	2.29E+01	2.38E+01	1.94E+01
F8	2.09E+01	2.09E+01	2.09E+01	2.09E+01	2.09E+01	2.09E+01	2.09E+01	2.09E+01	2.09E+01	2.09E+01
F9	1.37E+01	1.32E+01	1.29E+01	1.35E+01	1.29E+01	1.39E+01	1.30E+01	1.31E+01	1.36E+01	1.36E+01
F10	3.47E−02	3.19E−02	2.73E−02	2.52E−02	2.19E−02	3.23E−02	3.10E−02	2.48E−02	2.13E−02	1.92E−02
F11	6.96E+01	6.74E+01	6.68E+01	6.45E+01	6.25E+01	6.95E+01	6.24E+01	6.85E+01	6.39E+01	7.02E+01
F12	6.38E+01	5.78E+01	6.12E+01	6.19E+01	5.94E+01	6.06E+01	6.40E+01	6.08E+01	6.19E+01	6.57E+01
F13	1.20E+02	1.26E+02	1.23E+02	1.33E+02	1.24E+02	1.29E+02	1.36E+02	1.32E+02	1.30E+02	1.28E+02
F14	2.73E+03	2.96E+03	2.95E+03	2.86E+03	2.79E+03	2.87E+03	3.05E+03	3.03E+03	2.99E+03	2.77E+03
F15	2.82E+03	2.77E+03	2.73E+03	2.66E+03	2.73E+03	2.86E+03	2.78E+03	2.68E+03	2.97E+03	2.70E+03
F16	1.32E−01	1.45E−01	1.26E−01	1.44E−01	1.43E−01	1.41E−01	1.32E−01	1.46E−01	1.45E−01	1.39E−01
F17	9.53E+01	9.09E+01	9.24E+01	1.00E+02	9.52E+01	9.67E+01	9.48E+01	1.00E+02	9.74E+01	1.01E+02
F18	9.55E+01	9.39E+01	9.53E+01	1.02E+02	1.00E+02	9.63E+01	9.90E+01	1.01E+02	1.02E+02	1.09E+02
F19	4.11E+00	3.87E+00	4.24E+00	4.00E+00	4.23E+00	4.12E+00	4.29E+00	3.99E+00	4.10E+00	4.20E+00
F20	1.13E+01	1.12E+01	1.11E+01	1.07E+01	1.10E+01	1.10E+01	1.09E+01	1.15E+01	1.13E+01	1.10E+01
F21	3.02E+02	3.15E+02	2.98E+02	3.19E+02	3.25E+02	3.13E+02	3.31E+02	3.15E+02	3.24E+02	3.17E+02
F22	3.26E+03	3.28E+03	3.09E+03	3.10E+03	3.23E+03	3.22E+03	3.38E+03	3.30E+03	3.42E+03	3.37E+03
F23	3.12E+03	3.20E+03	3.17E+03	3.03E+03	3.05E+03	3.15E+03	3.21E+03	3.25E+03	3.17E+03	3.05E+03
F24	2.28E+02	2.31E+02	2.31E+02	2.26E+02	2.28E+02	2.26E+02	2.31E+02	2.29E+02	2.28E+02	2.29E+02
F25	2.63E+02	2.61E+02	2.67E+02	2.60E+02	2.64E+02	2.61E+02	2.67E+02	2.67E+02	2.67E+02	2.63E+02
F26	2.00E+02	2.00E+02	2.00E+02	2.00E+02	2.00E+02	2.00E+02	2.03E+02	2.03E+02	2.00E+02	2.00E+02
F27	6.59E+02	6.48E+02	6.54E+02	6.43E+02	6.47E+02	6.80E+02	6.60E+02	6.56E+02	6.63E+02	6.55E+02
F28	3.35E+02	3.37E+02	3.81E+02	3.40E+02	3.72E+02	3.92E+02	3.35E+02	2.89E+02	4.39E+02	3.65E+02

在蝙蝠算法 FTBA-TC 中，全局搜索模式为按照式（1.3）计算的新位置 $\vec{x}_i'(t+1)$，用 $\vec{x}_i^{\text{Global}}(t+1)$ 表示；同理，局部搜索模式为按照式（4.8）与式（4.9）计算的新位置 $\vec{x}_i'(t+1)$，用 $\vec{x}_i^{\text{Local}}(t+1)$ 表示。这样，可以将两种不同的搜索模式结果加以区分。利用 5.3 节的个体性能评价指标 $\text{score}_i(t)$，可以给出如下的搜索方式。

$$\vec{x}_i'(t+1) = \text{score}_i(t) \cdot \vec{x}_i^{\text{Global}}(t+1) + (1 - \text{score}_i(t)) \cdot \vec{x}_i^{\text{Local}}(t+1) \tag{5.4}$$

通过式（5.4）可以看出，个体的适应评价指标越小，即个体适应值越差，扰动部分占的比例就越大；反之，全局搜索占的比例就越大。由于该算法与前面的算法不同，因此称为基于启发式信息的统一搜索蝙蝠算法[26]（Unified Heuristic Bat Algorithm，UHBA）。其算法流程如下。

（1）初始化参数 $\vec{x}_i(0)$、$\vec{v}_i(0)$ 及 $\text{fr}_i(0)$。

（2）计算各蝙蝠的适应值，记 $\vec{p}(0)$ 为初始种群中性能最优的位置，即 $f(\vec{p}(t)) = \min\{f(\vec{x}_i(0)) | i = 1, 2, \cdots, n\}$，令 $t = 0$。

（3）若 $t < 0.258 \cdot \text{LG}$，对于蝙蝠个体 i，随机选择 $\vec{x}_m(t)$ 及 $\vec{x}_u(t)$，并按照式（3.32）计算第 $t+1$ 代的速度；否则，该蝙蝠按照式（3.38）更新第 $t+1$ 代的速度信息。

（4）按照局部搜索方式，即式（4.8）与式（4.9）计算新位置 $\vec{x}_i^{\text{Local}}(t+1)$。

（5）按照全局搜索方式式（1.3）计算该蝙蝠的新位置 $\vec{x}_i^{\text{Global}}(t+1)$。

（6）按照式（5.3）计算各蝙蝠的性能评价指标 $\text{score}_i(t)$，并利用式（5.4）计算蝙蝠个体 i 的新位置 $\vec{x}_i'(t+1)$。

（7）对于群体历史最优位置所在的蝙蝠，让其位置按照式（3.27）进行随机选择。

（8）计算新位置的适应值。

（9）若 $f(\vec{x}_i'(t+1)) < f(\vec{x}_i(t))$，则更新位置 $\vec{x}_i(t+1) = \vec{x}_i'(t+1)$。

（10）更新群体历史最优位置 $\vec{p}(t+1)$。

（11）如果满足结束条件则终止算法，并输出所得到的最优解式 $\vec{p}(t+1)$；否则，令转到第 $t+1$ 代，即转入步骤（3）。

下面采用 CEC2013 测试集来分析算法的性能，测试环境与 4.4 节相同。

测试 1：本章提出的不同转化策略的性能比较

测试中采用如下 4 种算法进行比较。

（1）基于随机转化的曲线递减快速三角翻转蝙蝠算法（FTBA-TCS），其中，$r_i(0)$ 取 0.7。

（2）基于秩转化的曲线递减快速三角翻转蝙蝠算法（FTBA-TCR）。

（3）基于数值转化的曲线递减快速三角翻转蝙蝠算法（FTBA-TCN）。

（4）基于启发式信息的统一搜索蝙蝠算法（UHBA）。

表 5.9 所示为 4 种算法在 CEC2013 测试集中的平均误差。表 5.10 所示为这 4 种算法的 Friedman 测试结果，其 Rangking 值排名为 UHBA< FTBA-TCR<FTBA-TCN<FTBA-TCS；而表 5.11 中的 Wilcoxon 测试结果表明，UHBA 与 FTBA-TCS 的显著性差异较大，而与 FTBA-TCR 和 FTBA-TCN 的显著性差异较小。综上所述，UHBA 在本章提出的算法中性能最优。

表 5.9　4 种算法在 CEC2013 测试集中的平均误差

函　数	FTBA-TCS	FTBA-TCR	FTBA-TCN	UHBA
F1	9.09E−13	2.27E−13	2.27E−13	4.55E−12
F2	1.28E+05	1.73E+05	1.10E+05	2.72E+04
F3	1.66E+07	1.34E+07	2.41E+07	2.74E+06
F4	2.64E−03	9.40E−05	4.31E−03	8.47E+00
F5	1.46E−03	2.52E−03	2.82E−03	8.37E−04
F6	3.17E+01	2.94E+01	3.38E+01	7.27E+00
F7	2.62E+01	2.26E+01	2.00E+01	1.52E+01
F8	2.09E+01	2.09E+01	2.09E+01	2.09E+01
F9	1.48E+01	1.46E+01	1.34E+01	1.31E+01
F10	5.11E−02	3.44E−02	3.15E−02	2.77E−02
F11	6.45E+01	6.09E+01	6.28E+01	6.03E+01
F12	6.07E+01	5.98E+01	6.09E+01	6.61E+01
F13	1.23E+02	1.19E+02	1.24E+02	1.17E+02
F14	3.13E+03	2.83E+03	2.94E+03	3.04E+03
F15	2.86E+03	2.82E+03	2.77E+03	2.87E+03
F16	1.77E−01	1.40E−01	1.34E−01	1.49E−01
F17	9.89E+01	8.65E+01	9.10E+01	8.02E+01
F18	9.31E+01	9.40E+01	9.47E+01	7.48E+01
F19	4.01E+00	4.05E+00	4.34E+00	3.77E+00
F20	1.07E+01	1.33E+01	1.10E+01	1.10E+01
F21	3.04E+02	3.21E+02	3.00E+02	3.08E+02
F22	3.23E+03	3.08E+03	3.16E+03	3.22E+03
F23	3.26E+03	3.21E+03	3.12E+03	3.43E+03
F24	2.34E+02	2.30E+02	2.26E+02	2.16E+02
F25	2.69E+02	2.66E+02	2.62E+02	2.51E+02
F26	2.05E+02	2.02E+02	2.00E+02	2.19E+02
F27	7.00E+02	6.43E+02	6.48E+02	5.69E+02
F28	3.38E+02	3.19E+02	3.10E+02	2.92E+02
$w/t/l$	19/1/8	18/1/9	16/2/10	

表 5.10　Friedman 测试结果

算　法	Ranking
FTBA-TCS	3.13
FTBA-TCR	2.39
FTBA-TCN	2.45
UHBA	**2.04**

表 5.11　Wilcoxon 测试结果

与 UHBA 相比	p-value
FTBA-TCS	**0.019**
FTBA-TCR	0.225
FTBA-TCN	0.409

测试 2：UHBA 与其他 3 种算法的性能比较

为了进一步检验 UHBA 算法的性能，将其与如下 3 种算法进行比较。

（1）Population's Variance-Based Adaptive Differential Evolution（ADE）[27]。

（2）Differential Evolution with Automatic Parameter Configuration（DE-APC）[28]。

（3）Self-adaptive Heterogeneous Particle Swarm Optimization（fk-PSO）[29]。

这 3 种算法为 CEC2013 大会上参与算法竞赛的 3 种典型算法，其性能非常适合求解 CEC2013 测试集。表 5.12 所示为这 4 种算法的 Friedman 测试结果，其 Rangking 值排名为 UHBA<fk-PSO<ADE<DE-APC；而表 5.13 中的 Wilcoxon 测试结果表明，UHBA 与 DE-APC、fk-PSO 两种算法的显著性差异较大。4 种算法在 CEC2013 测试集中的平均误差如表 5.14 所示，这也证明了 UHBA 性能较优。

表 5.12　Friedman 测试结果

算法	Ranking
ADE	2.61
DE-APC	2.63
fk-PSO	2.57
UHBA	**2.2**

表 5.13　Wilcoxon 测试结果

与 UHBA 相比	p-value
ADE	0.264
DE-APC	**0.041**
fk-PSO	0.079

表 5.14　4 种算法在 CEC2013 测试集中的平均误差

函数	ADE	DE-APC	fk-PSO	UHBA
F1	0.00E+00	0.00E+00	0.00E+00	4.55E−12
F2	2.18E+06	1.75E+05	1.59E+06	2.72E+04
F3	1.65E+03	3.21E+06	2.40E+08	2.74E+06
F4	1.70E+04	2.21E−01	4.78E+02	8.47E+00
F5	1.40E−07	0.00E+00	0.00E+00	8.37E−04
F6	8.29E+00	9.35E+00	2.99E+01	7.27E+00
F7	1.29E+00	2.18E+01	6.39E+01	1.52E+01

（续表）

函数	ADE	DE-APC	fk-PSO	UHBA
F8	2.09E+01	2.09E+01	2.09E+01	2.09E+01
F9	6.30E+00	3.07E+01	1.85E+01	1.31E+01
F10	2.16E-02	6.42E-02	2.29E-01	2.77E-02
F11	5.84E+01	3.08E+00	2.36E+01	6.03E+01
F12	1.15E+02	3.17E+01	5.64E+01	6.61E+01
F13	1.31E+02	7.55E+01	1.23E+02	1.17E+02
F14	3.20E+03	3.84E+03	7.04E+02	3.04E+03
F15	5.61E+03	4.14E+03	3.42E+03	2.87E+03
F16	2.39E+00	2.46E+00	8.48E-01	1.49E-01
F17	1.02E+02	5.92E+01	5.26E+01	8.02E+01
F18	1.82E+02	6.04E+01	6.81E+01	7.48E+01
F19	5.40E+00	2.30E+00	3.12E+00	3.77E+00
F20	1.13E+01	1.26E+01	1.20E+01	1.10E+01
F21	3.19E+02	2.67E+02	3.11E+02	3.08E+02
F22	2.50E+03	4.56E+03	8.59E+02	3.22E+03
F23	5.81E+03	4.18E+03	3.57E+03	3.43E+03
F24	2.02E+02	2.92E+02	2.48E+02	2.16E+02
F25	2.30E+02	2.99E+02	2.49E+02	2.51E+02
F26	2.18E+02	3.29E+02	2.95E+02	2.19E+02
F27	3.26E+02	1.19E+03	7.76E+02	5.69E+02
F28	3.00E+02	3.00E+02	4.01E+02	2.92E+02
w/t/l	15/1/12	17/1/10	17/1/10	

5.5 DV-Hop 算法的优化

无线传感器网络中的节点定位是一个非常重要的问题[30]，如矿山搜救，一旦发现生存者，就需要知道他们所在的位置坐标。考虑到成本问题，绝大多数无线节点都不会安装 GPS 等定位装置。因此，如何利用少量的信标节点（安装了 GSP 定位装置的节点）来预测其他普通节点（没有安装定位装置的节点）的位置，就成为一个急需解决的问题。根据距离是否需要精确计算，现有的定位算法可大致分为两类：无须测距的定位算法（Range-Free）和基于测距的定位算法（Range-Based）（详细的算法示意如图 5.4 所示）。

DV-Hop 算法[31,32]是一种典型的无须测距的定位算法，其基本思路为：①利用信标节点间的通信，大致估算每个信标节点每跳的平均距离；②利用该估算值，对普通节点进行定位。

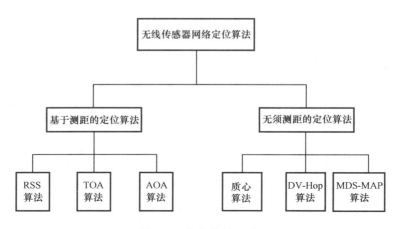

图 5.4　定位算法示意

设有 m 个信标节点 $(B_1, B_2, \cdots, B_m)$，n 个普通节点 $(U_1, U_2, \cdots, U_n)$，则该无线传感器网络共有 $m+n$ 个节点，不妨考虑信标节点 B_i 的每跳平均距离，让所有的信标节点都在网络中以泛洪方式广播，则经过一定的跳数（节点的传递数量）后，B_i 可以收到其他 $m-1$ 个信标节点的信息。此时，不同信标节点的跳数一般不会相同，不妨设 $(h_1, h_2, \cdots, h_{i-1}, h_i, h_{i+1}, \cdots, h_m)$ 表示相应信标节点的跳数，则一共有 $\sum_{k \neq i} h_k$ 跳。由于信标节点的坐标已知，因此可以得到每跳的平均距离为

$$\text{Hop}_i = \frac{\sum_{k \neq i} \sqrt{(x_i - x_k)^2 + (y_i - y_k)^2}}{\sum_{k \neq i} h_k} \tag{5.5}$$

其中，(x_k, y_k) 表示信标节点 B_k 的坐标。

在广播过程中，B_i 可能会收到多个 B_k 的跳数（经过不同的路径，利用不同的节点），此时，仅保留最早收到的跳数即可。

在所有的信标节点都计算了每跳的平均距离后，可以让信标节点第二次进行泛洪式广播，若普通节点 U_k 收到了所有的 m 个信标节点 $(B_1, B_2, \cdots, B_m)$ 的信息（包括信标节点的坐标及跳数），则其坐标 (x, y) 满足：

$$\begin{cases} (x - x_1)^2 + (y - y_1)^2 = d_1^2 \\ (x - x_2)^2 + (y - y_2)^2 = d_2^2 \\ \vdots \\ (x - x_m)^2 + (y - y_m)^2 = d_m^2 \end{cases} \tag{5.6}$$

其中，(x_k, y_k) 表示信标节点 B_k 的坐标，令 T_k 表示信标节点 B_k 的跳数，d_k 表示预测得到的信标节点 B_k 与该节点间的距离，则

$$d_k = \text{Hop}_k \cdot T_k \tag{5.7}$$

在式（5.6）中，由于 d_k 为预测的距离，因此等式在一般情况下不满足，所以考虑如下

的目标函数。

$$f(x,y) = \sum_{k=1}^{m} \alpha_k \cdot |d_k^2 - (x-x_k)^2 - (y-y_k)^2| \quad (5.8)$$

式（5.8）中的参数 α_k 与跳数有关，跳数越大，误差越大，则 α_k 越小。在试验中，α_k 为跳数的倒数。

为了验证本章算法的有效性，在 Matlab R2013a 中进行仿真试验。仿真环境初始设置如表 5.15 所示。

表 5.15　参数设置

参　　数	值
网络区域	100×100
种群大小	10
迭代次数（次）	60
通信半径（m）	25
节点数量（个）	100
信标节点（个）	20
最大跳数（跳）	5

为了评价 DV-Hop 定位算法的定位性能，采用平均定位误差进行衡量，即

$$\text{Average error} = \frac{100}{n \times R} \sum_{i=1}^{n} \sqrt{(x_i' - x_i)^2 + (y_i' - y_i)^2} \quad (5.9)$$

其中，n 表示未知节点的数量，R 为通信半径，(x_i', y_i') 为普通节点的估计位置，(x_i, y_i) 为普通节点的真实位置。

为了进行比较，将本章提出的几种算法嵌入 DV-Hop 算法，优化式（5.8），并将相应的算法进行如下命名。

（1）DV-Hop 算法，简记为 DVHop 算法。
（2）基于 FTBA-TCS 的 DV-Hop 算法，简记为 FTBA-TCS-DVHop。
（3）基于 FTBA-TCR 的 DV-Hop 算法，简记为 FTBA-TCR-DVHop。
（4）基于 FTBA-TCN 的 DV-Hop 算法，简记为 FTBA-TCN-DVHop。
（5）基于 UHBA 的 DV-Hop 算法，简记为 UHBA-DVHop。

1. 通信半径的变化

表 5.16 与图 5.5（a）给出了通信半径变化对于算法性能的影响。显然，随着通信半径的加大，其误差在逐渐减小，且 UHBA-DVHop 性能最佳。

表 5.16 不同通信半径的平均定位误差比较

通信半径 R (m)	15	20	25	30	35	40
DV-Hop	65.2355	46.1420	33.2461	28.9185	27.5943	26.5377
FTBA-TCS-DVHop	60.4523	26.8052	26.0143	21.9283	20.3750	18.2072
FTBA-TCR-DVHop	60.4505	26.7992	26.0163	22.0875	20.3831	18.1419
FTBA-TCN-DVHop	60.4128	26.7829	25.8923	21.9030	20.3684	18.1670
UHBA-DVHop	60.4183	26.7439	25.8398	21.9245	20.3626	18.0275

2. 总的节点数量的变化

图 5.5（b）和表 5.17 描述了在总节点数量变化、信标节点不变的情况下，算法性能的改变。随着节点数量的增加，普通节点大幅增加，其误差却在下降，这表明当普通节点较少时，每跳的平均距离误差较大，随着普通节点的增加，其平均距离误差在逐渐下降，且当节点数量大于 80 个以后，UHBA-DVHop 算法的性能超过了其他 4 种算法，成为性能最佳的算法。

表 5.17 不同节点数量的平均定位误差比较

节点数量（个）	50	60	70	80	90	100
DV-Hop	51.7015	43.6030	30.5574	32.5681	33.1297	33.2461
FTBA-TCS-DVHop	45.6491	30.2826	26.6266	25.8026	27.2671	26.0143
FTBA-TCR-DVHop	45.6449	30.2843	26.6181	25.7994	27.1287	26.0163
FTBA-TCN-DVHop	45.6034	30.4098	26.6284	25.8032	27.1291	25.8923
UHBA-DVHop	45.6909	30.5235	26.6395	25.7773	27.1085	25.8398

3. 信标节点数量的变化

图 5.5（c）和表 5.18 给出了信标节点的变化对算法性能的影响。当信标节点过少时（如 5 个），基于智能优化算法的 DV-Hop 算法性能要差于 DV-Hop 算法；但随着信标节点数量的增加，基于智能优化算法的 DV-Hop 算法性能迅速变优，很快就优于 DV-Hop 算法；若信标节点数从 20 个开始，则 UHBA-DVHop 算法的性能较优。

表 5.18 不同信标节点数量的平均定位误差比较

信标节点数量（个）	5	10	15	20	25	30
DV-Hop	49.2066	38.2098	38.7743	33.2461	28.3095	32.4829
FTBA-TCS-DVHop	56.0877	33.8013	31.2351	26.0143	23.5173	21.3480
FTBA-TCR-DVHop	55.5642	33.7952	31.4019	26.0163	23.5206	21.3394
FTBA-TCN-DVHop	55.3864	33.8285	31.3260	25.8923	23.6627	21.3814
UHBA-DVHop	55.2675	33.8908	31.2739	25.8398	23.4841	21.3201

4. 迭代次数的不同

图 5.5（d）和表 5.19 描述了迭代次数变化对算法性能的影响。显然，随着迭代次数的

增加，基于智能优化算法的 DV-Hop 算法性能都变得较优，但性能最优的仍然是 UHBA-DVHop 算法。

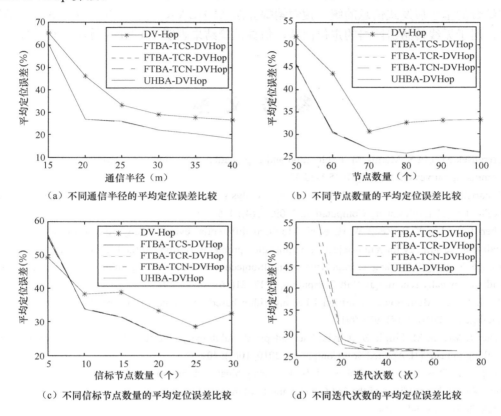

图 5.5 平均定位误差比较

表 5.19 不同迭代次数的平均定位误差比较

迭代次数（次）	10	20	30	40	50	60	70
FTBA-TCS-DVHop	43.3467	27.2987	26.1772	26.4679	26.3418	26.0143	25.8872
FTBA-TCR-DVHop	50.3268	28.4519	26.8983	26.1448	26.1101	26.0163	25.9023
FTBA-TCN-DVHop	54.5583	28.5141	26.4719	25.9237	25.9111	25.8923	25.8817
UHBA-DVHop	30.0650	26.5997	26.0852	25.8195	25.8471	25.8398	25.8372

5.6 小结

本章针对全局搜索与局部搜索的转化策略，讨论了随机转化策略及两种确定性转化策略的设计。随机转化策略的测试结果表明，脉冲发射频率的初始值不能太大。对于确定性转化策略，将当前适应值的信息（序及数值）引入，设计了秩转化策略及数值转化策略，并提出了基于适应值的个体性能评价指标，在此基础上，建立了一种将全局搜索与局部搜索相结合的基于启发式信息的统一搜索蝙蝠算法（UHBA），并将这几种算法嵌入 DV-Hop 算法，用于无线传感器网络的定位问题，仿真试验结果表明了 UHBA 算法的有效性。

参 考 文 献

[1] Črepinšek M, Liu S, Mernik M. Exploration and exploitation in evolutionary algorithms: a survey[J]. ACM Computing Surveys, 2013, 45(3): 35.1-35.33.

[2] Friedrich T, Oliveto P S, Sudholt D, et al. Analysis of diversity-preserving mechanisms for global exploration[J]. Evolutionary Computation, 2009, 17(4): 455-476.

[3] Chen B L, Lin Y B, Zeng W H, et al. Modified differential evolution algorithm using a new diversity maintenance strategy for multi-objective optimization problems[J]. Applied Intelligence, 2015, 43(1): 49-73.

[4] Yang S X, Jiang S Y, Jiang Y. Improving the multiobjective evolutionary algorithm based on decomposition with new penalty schemes[J]. Soft Computing, 2017, 21(16): 4677-4691.

[5] Bai J, Liu H. Multi-objective artificial bee algorithm based on decomposition by PBI method[J]. Applied Intelligence, 2016, 45(4): 976-991.

[6] Fister I, Mernik M, Filipič B. A hybrid self-adaptive evolutionary algorithm for marker optimization in the clothing industry[J]. Applied Soft Computing, 2010, 10(2): 409-422.

[7] Jong D E D, Watson R A, Pollack J B. Reducing bloat and promoting diversity using multi-objective methods[C]. Proceedings of the 3rd Genetic and Evolutionary Computation Conference, San Francisco, CA, USA, 2001, July 7-11, 11-18.

[8] Ursem R K. Diversity-guided evolutionary algorithms[C]. Proceedings of the 7th International Conference on Parallel Problem Solving from Nature, Granada, Spain, 2002, September 7-11, 462-474.

[9] Amor H B, Rettinger A. Intelligent exploration for genetic algorithms: Using self-organizing maps in evolutionary computation[C]. Proceedings of the 7th Genetic and Evolutionary Computation Conference, Washington DC, USA, 2005, June 25-29, 1531-1538.

[10] Burke E, Gustafson S, Kendall G, et al. Advanced population diversity measures in genetic programming[C]. Proceedings of the 7th International Conference on Parallel Problem Solving from Nature. Granada, Spain, 2002, September 7-11, 341-350.

[11] Langdon W B. Data Structures and Genetic Programming, Genetic Programming + Data Structures = Automatic Programming[M]. Kluwer Academic Publishers, Netherlands, 1998.

[12] Liu S H, Mernik M, Bryant B R. A clustering entropy-driven approach for exploring and exploiting noisy functions[C]. Proceedings of the 22nd ACM Symposium on Applied Computing, Seoul, Korea, 2007, March 11-15, 738-742.

[13] Masisi L, Nelwamondo V, Marwala T. The use of entropy to measure structural diversity[C]. Proceedings of the IEEE International Conference on Computational Cybernetics, Stara Lesn, Slovakia, 2008, November 27-29, 41-45.

[14] Misevičius A. Generation of grey patterns using an improved genetic-evolutionary algorithm: Some new results[J]. Information Technology Control, 2011, 40(4): 330-343.

[15] Paenke I, Jin Y, Branke J. Balancing population and individual-level adaptation in changing environments[J]. Adaptive Behavior, 2009, 17(2): 153-174.

[16] Blickle T, Thiele L. A comparison of selection schemes used in evolutionary algorithms[J]. Evolutionary Computation, 1996, 4(4): 361-394.

[17] Deb K, Pratap A, Agarwal S, et al. A fast and elitist multiobjective genetic algorithm: NSGA-II[J]. IEEE Transactions on Evolutionary Computation, 2002, 6(2): 182-197.

[18] Deb K, Jain H. An evolutionary many-objective optimization algorithm using reference-point-based nondominated sorting approach, part I: solving problems with box constraints[J]. IEEE Transactions on Evolutionary Computation, 2014, 18(4): 577-601.

[19] Zhou Y. Runtime analysis of an ant colony optimization algorithm for TSP instances[J]. IEEE Transactions on Evolutionary Computation, 2009, 13(5): 1083-1092.

[20] Chen X, Kong Y, Fang X, et al. A fast two-stage ACO algorithm for robotic path planning[J]. Neural Computing and Applications, 2013, 22(2): 313-319.

[21] Clerc M, Kennedy J. The particle swarm-explosion, stability, and convergence in a multidimensional complex space[J]. IEEE Transactions on Evolutionary Computation, 2002, 6(1): 58-73.

[22] Yang B, Cheng L. Study of a new global optimization algorithm based on the standard PSO[J]. Journal of Optimization Theory and Applications, 2013, 158(3): 935-944.

[23] Xue F, Cai Y, Cao Y, et al. Optimal parameter settings for bat algorithm[J]. International Journal of Bio-Inspired Computation, 2015, 7 (2): 125-128.

[24] 孙山泽. 非参数统计讲义[M]. 北京：北京大学出版社，2000.

[25] Cai X J, Geng S J, Wang P H, et al. Fast triangle flip algorithm based on curve strategy and rank transformation to improve DV-Hop performance[J]. KSII Transactions on Internet and Information Systems, 2019, 13(12): 5785-5804.

[26] Cai X J, Geng S J, Wu D, et al. A unified heuristic bat algorithm to optimize the LEACH protocol[J]. Concurrency and Computation: Practice and Experience, 2019, DOI: 10.1002/cpe.5619.

[27] Coelho L D S, Ayala H V H, Freire R Z. Population's variance-based adaptive differential evolution for real parameter optimization[C]. Proceedings of IEEE Congress on Evolutionary Computation, Cancun, Mexico, 2013, June 20-23, 1672-1677.

[28] Elsayed S M M, Sarker R A, Ray T. Differential evolution with automatic parameter configuration for solving the CEC2013 competition on real-parameter optimization[C]. Proceedings of IEEE Congress on Evolutionary Computation, Cancun, Mexico, 2013, June 20-23, 1932-1937.

[29] Nepomuceno F V, Engelbrecht A P. A self-adaptive heterogeneous pso for real-parameter optimization[C]. Proceedings of IEEE Congress on Evolutionary Computation, Cancun, Mexico, 2013, June 20-23, 361-368.

[30] Akyildiz I F, Su W, Sankarasubramaniam Y, et al. A survey on sensor networks[J]. IEEE Communications Magazine, 2002, 40 (8): 102-114.

[31] Niculescu D, Nath B. DV based positioning in ad hoc networks[J]. Telecommunication Systems, 2003, 22 (1): 267-280.

[32] Masdari M, Bazarchi S M, Bidaki M. Analysis of secure LEACH-based clustering protocols in wireless sensor networks[J]. Journal of Network and Computer Applications, 2013.

第 6 章
Chapter 6

集成策略算法

6.1 UHBA 算法分析

前文对蝙蝠算法的全局搜索模式、局部搜索模式及全局/局部搜索的转换方式进行了讨论，设计了一种高效的基于启发式信息的统一搜索蝙蝠算法 UHBA。该算法综合了第 3 章的快速三角翻转全局搜索策略、第 4 章的曲线递减局部搜索策略及第 5 章的性能评价指标，并利用 CEC2013 测试集证明了该算法的有效性。

为了进一步分析 UHBA 的性能，我们把标准蝙蝠算法（SBA）、快速三角翻转蝙蝠算法（FTBA）、基于曲线递减策略的快速三角翻转蝙蝠算法（FTBA-TC）及 UHBA 进行了比较。图 6.1 给出了 CEC2013 测试集中的两个函数 F2（Rotated High Conditioned Elliptic Function）、F8（Rotated Ackley's Function）的性能对比。其中的数据均为前几章在算法比较过程中得到的数据。图 6.1（a）所示为函数 F2 的比较结果。从图 6.1（a）中可以看到，在第 700 代之前，SBA 的性能一直优于 FTBA-TC；对于 FTBA 及 UHBA 而言，在第 1500 代之前（一半的运行代数），FTBA 的性能一直优于 UHBA。图 6.1（b）所示为函数 F8 的动态性能。其中，FTBA 在第 1000 代之前的性能与 UHBA 不相上下，而 FTBA-TC 在第 500 代左右及最后 3000 代左右性能都优于 UHBA。从图中可以看出，虽然 UHBA 采用了前文设计的高效的各种搜索策略，但其性能也不可能一直优于其他算法。这一现象表明，即使统计性能较差的策略，在算法的不同时间段，也可能表现出较优的性能。从这个角度出发，如何能有效地利用已经提出的各种策略，在不同的时间段内采用相应的高效策略改善算法性能是一个非常有意义的课题。

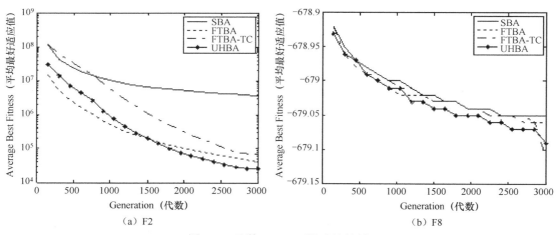

图 6.1 函数 F2、F8 测试的结果

上述思想在智能计算中已有研究，1998 年，K. Chellapilla 发现了每个算子都只能在算法的某些特定时间片段才能改善算法性能，因此，如果能将某个算子的一系列改进策略有

机地集成起来，那么应能大幅提高算法性能[1]。进而，X. Yao 等将两种不同的变异策略有机地结合起来提高进化规划算法性能[2]，H. Dong 等则从完全不同的角度对变异策略进行结合[3]。然而，上述算子的结合均面向进化规划，是否可以将其推广至其他优化算法？2010年，进化算法的著名学者 P. N. Suganthan 将上述想法成功进行了推广，提出了集成策略（Ensemble Strategies）的概念[4]，并成功应用于进化规划[5]、小生境算法[6]、差分进化算法[7, 8]、多目标进化算法[9]等。试验结果均表明了集成策略的有效性。H. Wang 等将集成策略应用于人工蜂群算法[10]。2010 年至今，更多的学者开始研究集成策略，并得到了一系列成果。W. G. Sheng 提出了一种基于小生境的自适应负相关学习进化算法[11]，Y. C. Wang 也将集成策略应用到了生物进化算法中[12-14]。同时，集成策略优化算法还被应用到了实际工程中，如情感分类[15]、车间调度[16]、急诊应急资源优化[17]、软件缺陷预测[18]、隐私安全[19]和 DV-Hop[20]等领域。此外，在进化计算领域的年度盛会 IEEE Congress on Evolutionary Computation 上，关于集成策略的相关论文每年都有，这些迹象表明集成策略是近年来进化计算领域的热点之一。

然而，截至目前，从作者掌握的文献来看，尚未有关于蝙蝠算法集成策略的报道。为此，本章以蝙蝠算法框架为例，讨论相关集成策略的设计以求解大规模数值优化问题。

6.2　6 种集成策略

对于蝙蝠算法而言，其不同于其他智能优化算法之处在于其位置的更新方式，即只向较优位置移动，而算法的每代中，每只蝙蝠不是采用全局搜索策略，就是采用局部搜索策略。因此，可以给蝙蝠算法的集成策略设计如下框架。

（1）算法初始化：初始化各参数，各蝙蝠的位置及速度初始化。
（2）计算各蝙蝠的适应值。
（3）对各蝙蝠依照一定的方式从集成策略集中选择相应的策略。
（4）计算选择策略后新位置的适应值，若优于前位置，则移动；否则，不移动。
（5）若结束条件满足，则算法结束，输出最优结果；否则，转向步骤（3）。

显然，在上述框架中，每只蝙蝠在不同的时间段内选择的策略也不一定相同。为了较为全面地考察集成策略的思想，本节引入如下 6 种策略。

（1）采用标准蝙蝠算法中的速度进化方程，且个体背离全局最优个体飞行：

$$x_{ik}(t+1) = x_{ik}(t) + v_{ik}(t+1) \tag{6.1}$$

$$v_{ik}(t+1) = v_{ik}(t) + (x_{ik}(t) - p_k(t)) \cdot \mathrm{fr}_i(t) \tag{6.2}$$

（2）采用标准蝙蝠算法中的速度进化方程，且个体背离当代最差个体飞行：

$$x_{ik}(t+1) = x_{ik}(t) + v_{ik}(t+1) \tag{6.3}$$

$$v_{ik}(t+1) = v_{ik}(t) + (x_{ik}(t) - w_k(t)) \cdot \mathrm{fr}_i(t) \tag{6.4}$$

（3）采用随机三角翻转法：

$$x_{ik}(t+1) = x_{ik}(t) + v_{ik}(t+1) \tag{6.5}$$

$$v_{ik}(t+1) = (x_{uk}(t) - x_{mk}(t)) \cdot \mathrm{fr}_i(t) \tag{6.6}$$

（4）采用最优解参与的三角翻转法：

$$x_{ik}(t+1) = x_{ik}(t) + v_{ik}(t+1) \tag{6.7}$$

$$v_{ik}(t+1) = (p_k(t) - x_{mk}(t)) \cdot \mathrm{fr}_i(t) \tag{6.8}$$

（5）采用两点法，该策略参考了遗传算法的两点交叉策略：

$$x_{ik}(t+1) = \alpha \cdot x_{ik}(t) + (1-\alpha) \cdot x_{mk}(t) \tag{6.9}$$

（6）采用在群体最优位置附近扰动的策略，即局部搜索策略：

$$x_{jk}(t+1) = p_k(t) + \varepsilon_{jk} \cdot \tau(t) \cdot x_{\max} \tag{6.10}$$

其中，$\tau(t) = \tau_{\max} \cdot \left[1 - \left(\frac{\tau_{\max} - \tau_{\min}}{\tau_{\max} \cdot (\mathrm{LG}-1)} \cdot (t-1)\right)^{k_1}\right]^{k_2}$。

在上述 6 种策略中，第 1 种策略为标准蝙蝠算法的全局搜索策略，第 2 种策略为一种修改的全局搜索策略（$\vec{w}(t) = (w_1(t), w_2(t), \cdots, w_D(t))$ 为群体在第 t 代性能最差的位置），第 3 种策略为第 3 章的随机三角翻转法，第 4 种策略为第 3 章的最优解参与的三角翻转法（$\vec{p}(t) = (p_1(t), p_2(t), \cdots, p_D(t))$ 为群体在第 t 代性能最优的位置），第 5 种策略为受第 5 章的影响给出的一种设计方式（$\vec{x}_m(t) = (x_{m1}(t), x_{m2}(t), \cdots, x_{mD}(t))$ 为随机选择的蝙蝠个体，α 为介于 (0,1) 且满足均匀分布的随机数），第 6 种策略为第 4 章的曲线递减策略。因此可以说，上述 6 种策略基本上都是前几章提出的改进策略。

下面将考察这 6 种策略的全局搜索性能的差异。为方便考察，每当考虑某个策略 S_i 时，将其放入蝙蝠算法的集成策略框架内进行考察，并记为 $\mathrm{Bat}(S_i)$。

定理 6.1 在边界条件为环型及反射型的情形下，$\mathrm{Bat}(S_1)$ 以概率 1 收敛到全局最优位置。

第 2 种策略与第 1 种策略很接近，唯一不同之处在于：第 1 种策略为远离当前的最强壮个体，以避免因靠近最强壮个体而受到该个体的敌视与攻击；第 2 种策略为远离群体的最差位置，以提高觅食效率，避免无效的搜索。然而，当连续 s 代内所有蝙蝠都不发生位置更新时，有

$$v_{ik}(t+s) = v_{ik}(t) + (x_{ik}(t) - w_k(t)) \cdot \sum_{u=0}^{s-1} \mathrm{fr}_i(t+u) \tag{6.11}$$

由于 $\sum_{u=0}^{s-1} \mathrm{fr}_i(t+u)$ 的搜索范围为 $[s \cdot \mathrm{fr}_{\min}, s \cdot \mathrm{fr}_{\max}]$，因此当 s 足够大时，则该区间可以覆盖定义域，从而保证每只蝙蝠的位置的支撑集可以覆盖整个定义域。类似于第 2 章的证明过程，有如下定理。

定理 6.2 若蝙蝠算法 $\mathrm{Bat}(S_2)$ 边界条件采用反射型策略，则算法以概率 1 收敛到全局最优解。

显然，$\mathrm{Bat}(S_1)$ 与 $\mathrm{Bat}(S_2)$ 虽然实现方式有所不同，但从全局收敛性的角度来看，基本没有差别，即都能保证算法以概率 1 收敛。

下面考察 Bat(S_3) 的支撑集，将式（6.6）代入式（6.5），可以得到

$$x_{ik}(t+1) = x_{ik}(t) + (x_{uk}(t) - x_{mk}(t)) \cdot \text{fr}_i(t) \qquad (6.12)$$

从式（6.12）可以看出，$x_{ik}(t+1)$ 的支撑集 M_{ik}^{t+1} 为一个区间，由于蝙蝠 u 及蝙蝠 m 的任意性，因此有

$$-\max\{|x_{uk}(t) - x_{mk}(t)|\} \leqslant x_{uk}(t) - x_{mk}(t) \leqslant \max\{|x_{uk}(t) - x_{mk}(t)|\}$$

结合 $\text{fr}_i(t+1) \in [\text{fr}_{\min}, \text{fr}_{\max}]$，有

$$x_{ik}(t+1) \in [x_{ik}(t) - \max\{|x_{uk}(t) - x_{mk}(t)|\} \cdot \text{fr}_{\max}, x_{ik}(t) + \max\{|x_{uk}(t) - x_{mk}(t)|\} \cdot \text{fr}_{\max}]$$

若令 $x_{k,\min}^t = \min\{x_{jk}(t), j=1,2,\cdots,n\}$ 表示第 t 代群体中所有个体的最小第 k 维分量，$x_{k,\max}^t = \max\{x_{jk}(t), j=1,2,\cdots,n\}$ 表示第 t 代群体中所有个体的最大第 k 维分量，$\Delta_k^t = x_{k,\max}^t - x_{k,\min}^t$，则

$$x_{ik}(t+1) \in [x_{ik}(t) - \Delta_k^t \cdot \text{fr}_{\max}, x_{ik}(t) + \Delta_k^t \cdot \text{fr}_{\max}]$$

从而表明该区间的长度为 $2 \cdot \Delta_k^t \cdot \text{fr}_{\max}$，即点 $\vec{x}_i(t+1)$ 的支撑集大小为

$$2^D \cdot (\Delta_k^t \cdot \text{fr}_{\max})^D = 2^D \cdot \text{fr}_{\max}^D \cdot \prod_{k=1}^{D} \Delta_k^t \qquad (6.13)$$

显然，Bat(S_3) 无法保证算法的全局收敛性，如图 6.2 所示。若设定义域为 $[x_{\min}, x_{\max}]^D$，对于第 k 维分量而言，若对于任意的个体 i，使得

$$x_k^* \notin [x_{ik}(t) - \Delta_k^t \cdot \text{fr}_{\max}, x_{ik}(t) + \Delta_k^t \cdot \text{fr}_{\max}]$$

则 Bat(S_3) 无法保证搜索到全局极值点。

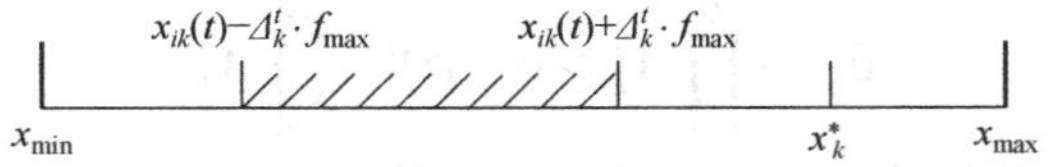

图 6.2 Bat(S_3) 无法保证算法的全局收敛性示意

对于 Bat(S_4) 而言，由于其相当于把 Bat(S_3) 中的个体 u 确定为群体最优 $\vec{p}(t)$，将式（6.8）代入式（6.7），可以得到

$$x_{ik}(t+1) = x_{ik}(t) + (p_k(t) - x_{mk}(t)) \cdot \text{fr}_i(t)$$

从上式可以看出，$x_{ik}(t+1)$ 的支撑集 M_{ik}^{t+1} 为一个区间，由于蝙蝠 m 的任意性，因此结合 $\text{fr}_i(t+1) \in [f_{\min}, f_{\max}]$，有

$$x_{ik}(t+1) \in [x_{ik}(t) + (p_k(t) - x_{k,\max}^t) \cdot \text{fr}_{\max}, x_{ik}(t) + (p_k(t) - x_{k,\min}^t) \cdot \text{fr}_{\max}]$$

从而支撑集的区间长度为

$$[x_{ik}(t) + (p_k(t) - x_{k,\min}^t) \cdot \text{fr}_{\max}] - [x_{ik}(t) + (p_k(t) - x_{k,\max}^t) \cdot \text{fr}_{\max}] = \Delta_k^t \cdot \text{fr}_{\max}$$

从而点 $\vec{x}_i(t+1)$ 的支撑集为

$$\prod_{k=1}^{D} \Delta_k^t \cdot \text{fr}_{\max} = f_{\max}^D \cdot \prod_{k=1}^{D} \Delta_k^t \qquad (6.14)$$

综上，与 Bat(S_3) 相比，算法 Bat(S_4) 的支撑集要小于 Bat(S_3) 的支撑集，考虑到 Bat(S_3)

不能以概率 1 收敛，则 Bat(S_4) 也无法保证以概率 1 收敛。

下面讨论 Bat(S_5) 的支撑集，由于

$$x_{ik}(t+1) = \alpha \cdot x_{ik}(t) + (1-\alpha) \cdot x_{mk}(t+1)$$

因此有

$$x_{ik}(t+1) \in [\alpha x_{ik}(t) + (1-\alpha)x_{k,\min}^t, \alpha x_{ik}(t) + (1-\alpha)x_{k,\max}^t]$$

该区间的长度为 $(1-\alpha) \cdot (x_{k,\max}^t - x_{k,\min}^t)$，从而点 $\vec{x}_i(t+1)$ 的支撑集为

$$\prod_{k=1}^{D}(1-\alpha) \cdot (x_{k,\max}^t - x_{k,\min}^t) = (1-\alpha)^D \cdot \prod_{k=1}^{D}\Delta_k^t \tag{6.15}$$

由于上述支撑集与 $fr_{\max}$ 无关，因此其支撑集显然比 Bat(S_3)、Bat(S_4) 的支撑集小得多。

对于 Bat(S_6) 而言，$x_{ik}(t+1)$ 的支撑集 M_{ik}^{t+1} 为区间（ε_{jk} 为介于 $(-1,1)$ 且满足均匀分布的随机数），即

$$x_{ik}(t+1) \in [p_k(t) - \tau(t) \cdot x_{\max}, p_k(t) + \tau(t) \cdot x_{\max}]$$

其区间长度为 $2 \cdot \tau(t) \cdot x_{\max}$，从而点 $\vec{x}_i(t+1)$ 的支撑集大小为

$$2^D \cdot \tau(t)^D \cdot x_{\max}^D \tag{6.16}$$

由于 $\tau(t)$ 的选择方式是逐渐减少至 0.0001，Bat(S_6) 的支撑集在一定代数后将非常小，因此它应小于 Bat(S_5) 的支撑集。

由于 Bat(S_3) 的支撑集大于 Bat(S_4)，因此下面分析 Bat(S_4)、Bat(S_5) 及 Bat(S_6) 的支撑集大小。

由于 $fr_{\max} \geq 1$，因此 $fr_{\max} \geq 1-\alpha$，从而

$$fr_{\max}^D \cdot \prod_{k=1}^{D}\Delta_k^t > (1-\alpha)^D \cdot \prod_{k=1}^{D}\Delta_k^t$$

因此，Bat(S_4) 的支撑集要大于 Bat(S_5)；结合前面的结论，Bat(S_4) 的支撑集也大于 Bat(S_6)。

从全局搜索的方式来看，相比较 Bat(S_3) 及 Bat(S_4)（支撑集都受 $fr_{\max}$ 的影响），Bat(S_5) 及 Bat(S_6) 的支撑集就非常小。从这个角度而言，Bat(S_1) 与 Bat(S_2) 可视为全局寻优策略，Bat(S_5) 及 Bat(S_6) 可视为局部搜索策略，而 Bat(S_3) 与 Bat(S_4) 则为居中搜索策略。这样，按照策略集所选择的 6 种策略来看，在进化过程中，每代既有全局搜索和居中搜索的个体，又有局部搜索的个体。因此，如何确定个体的策略方式是集成算法的关键问题，下面将分别从固定选择概率及动态选择概率两个角度出发讨论该问题。

6.3 固定概率选择的集成算法

由于策略集有 6 种策略，我们单独给每种策略设置概率较为复杂，因此，将这 6 种策略按照全局搜索性能分为 3 类：策略 1 和策略 2 都满足全局收敛性能，故分为第 1 类（满足全局搜索的策略，简记为 C_1）；策略 3 和策略 4 的全局搜索性能都优于策略 5 和策

略 6，故分为第 2 类（全局搜索能力劣于前两种策略，但优于后两种策略，简记为 C_2）；策略 5 和策略 6 的局部搜索性能均较优，故分为第 3 类（主要进行局部搜索策略，简记为 C_3）。

下面主要对这 3 类策略设计相应的概率，设每类的概率 p_i（$i=1,2,3$），对于某只蝙蝠，一旦它被某类策略（C_1、C_2 或 C_3）选中，则对于该类策略中的两种策略各有 50% 的概率选择。这样，每代只有 3 种策略被选择运行。为了方便，称本节算法为固定概率选择的集成算法（Ensemble Bat Algorithm with Constant Selection，EBAS），其流程如下。

（1）初始化参数 $\vec{x}_i(0)$、$\vec{v}_i(0)$、$\tau(0)$、$\mathrm{fr}_i(0)$、p_1、p_2、p_3。

（2）计算各蝙蝠的适应值，记 $\vec{p}(0)$ 为初始种群中性能最优的位置，即 $f(\vec{p}(t)) = \min\{f(\vec{x}_i(0)) | i=1,2,\cdots,n\}$，$\vec{w}(0)$ 为初始种群中性能最次的位置，即 $f(\vec{w}(t)) = \max\{f(\vec{x}_i(0)) | i=1,2,\cdots,n\}$，令 $t=0$。

（3）对蝙蝠个体 i，产生两个介于 $(0,1)$ 的随机数 rand_1 及 rand_2，如果 $\mathrm{rand}_1 < p_1$，则选择 C_1 类的策略（若 $\mathrm{rand}_2 < 50\%$，则选择策略 1；否则，选择策略 2）；若 $p_1 \leqslant \mathrm{rand}_1 < p_1 + p_2$，则选择 C_2 类的策略（若 $\mathrm{rand}_2 < 50\%$，则选择策略 3；否则，选择策略 4）；若 $\mathrm{rand}_1 \geqslant p_1 + p_2$，则选择 C_3 类的策略（若 $\mathrm{rand}_2 < 50\%$，则选择策略 5；否则，选择策略 6）。

（4）对于蝙蝠个体 i，按照相应的策略计算该蝙蝠的位置 $\vec{x}'_i(t+1)$。

（5）计算新位置 $\vec{x}'_i(t+1)$ 的适应值。

（6）若 $f(\vec{x}'(t+1)) < f(\vec{x}_i(t))$，则更新位置。

（7）更新参数 $\tau(t+1)$ 和 $\mathrm{fr}_i(t+1)$。

（8）更新群体历史最优位置 $\vec{p}(t+1)$。

（9）如果满足结束条件则终止算法，并输出所得到的最优解 $\vec{p}(t+1)$；否则，令转入第 $t+1$ 代，即转入步骤（3）。

为了给出各类策略相应的概率，选择 CEC2008 大规模优化问题测试集[27]进行试验，该测试集是 Tang 等于 2008 年在计算智能领域的国际知名会议 IEEE Congress on Evolutionary Computation 提出的，用于检测和评价仿生优化算法在大规模优化问题中的性能。该集合包含 7 个测试函数（定义及最优解如表 6.1 所示），大致可以分为两类：单峰函数（Unimodal Functions）（F1～F2），多峰函数（Multimodal Functions）（F3～F7）。

表 6.1　CEC2008 测试集包含 7 个测试函数的定义及最优解

函数	编号	函数公式	搜索范围	最优解
单峰函数	1	Shifted Sphere Function $F_1(x) = \sum_{i=1}^{D} z_i^2 + f\_\mathrm{bias}_1$	$[-100,100]$	-450
	2	Schwefel's Problem $F_2(x) = \max_i\{|z_i|, 1 \leqslant i \leqslant D\} + f\_\mathrm{bias}_2$	$[-100,100]$	-450

(续表)

函数	编号	函数公式	搜索范围	最优解
多峰函数	3	Shifted Rosenbrock's Function $F_3(x) = \sum_{i=1}^{D-1}(100(z_i^2-z_{i+1})^2+(z_i-1)^2+f\_bias_3)$	[-100,100]	390
	4	Shifted Rastrigin's Function $F_4(x) = \sum_{i=1}^{D-1}(z_i^2-10\cos(2\pi z_i)+10)+f\_bias_4$	[-5,5]	-330
	5	Shifted Griewank's Function $F_5(x) = \sum_{i=1}^{D-1}\frac{z_i^2}{4000}-\prod_{i=1}^{D}\cos(\frac{z_i}{\sqrt{i}})+1+f\_bias_5$	[-600,600]	-180
	6	Shifted Ackley's Function $F_6(x) = -20\exp(-0.2\sqrt{\frac{1}{D}\sum_{i=1}^{D}z_i^2})-\exp(\frac{1}{D}\sum_{i=1}^{D}\cos(2\pi z_i))+20+e+f\_bias_6$	[-32,32]	-140
	7	FastFractal "DoubleDip" Function $F_7(x) = \sum_{i=1}^{D}\text{fractal1}D(x_i+\text{twist}(x_{(i\bmod D)+1}))$ $\text{twist}(y) = 4\times(y^4-2y^3+y^2)$ $\text{fractal1}D(x) \approx \sum_{k=1}^{3}\sum_{1}^{2^{k-1}}\sum_{1}^{\text{rand}_2(o)}\text{doubledip}(x,\text{rand}_1(o),\frac{1}{2^{k-1}\times(2-\text{rand}_1(o))})$ $\text{doubledip}(x,c,s) = \begin{cases}(-6144\times(x-c)^6+3088\times(x-c)^4-392\times(x-c)^2+1)s, -0.5<x<0.5\\0, \text{其他}\end{cases}$	[-1,1]	未知

由于 6 种策略分为 3 类，因此首先考虑平均概率，即 $p_1=p_2=p_3=1/3$，然而，对于问题集的某些问题而言，平均概率不一定能取得较优的结果，为此我们对每个概率上下浮动 1/6 用以分析其相对重要性。

下面首先考虑 C_1 类与 C_2 类的相对重要性，由于每类均有 3 种概率选择状态 {1/6,1/3,1/2}，因此两类共有 9 种组合方式，试验采用 CEC2008 测试集的测试函数，维数为 100，试验环境与文献[21]相同，试验结果如表 6.2 所示。其中，Score 值为采用 Friedman 测试的结果，Score 值越小，性能越优。

表 6.2 C_1 类与 C_2 类的性能比较

	C_1	C_2	Score
1	1/6	1/6	7.50
2	1/3	1/6	6.57
3	1/2	1/6	5.14
4	1/6	1/3	6.36
5	1/3	1/3	3.00
6	1/2	1/3	3.29
7	1/6	1/2	3.21
8	1/3	1/2	1.79

（续表）

	C_1	C_2	Score
9	1/2	1/2	8.14
Total（1/6）	17.07	19.21	
Total（1/3）	11.36	12.65	
Total（1/2）	16.57	13.14	
级差	5.71	6.56	

与正交设计类似，Total（1/6）表示当 C_1 类（C_2 类）的概率为 1/6 时，3 种情况的 Score 值的和。同理，Total（1/3）与 Total（1/2）则表示当 C_1 类（C_2 类）的概率为 1/3 或 1/2 时，各自 3 种情况 Score 值的和。级差则用以表示 Total（1/6）、Total（1/3）与 Total（1/2）这 3 个结果中最大值与最小值的差别。显然，级差越大，说明该类策略对于概率的变化越敏感，在概率选择中应该优先考虑。从表 6.2 中可以看出，C_2 类的级差 6.56 要大于 C_1 类的级差 5.71，故对于算法性能而言，C_2 类的概率选择要优先于 C_1 类的概率选择。

在此基础上，我们继续考虑 C_2 类与 C_3 类的比较，结果如表 6.3 所示。该结果表明 C_3 类的级差 10.8 要大于 C_2 类的级差 6.29。因此，C_3 类的概率选择要优先于 C_2 类的概率选择。

表 6.3　C_2 类与 C_3 类的性能比较

	C_2	C_3	Score
1	1/6	1/6	4.36
2	1/3	1/6	3.71
3	1/2	1/6	2.21
4	1/6	1/3	6.00
5	1/3	1/3	3.86
6	1/2	1/3	3.79
7	1/6	1/2	7.79
8	1/3	1/2	7.43
9	1/2	1/2	5.86
Total（1/6）	18.15	10.28	
Total（1/3）	15	13.65	
Total（1/2）	11.86	21.08	
级差	6.29	10.8	

因此，在参数选择的过程中，首先需要选择 C_3 类的概率，其次是 C_2 类的概率，最后是 C_1 类的概率。而从 C_3 类的 3 个概率值来看，随着取值从 1/2 降到 1/3，进而继续降低到 1/6，其性能逐渐提高，因此，C_3 类的概率应取一个较小的值。而从 C_2 类来看，随着取值从 1/2 降到 1/3，进而继续降低到 1/6，其性能逐渐变差，因此，C_2 类的概率应取一个较大的数值。也可以从这 3 类策略的搜索性能来分析，对于高维优化问题，种群多样性至关重要。因此，局部搜索的次数要减少，以避免算法陷入局部极值点（C_3 类的选择概率需要尽

可能小），而全局搜索的概率也不能很大，否则会影响算法的计算效率。因此，算法应以中间搜索为主（C_2 类的选择概率尽可能大）。此外，从表 6.2 中可以看出，在 C_2 类的参数给定的情况下，C_1 类的参数也有一些特征，如当 C_2 类的参数为 1/3 及 1/2 时，C_1 类的参数取中间值较佳（如 1/3）。这表明 C_1 类的参数还不能太小，至少应大于 1/6，最佳为 1/3。结合表 6.3 可以得到一组较优的参数为：C_1 类的选择概率为 1/3，C_2 类的选择概率为 1/2，C_3 类的选择概率为 1/6。

然而，按照表 6.2，似乎 C_3 类的概率越小，性能越佳，因此，我们进一步考虑 C_3 类的概率为 1/12 的情形。由于 C_1 类的概率变化对算法性能影响不大，因此其值取为 1/3 不变，从而 C_2 类的概率为 7/12，结果如表 6.4 所示（算法 EBAS2，由于比较几种算法的性能，该表位于 6.4 节），Friedammn 测试结果表明，其结果劣于选择概率为 {1/3, 1/2, 1/6} 的算法（EBAS1）。按照这一结果，本章后续内容中，固定概率将按照 {1/3, 1/2, 1/6} 来选择。

6.4 动态概率选择的集成算法

固定概率的选择方式无法针对不同的优化问题进行自适应调整，为此本节讨论动态概率选择的集成算法。

动态概率选择的集成算法主要针对算法过程中各种策略的表现，采取自适应的调整方式用以体现"激励效应"，即对于表现较好的策略，应增加其选择概率，而对于表现较差的策略，则应降低其选择概率，从而适应不同问题的求解。因此，对于该算法需要考虑如下几个问题。

（1）初始选择概率如何设置。
（2）如何评价策略的表现是优还是劣。
（3）对于策略的选择概率，依据其表现给出相应的选择概率调整方式。
（4）概率进行调整的频率。

6.4.1 动态概率选择策略

1. 初始概率的选择

不同于固定概率选择方式，动态概率选择方式针对所有的策略，即每代所有的策略都可能参与运算，故在动态概率选择策略下每代都有策略选择概率 $P(t) = \{p_1(t), p_2(t), p_3(t), p_4(t), p_5(t), p_6(t)\}$，且 $\sum_{i=1}^{6} p_i(t) = 1$。由于按照 C_1、C_2、C_3 这 3 类策略来安排，6.3 节已经给出一组较优的固定概率 {1/3, 1/2, 1/6}，且其中的每种策略都按照 50% 的概率来选择，因此，将它作为 6 种策略的初始选择概率，即 $P(0) = \{1/6, 1/6, 1/4, 1/4, 1/12, 1/12\}$。

2. 策略性能的评价

由于策略是以概率方式选择的,因此,算法每代选择不同策略的蝙蝠数量不定,且每代蝙蝠选择策略后其位置发生更新的数量也不定,故本章采用非参数统计的方法来确定各种策略的优劣。然后,根据其优劣的评估值调整相应的选择概率。

为了公平,各种策略的初始评估值都默认为 1,即

$$\text{Eva}(0) = \{\text{Eva}_1(0), \text{Eva}_2(0), \text{Eva}_3(0), \text{Eva}_4(0), \text{Eva}_5(0), \text{Eva}_6(0)\} = \{1,1,1,1,1,1\}$$

从非参数统计的角度来看,若利用位置更新的数量来判断策略的优劣,则可用符号统计量;若不仅考虑位置更新的数量,而且考虑其更新的幅度,则需要采用秩和统计量,因为该统计量可以比较两个具有不同样本数的中位数是否相同。

秩和统计量采用的假设如下。

(1)原假设。

H_0:第 1 种策略的中位数小于第 2 种策略的中位数。

(2)备选假设。

H_1:第 1 种策略的中位数大于第 2 种策略的中位数。

算法在第 t 代时,统计各种策略所导致的蝙蝠位置的更新幅度,然后利用秩和统计量对任意两种策略进行分析,判断原假设 H_0 或备选假设 H_1 在 5%的可信度下是否成立?若两者有显著性差异,则两种策略对各蝙蝠的性能改善程度具有显著性差异,并认为中位数较大的策略性能较优,其评估值加 1,另一种策略的评估值不变;若两者无显著性差异,则两种策略对算法性能改善的差异不大,两者的评估值都不变。通过这种方式,可以得到各种策略依照评估值的排名。显然,评估值越大,该策略越有效,即表现越优。

由于秩和统计量仅能比较两组样本的优劣,因此,对 6 种策略采用冒泡排序法,使得任意两种策略之间都利用秩和统计量进行一次比较。

注 6.1:若第 t 代采用某策略的所有蝙蝠都未发生位置更新,即该策略被某些蝙蝠个体采用后,搜索得到的新位置均不如原有位置,则该策略的评估值直接设定为 0,且不再与其他策略进行秩和统计量比较。

3. 策略选择概率的调整

下面讨论策略的选择概率如何调整?依照策略相应的评估值,对其从小到大进行排序,显然,评估值越大,策略越有效。我们的调整策略是削减最后 3 种策略的选择概率,并将减少的这部分比例补充给前面 3 种策略,具体为:排名第 4 位的策略减少的选择概率调剂给排名第 1 位的策略,排名第 5 位的策略减少的选择概率调剂给排名第 2 位的策略,排名第 6 位的策略减少的选择概率调剂给排名第 3 位的策略,即对于排名靠后的 3 种策略而言,其选择概率的更新方式为

$$p_j(t+1) = p_j(t)\omega \tag{6.17}$$

而排名靠前的 3 种策略的选择概率调整为

$$p_k(t+1) = p_k(t) + p_j(t)(1-\omega) \tag{6.18}$$

其中,$0 < \omega < 1$。

为了保证策略的选择概率不至于波动过大（见图 6.3），一般参数 ω（$0<\omega<1$）的选择介于[0.8, 0.99]。显然，ω 越大，选择概率降低的速度越慢。

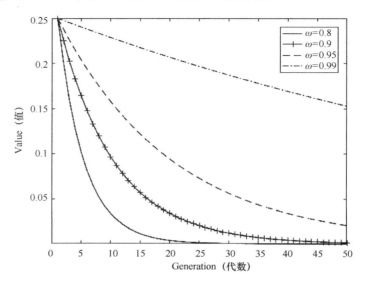

图 6.3 不同 ω 对选择概率的影响

注 6.2：随着迭代次数的增加，某些策略的选择概率可能会下降到很小的数值，这不利于该策略在后续代数的选择，为此，我们对每种策略设置一个最低选择概率 0.001。若通过式（6.17）得到的选择概率小于 0.001，则将其设置为 0.001。

注 6.3：算法在运行过程中可能出现如下情况。在 6 种策略中，只有排名第 1 位的策略使得某些蝙蝠的位置发生了变化，而其他 5 种策略都没有让蝙蝠的位置发生变化。此时，应该只对排名第 1 位的策略进行奖励，而对排名第 2 位及第 3 位的策略不予奖励。因此，在选择概率调整时，需要判断排名靠前的策略是否使得蝙蝠的位置发生了变化，即初始评估值是否为 0，若不为 0，则进行调整；否则不调整选择概率。

4. 策略选择概率的调整频率

若算法在每代都调整选择概率，则过于频繁的选择概率调整将会影响策略的长期效能。因为短期效能未必能有效改善算法性能，所以应该每隔若干代更新一次概率。经过大量的试验可以发现，每隔 20 代更新一次，其平均性能较优。因此，在下面的试验中，将每隔 20 代更新一次。

为了方便，我们称本节算法为动态概率选择的集成算法[22]（Ensemble BA with Dynamic Probability Strategy，EBAS），其流程如下。

（1）初始化参数 $\vec{x}_i(0)$、$\vec{v}_i(0)$、$\tau(0)$、$\text{fr}_i(0)$，设 $P(0) = \{1/6, 1/6, 1/4, 1/4, 1/12, 1/12\}$。

（2）计算各蝙蝠的适应值，记 $\vec{p}(0)$ 为初始种群中性能最优的位置，即 $f(\vec{p}(t)) = \min\{f(\vec{x}_i(0)) | i=1,2,\cdots,n\}$，$\vec{\omega}(0)$ 为初始种群中性能最次的位置，即 $f(\vec{\omega}(t)) = \max\{f(\vec{x}_i(0)) | i=1,2,\cdots,n\}$，令 $t=0$。

（3）对蝙蝠个体 i，产生一个介于 (0,1) 的随机数 rand_1，若 $\text{rand}_1 < p_1(t)$，则选择策略 1；若 $p_1(t) \leqslant \text{rand}_1 < p_1(t) + p_2(t)$，则选择策略 2；若 $\sum_{i=1}^{2} p_i(t) \leqslant \text{rand}_1 < \sum_{i=1}^{3} p_i(t)$，则选择策略 3；若 $\sum_{i=1}^{3} p_i(t) \leqslant \text{rand}_1 < \sum_{i=1}^{4} p_i(t)$，则选择策略 4；若 $\sum_{i=1}^{4} p_i(t) \leqslant \text{rand}_1 < \sum_{i=1}^{5} p_i(t)$，则选择策略 5；若 $\sum_{i=1}^{5} p_i(t) \leqslant \text{rand}_1$，则选择策略 6。

（4）对于蝙蝠个体 i，按照相应的策略计算该蝙蝠的位置 $\vec{x}_i'(t+1)$。

（5）计算新位置 $\vec{x}_i'(t+1)$ 的适应值。

（6）若 $f(\vec{x}_i'(t+1)) < f(\vec{x}_i(t))$，则更新位置。

（7）更新参数 $\tau(t+1)$ 和 $\text{fr}_i(t+1)$。

（8）统计每种策略在不同蝙蝠个体上的更新幅度，作为样本，对其两两进行秩和统计量比较，并计算相应的评估值。

（9）根据式（6.17）和式（6.18）更新各种策略的选择概率。

（10）更新群体历史最优位置 $\vec{p}(t+1)$。

（11）如果满足结束条件则终止算法，并输出所得到的最优解 $\vec{p}(t+1)$；否则，转入第 $t+1$ 代，即转入步骤（3）。

6.4.2 仿真试验

为了验证本节所提的动态概率选择的集成算法的性能，需要进行如下两个试验。

试验 1：7 种不同的集成蝙蝠算法性能比较

（1）固定概率的集成蝙蝠算法（Ensemble BA with Constant Probability Selection，EBAS1），其中 3 类策略的选择概率为 {1/3，1/2，1/6}。

（2）固定概率的集成蝙蝠算法（EBAS2），其中 3 类策略的选择概率为 {1/3，7/12，1/12}。

（3）动态概率的集成蝙蝠算法 1（Ensemble BA with Dynamic Probability Strategy，EBAS3），其中 $\omega = 0.95$。

（4）动态概率的集成蝙蝠算法 2（Ensemble BA with Dynamic Strategy，EBAS4），其中 $\omega = 0.90$。

（5）动态概率的集成蝙蝠算法 3（Ensemble BA with Dynamic Strategy，EBAS5），其中 $\omega = 0.95$，且考虑注 6.1 与注 6.3。

（6）动态策略的集成蝙蝠算法 4（Ensemble BA with Dynamic Strategy，EBAS6），其中 $\omega = 0.90$，且考虑注 6.1 与注 6.3。

（7）动态策略的集成蝙蝠算法 5（Ensemble BA with Dynamic Strategy，EBAS7），其中 $\omega = 0.95$，且考虑注 6.1、注 6.2 与注 6.3。

从 Friedman 测试结果来看（见表 6.4），这 7 种算法的秩均值从小到大依次为 EBAS7、

EBAS5、EBAS1、EBAS2、EBAS6、EBAS3 及 EBAS4。

表 6.4 Friedman 测试结果

算 法	秩均值	算 法	秩均值
EBAS1	3.57	EBAS5	3.36
EBAS2	4.07	EBAS6	4.21
EBAS3	4.71	EBAS7	**3.00**
EBAS4	5.07		

表 6.5 表明,利用 Wilcoxon 测试可知,EBAS7 与其他 6 种算法没有显著性差异(显著性水平为 0.05)。

表 6.5 Wilcoxon 测试结果

与 EBAS7 相比	p-values	与 EBAS7 相比	p-values
EBAS1	0.686	EBAS4	0.176
EBAS2	0.398	EBAS5	0.686
EBAS3	0.866	EBAS6	0.176

表 6.6 所示为 7 种算法的性能比较。从 $w/t/l$ 行来看,EBAS7 虽然仅有 2 个函数优于 EBAS1,但与其他几种算法相比,EBAS7 分别有 4 个函数优于 EBAS2、5 个函数优于 EBAS3、6 个函数优于 EBAS4、3 个函数优于 EBAS5、6 个函数优于 EBAS6。综上所述,EBAS7 的算法性能较优。

表 6.6 7 种算法的性能比较

函 数	EBAS1	EBAS2	EBAS3	EBAS4	EBAS5	EBAS6	EBAS7
1	1.70E−10	2.07E−07	8.53E−13	4.43E−12	1.71E−13	3.41E−13	1.71E−13
2	5.87E+01	5.38E+01	6.86E+01	6.86E+01	6.12E+01	6.34E+01	6.12E+01
3	3.98E+02	6.05E+02	2.09E+02	2.36E+02	2.59E+02	2.80E+02	2.26E+02
4	5.29E+02	5.42E+02	5.13E+02	5.01E+02	5.00E+02	4.91E+02	5.29E+02
5	4.02E−03	3.55E−03	1.35E−02	9.85E−03	1.07E−02	1.28E−02	5.12E−03
6	4.55E+00	3.53E+00	5.80E+00	7.17E+00	5.10E+00	5.12E+00	5.11E+00
7	−1.28E+03	−1.27E+03	−1.27E+03	−1.25E+03	−1.27E+03	−1.27E+03	−1.28E+03
$w/t/l$	2/2/3	4/0/3	5/0/2	6/0/1	3/2/2	6/0/1	

试验 2:几种不同的算法性能比较

(1)标准蝙蝠算法(BA)。
(2)标准微粒群算法[23](Standard Particle Swarm Optimization,PSO)。
(3)基于加速变化的微粒群算法[24](TVAC)。
(4)标准布谷鸟算法[25](CS)。
(5)具有 Lévy 飞行特征的蝙蝠算法[26](Bat Algorithm with Lévy Distribution,LBA1)。
(6)基于 Lévy 飞行轨迹的蝙蝠算法[27](Bat Algorithm with Lévy Distribution,LBA2)。
(7)动态策略的集成蝙蝠算法 5(Ensemble BA with Dynamic Strategy,EBAS7),其中

$\omega = 0.95$，且考虑注 6.1、注 6.2 与注 6.3。

为了更好地比较这些算法，我们分别给出了 100 维、500 维、1000 维的性能比较。表 6.7 给出了这 7 种算法在 100 维的比较结果，图 6.4 给出了相应的动态比较图。从表 6.7 可以看出，在所有 7 个测试函数中，EBAS7 都优于 BA、CS、LBA2，EBAS7 有 6 个测试函数的性能优于 PSO，EBAS7 有 5 个测试函数的性能优于 TVAC、LBA1。随着维数的增加（直至 1000 维），EBAS7 至少有 5 个测试函数的性能优于其他 6 种算法。另外，随着维数的增加，EBAS7 的优势越来越明显，如表 6.8、表 6.9、图 6.5、图 6.6 所示。从表 6.10 中可以看出，EBAS7 的秩均值最小。Wilcoxon 测试结果如表 6.11 所示，总体来看，EBAS7 的性能与 BA、LBA2 有显著性差异，而当维数较大（1000 维）时，EBAS7 的性能与 PSO、LBA1 也有显著性差异，而 TVAC 的 p-value 也在逐渐接近 0.05。因此，总体来说 EBAS7 的性能非常适用于高维数值优化问题。

表 6.7　7 种算法 100 维的运行结果比较

函数	BA	PSO	TVAC	CS	LBA1	LBA2	EBAS7
1	6.79E+00	6.76E+04	6.11E+04	1.55E+02	1.04E+01	6.44E+00	1.71E−13
2	8.21E+01	6.82E+01	4.96E+01	6.15E+01	5.36E+01	8.52E+01	6.12E+01
3	3.59E+03	1.71E+09	2.36E+08	1.74E+06	6.07E+03	6.31E+03	2.26E+02
4	1.51E+03	4.08E+02	4.72E+02	7.27E+02	1.06E+03	1.14E+03	5.29E+02
5	1.42E+03	4.56E+02	4.67E+02	2.12E+00	1.25E−01	8.92E+00	5.12E−03
6	2.07E+01	1.52E+01	1.58E+01	1.94E+01	3.50E+00	1.79E+01	5.11E+00
7	−8.53E+02	−8.55E+02	−1.03E+03	−1.07E+03	−8.96E+02	−9.31E+02	−1.28E+03
w/t/l	7/0/0	6/0/1	5/0/2	7/0/0	5/0/2	7/0/0	

表 6.8　7 种算法 500 维的运行结果比较

函数	BA	PSO	TVAC	CS	LBA1	LBA2	EBAS7
1	1.68E+05	5.65E+05	7.75E+05	2.78E+01	1.04E+01	3.72E+03	2.89E−008
2	1.28E+02	1.18E+02	1.02E+02	9.15E+01	1.08E+02	1.33E+02	1.03E+002
3	6.12E+09	6.50E+10	8.37E+10	1.84E+06	5.12E+03	1.40E+07	1.87E+003
4	9.37E+03	2.90E+03	3.80E+03	3.63E+03	7.94E+03	7.69E+03	3.82E+003
5	1.44E+04	4.32E+03	5.92E+03	1.14E+00	7.40E+00	1.32E+03	2.54E−001
6	2.12E+01	1.89E+01	1.93E+01	1.97E+01	1.87E+01	2.10E+01	1.88E+001
7	−3.51E+03	−3.51E+03	−4.14E+03	−4.53E+03	−3.58E+03	−3.66E+03	−5.65E+003
w/t/l	7/0/0	6/0/1	5/0/2	5/0/2	6/0/1	7/0/0	

表 6.9　7 种算法 1000 维的运行结果比较

函数	BA	PSO	TVAC	CS	LBA1	LBA2	EBAS7
1	1.13E+06	1.89E+06	1.37E+06	5.80E+00	5.76E+03	1.54E+05	7.72E−07
2	1.42E+02	1.23E+02	1.31E+02	9.74E+01	1.28E+02	1.49E+02	1.11E+02
3	1.55E+11	3.11E+11	2.12E+11	1.18E+06	5.25E+07	4.89E+09	3.62E+03

（续表）

函数	BA	PSO	TVAC	CS	LBA1	LBA2	EBAS7
4	1.99E+04	9.10E+03	6.42E+03	7.24E+03	1.77E+04	1.71E+04	8.12E+03
5	3.62E+04	1.65E+04	1.17E+04	3.46E−01	4.51E+02	7.35E+03	3.47E−03
6	2.14E+01	1.98E+01	1.94E+01	1.95E+01	2.11E+01	2.12E+01	1.94E+01
7	−6.63E+03	−7.53E+03	−6.90E+03	−8.66E+03	−7.12E+03	−7.30E+03	−1.09E+04
w/t/l	7/0/0	7/0/0	5/1/1	5/0/2	7/0/0	7/0/0	

表 6.10　Friedman 测试结果

算法	秩均值（100维）	秩均值（500维）	秩均值（1000维）
BA	5.57	6.21	6.29
PSO	4.86	4.64	4.86
TVAC	4.00	4.57	4.36
CS	4.14	2.57	2.00
LBA1	3.14	3.29	4.14
LBA2	4.57	4.86	4.86
EBAS7	**1.71**	**1.86**	**1.50**

表 6.11　Wilcoxon 测试结果

与 EBAS7 相比	p-values（100维）	p-values（500维）	p-values（1000维）
BA	**0.018**	**0.018**	**0.018**
PSO	0.063	0.063	**0.018**
TVAC	0.128	0.128	0.075
CS	**0.018**	0.310	0.398
LBA1	0.128	**0.028**	**0.018**
LBA2	**0.018**	**0.018**	**0.018**

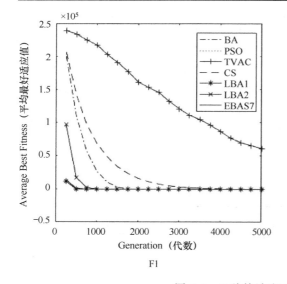

F1

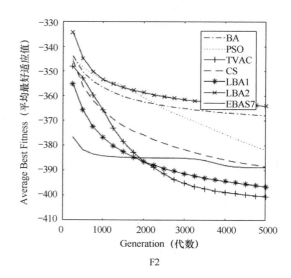

F2

图 6.4　7 种算法在 100 维时函数动态寻优

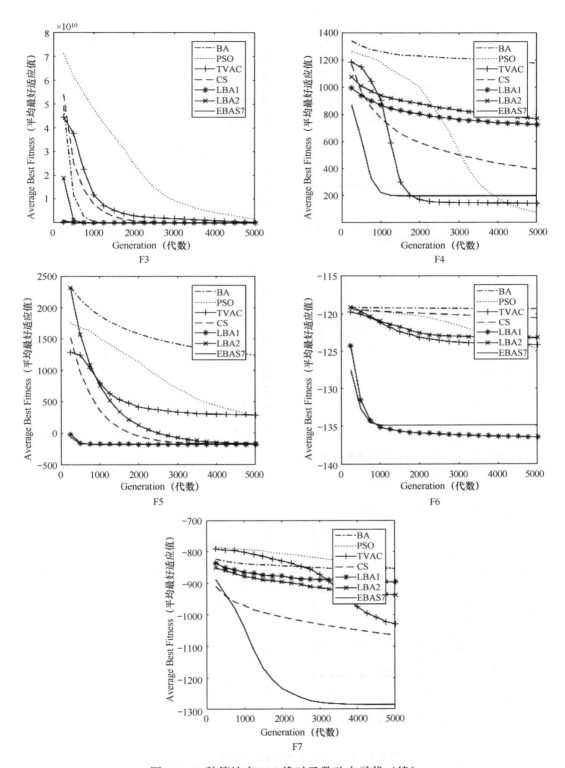

图 6.4 7种算法在100维时函数动态寻优（续）

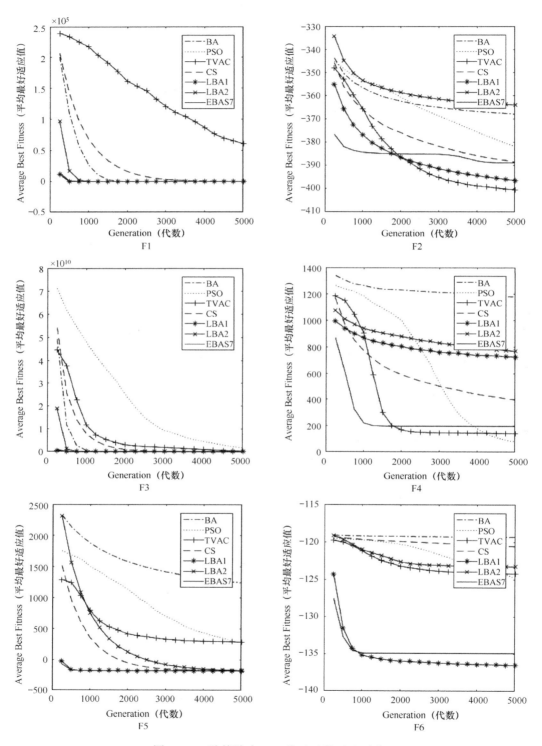

图 6.5 7种算法在 500 维时函数动态寻优

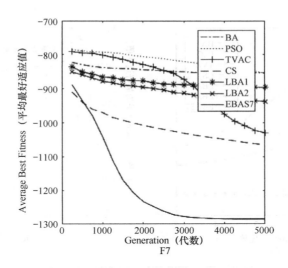

图 6.5　7 种算法在 500 维时函数动态寻优（续）

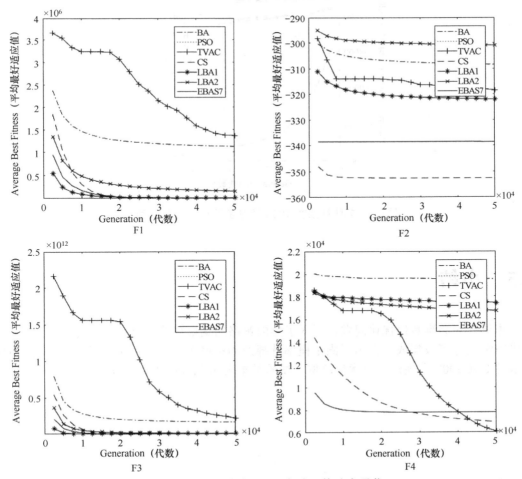

图 6.6　7 种算法在 1000 维时函数动态寻优

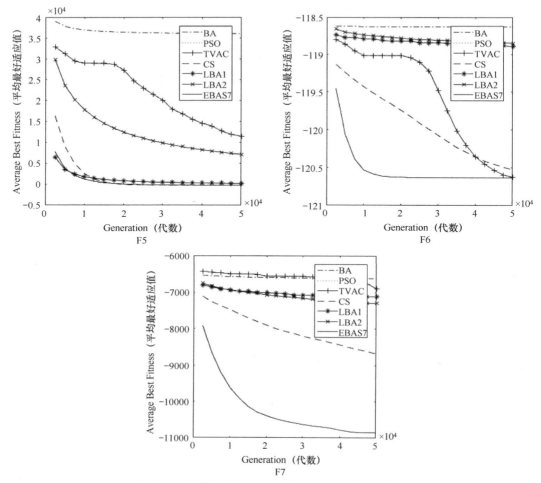

图 6.6　7 种算法在 1000 维时函数动态寻优（续）

6.5　小结

本章针对高维数值优化问题，引入了集成策略的蝙蝠算法。该算法将前面提到的 6 种改进策略进行有效集成，提出了固定概率选择及动态概率选择两种选择机制，并将其应用于求解 CEC2008 大规模数值优化范例，试验结果表明了该算法的有效性。

参 考 文 献

[1] Chellapilla K. Combining mutation operators in evolutionary programming[J]. IEEE Transactions on Evolutionary Computation, 1998, 2(3): 91-96.
[2] Yao X, Liu Y, Lin G. Evolutionary programming made faster[J]. IEEE Transactions on Evolutionary Computation, 1999, 3(2): 82-102.
[3] Dong H, He J, Huang H, et al. Evolutionary programming using mixed mutation strategy[J]. Information Sciences, 2007, 177(1): 312-327.
[4] Mallipeddi R, Mallipeddi S, Suganthan P N. Ensemble strategies with adaptive evolutionary programming[M]. Information Sciences, 2010, 180(9): 1571-1581.
[5] Mallipeddi R, Suganthan P N. Ensemble of constraint handling techniques[J]. IEEE Transactions on Evolutionary Computation, 2010, 14(4): 561-579.
[6] Yu E L, Suganthan P N. Ensemble of niching algorithms[J]. Information Sciences, 2010, 180(15): 2815-2833.
[7] Tasgetiren M F, Suganthan P N, Pan Q K. An ensemble of discrete differential evolution algorithms for solving the generalized traveling salesman problem[J]. Applied Mathematics and Computation, 2010, 215(9): 3356-3368.
[8] Mallipeddi R, Suganthan P N. Pan Q K, et al. Differential evolution algorithm with ensemble of parameters and mutation strategies[J]. Applied Soft Computing, 2011, 11(2): 1679-1696.
[9] Zhao S Z, Suganthan P N. Zhang Q F, Decomposition-based multiobjective evolutionary algorithm with an ensemble of neighborhood sizes[J]. IEEE Transactions on Evolutionary Computation, 2012, 16(3): 442-446.
[10] Wang H, Wu Z J, Rahnamayan S, et al. Multi-strategy ensemble artificial bee colony algorithm[J]. Information Sciences, 2014, 279: 587-603.
[11] Sheng W G, Shan P X, Chen S Y, et al. A niching evolutionary algorithm with adaptive negative correlation learning for neural network ensemble[J]. Neurocomputing, 2017, 247:173-182.
[12] Wang Y C, Wang P H, Zhang J J, et al. A novel bat algorithm with multiple strategies coupling for numerical optimization[J]. Mathematics, 2019,7(2): 135, DOI:10.3390/math7020135.
[13] Wang Y C, Cui Z H, Li W C. A novel coupling algorithm based on glowworm swarm optimization and bacterial foraging algorithm for solving multi-objective optimization problems[J]. Algorithms, 2019, 12(3): 61, DOI:10.3390/a12030061.
[14] Wang Y C, Zhu Z H, Zhang M Q, et al. An new selection replacement for non-dominated sorting[C]. Proceedings of the 14th International Conference On Intelligent Computing(ICIC), Wuhan, China, 2018, August 15-18, 815-820.
[15] Aytug O, Serdar K, Hasan B. A hybrid ensemble pruning approach based on consensus clustering and multi-objective evolutionary algorithm for sentiment classification[J]. Information Processing and Management, 2017, 53: 814-833.
[16] Choo J T, Siew C N, Chee P L, et al. Application of an evolutionary algorithm-based ensemble model to job-shop scheduling[J]. Journal of Intelligent Manufacturing, 2019, 30: 879-890.

[17] Milad Y, Moslem Y, Ricardo P M, et al. Chaotic genetic algorithm and Adaboost ensemble metamodeling approach for optimum resource planning in emergency departments[J]. Artificial Intelligence in Medicine, 2018, 84(JAN.): 23-33.

[18] Goran M, Tihana G G. Co-evolutionary multi-population genetic programming for classification in software defect prediction: An empirical case study[J]. Applied Soft Computing, 2017, 55: 331-351.

[19] Zhang J J, Xue F, Cai X J, et al. Privacy protection based on many-objective optimization algorithm[J]. Concurrency and Computation Practice and Experience, 2019, 31(20): e5342.

[20] Wang Y C, Wang P H, Zhang J J, et al. A novel DV-Hop method based on coupling algorithm used for wireless sensor network localization[J]. International Journal of Wireless and Mobile Computing, 2019, 16(2): 128-137.

[21] Tang K, Yao X, Suganthan P N. et al. Benchmark functions for the CEC 2008 special session and competition on large scale global optimization. Technical Report, Nature Inspired Computation and Applications Laboratory, USTC, China, http://nical.ustc.edu.cn/cec08ss.php, 2007, November.

[22] Cai X J, Zhang J J, Liang H, et al. An ensemble bat algorithm for large-scale optimization[J] International Journal of Machine Learning and Cybernetics, 2019, 11(10): 3099-3113.

[23] Shi, Y, Eberhart R C. A modified particle swarm optimizer[C]. Proceedings of the IEEE Congress on Evolutionary Computation (CEC 1998), Anchorage, AK, USA, 1998, May 4-9, 69-73.

[24] Ratnaweera A, Halgamuge S K, Watson H C. Self-organizing hierarchical particle swarm optimizer with time-varying acceleration coeffcients[J]. IEEE Transaction on Evolutionary Computation, 2004, 8(3): 240-255.

[25] Yang X S, Deb S. Cuckoo search via levy flights[C]. Proceedings of the 2009 World Congress on Nature and Biologically Inspired Computing, Coimbatore, India, 2009, December 9-11, 210-214.

[26] 刘长平, 叶春明. 具有Lévy飞行特征的蝙蝠算法[J]. 智能系统学报, 2013, 8(3): 240-246.

[27] 谢健, 周永权, 陈欢. 一种基于Lévy飞行轨迹的蝙蝠算法[J]. 模式识别与人工智能, 2013, 26(9): 829-837.

第三部分

应用篇

第 7 章
Chapter 7

多目标蝙蝠算法软件缺陷预测

7.1 多目标软件缺陷预测

7.1.1 研究背景

在这个信息化的时代,计算机应用已经覆盖到人们生活的方方面面,如银行金融系统、航空航天、医疗行业和交通指挥系统等。随着人们对计算机的依赖和软件的广泛使用,人们越来越关注软件质量。软件质量主要包括软件的可靠性、可理解性、可用性、可维护性和有效性等[1,2],其中软件的可靠性尤为重要。而导致软件不可靠的主要因素之一就是软件缺陷[3,4]。软件缺陷是指软件在开发过程中引入的错误,会导致软件在运行过程中出错、失效、崩溃,甚至危及人类的生命财产安全[5,6]。软件缺陷主要是由软件开发过程中需求分析不正确、编程人员的经验不足或软件管理者不合理安排等引起的[7,8]。软件测试能帮助开发人员发现缺陷,但是对软件进行全部测试容易增加团队的开发时间,导致成本过高。因此,怎样在保障软件质量时尽可能多地发现缺陷显得尤为重要。

在实际应用场景中,当在一个全新的项目或项目的历史数据较少的情况下,为保证传统分类器的准确性,需要保证训练数据足够多,因此经常需要进行软件缺陷预测。但是,如何具体进行软件缺陷预测操作,这是相关工作人员需要克服的一大难点[9]。

为解决这一问题,研究者提出将不同项目间的信息实现共享,使用数据仓库中已有的其他项目的数据作为训练数据,从而建立模型对将要预测的项目进行预测。Briand 等[10]最先对跨项目的软件缺陷预测做了可行性分析调研,尝试使用 Xpose 项目来构建模型并用于另一个项目 Jwrite(该项目与 Xpose 是同一团队开发的)。试验结果显示预测效果优于随机模型,但低于项目内的缺陷预测模型。随后,Zimmermann 等[11]进行了更大规模的可行性分析,累计分析了 622 对跨项目软件缺陷预测,但结果只有 21 对取得了较为满意的预测性能。Turhan 等[12]深入分析了跨项目软件缺陷预测效果不理想的原因,不同项目间的数据分布差异较大,并提出两类解决方法:基于实例和基于分布的方法。此分析为跨项目软件缺陷预测的后续研究提供了重要的理论支撑。He 等[13]第一次提出了两阶段筛选方法,先选出相似的数据库,再从选出的数据库中筛选出相似的数据模块,结果表明该方法优于过滤法。Ma 等[14]提出了一种新颖的跨项目软件缺陷预测——迁移朴素贝叶斯,其是从设置源项目模块权重的角度出发的。类似地,程铭等[15]提出了加权贝叶斯学习算法,将不同项目间的分布差异转换为实例模块的权重,最后利用权重信息建立跨项目的软件缺陷预测模型。遗憾的是,该方法仅适用于贝叶斯分类算法。从特征映射的方向,研究者也提出了一系列的跨项目软件缺陷预测模型。Nam 等[16]提出采用迁移主成分分析(Transfer Component Analysis,TCA)构建软件缺陷预测模型,其主要思想是在源项目与目标项目间寻找潜在的特征空间,并将这两个项目映射到该空间。同时,他们也发现数据集在预处理时选择的标准化方法会对迁移学习产生较大的影响。针对此问题,他们进一步提出了

TCA+算法。Ryu 等[17]提出了采用迁移学习、代价敏感与 Boost 集成算法相结合的方法构建跨项目的软件缺陷预测模型，试验结果表明该模型能有效提高跨项目软件缺陷预测的准确性。Jing 等[18]提出了一种新的迁移成分分析方法使源项目与目标项目的数据集一致，并同时改进了子类判别分析方法解决数据集的类不平衡问题。

此外，许多研究者采用智能算法构建跨项目的软件缺陷预测模型。Liu 等[19]将遗传规划算法引入跨项目软件缺陷预测中，并提出了 3 种策略（baseline 策略、validation 策略和 validation and voting 策略），结果表明 validation and voting 策略的效果最好。何吉元等[4]利用遗传算法的全局搜索能力，结合半监督集成学习方法建立跨项目软件缺陷预测模型，试验表明该模型能有效解决源项目与目标项目数据集的分布不一致和类不平衡问题。Canfora[20]等提出了 MODEP 方法，采用多目标遗传算法（NSGA-II）优化逻辑回归和决策树模型中的参数取值问题，将目标项目的缺陷数和代码审查量作为算法的两个目标。

但是，现有文献研究证明，一个缺陷在软件模块中的分布大致是符合二八原则的，也就是说，80%的缺陷主要集中分布于 20%的软件模块中。可见，数据集的类不平衡在软件缺陷预测中是无法避免的。然而，传统的分类算法主要针对相对平衡的数据集而设定，面对不平衡的数据集分类效果往往不是很好，分类算法在分类时更多地偏向于无缺陷模块，而对有缺陷模块的预测精度较低。因此如何缓解数据集的不平衡是研究软件缺陷预测中的又一个重要问题。为解决类不平衡问题，已有的研究大致分为采样法[21]、代价敏感法[22-24]和集成算法[25,26]。

对于采样法，它从调整数据集的分布情况来解决类不平衡问题。Chen[27]通过将邻域清除与集成随机欠采样相结合构建了 COIM（Class Overlap and Imbalanced Model）软件缺陷预测模型。从本质上讲，邻域清除也是一种欠采样方法。Khoshgoftaar[28]将随机欠采样与特征选择相结合进行数据的处理。王晴[29]利用 NearMiss 解决软件缺陷预测数据集中的类不平衡问题。Drown 等[30]第一次将进化算法用于软件缺陷预测数据集的采样中，该方法是指利用遗传算法选择合适的多数类样本。Kaminsky 等[31]采用一个简单的过采样方法——复制少数类样本，以此增加少数类样本的数量。Pelayo 等[21]使用 SMOTE（Synthetic Minority Over-sampling Technique）算法增加少数类样本的数量，以此来平衡数据集中样本的分布。该方法遵循通过位置相邻的少数类样本插值生成新的人造样本。在此基础上，杨磊[32]提出了一种混合的采样方法，将 SMOTE 与随机欠采样相结合。

代价敏感法从修改算法的角度出发来解决类不平衡问题，即通过修改算法的训练过程使分类算法对有缺陷模块的预测精度更高。Moser 等[33]将代价敏感法引入软件缺陷预测中，同时将基于 Code 的度量元和基于 Process 的度量元的效果进行了对比。Miao 等[22]提出了代价敏感神经网络的缺陷预测模型，结果表明提出的模型比传统的神经网络要好。Liu 等[23]不仅在分类时考虑代价信息，还在特征选择时加入了代价信息，结果表明在两个方面上都采用代价信息的分类效果是不错的。Ömer 等[34]同 Miao 一样，采用代价敏感神经网络作为预测模型的分类器，并且在预测中使用人工蜂群算法寻找神经网络的最优参数。陆海洋[35]在代价敏感神经网络的误差代价中加入了代价敏感信息，调整神经网络的权值和偏置参数，有效地提高了预测性能。Siers 等[36]提出了代价敏感的投票方法和决策森林树。

集成算法是将多个弱分类器组合成强分类器的一种方法，能在一定程度上提高分类算法的准确度。常见的集成算法有 Boosting 和 Adaboost。Lee 等[37]提出了一种新的权重调节因子应用于加权支持向量机，并将其作为 Adaboost 中的一种弱分类器，在 F-measure 和 AUC 评价标准上取得了好成绩。Zheng 等[38]提出了神经网络与 Boosting 结合的集成算法，并在 NASA 数据集上进行了测试。Li 等[39]将 SMOTE 与 Boosting 结合构建缺陷预测模型，结果表明该方法是有效的。Wang 等[40]提出使用多重内核集成学习方法进行软件缺陷预测与分类。

总体来说，软件缺陷预测能有效地减少对成本的浪费，它根据已标记好缺陷倾向性的历史软件模块，提取它们的特征属性来预测新软件项目中的缺陷数或缺陷类型等，从而帮助软件测试者合理分配测试资源。软件缺陷预测对软件工程具有重要的意义：①减少开发时间，降低成本，从而在尽可能低的成本下开发出满意的软件产品；②能使测试人员更有针对性地对易产生或可能存在缺陷的模块进行优先测试，有效分配测试资源；③通过软件缺陷预测，更好地保证软件产品质量，为人们的生活提供更安全的服务。

7.1.2 问题介绍

如图 7.1 所示，软件缺陷预测主要分为静态软件缺陷预测和动态软件缺陷预测。静态软件缺陷预测主要根据历史开发数据，将软件代码量化为软件度量元（McCabe 度量[41]、Halstead 度量[42]、CK 度量[43]等），对这些度量元和历史缺陷信息进行统计分析，从而建立缺陷预测模型，然后利用该模型对新的软件模块进行预测。静态软件缺陷预测一般有两种类型[44]：分类任务的软件缺陷预测和排序任务的软件缺陷预测。分类任务的软件缺陷预测是指预测模块内是否含有缺陷，是一个二分类问题[45]。排序任务的软件缺陷预测是指预测软件模块内含有的缺陷个数并进行排序，优先测试错误多的模块[46-48]。动态软件缺陷预测主要研究软件缺陷与时间之间的关系。

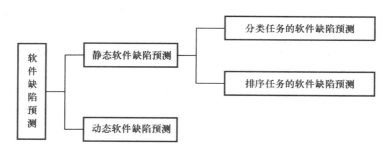

图 7.1　软件缺陷预测分类

下面对静态软件缺陷预测中的分类任务的软件缺陷预测进行研究，它根据软件历史数据建立分类模型，进而识别软件模块的缺陷倾向性。首先，从软件历史仓库中抽取程序模块，确定统计度量元并对程序模块进行缺陷类型标记，得到训练数据集；然后，选择合适的学习算法，对训练数据进行学习，得到度量元与缺陷类型的映射关系，构建软件缺陷预测模型；最后，将度量好的新程序模块输入该预测模型中，获得缺陷预测结果（有/无缺陷），并对建立的模型进行性能评价。因此，分类任务的软件缺陷预测基本过程如图 7.2 所示。

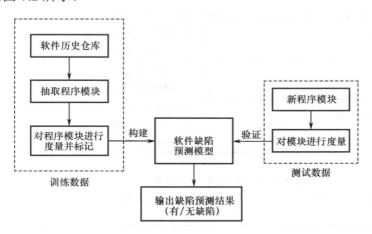

图 7.2　分类任务的软件缺陷预测基本过程

不同分类算法有不同的特性，对解决分类任务的软件缺陷预测问题有不同的影响。常用的分类算法有 K 近邻算法（K-Nearest Neighbor Algorithm，KNN）[49]、决策树（Decision Tree，DT）[50]、人工神经网络（Artificial Neural Network，ANN）[51]、贝叶斯网络（Bayesian Network，BN）[52]、支持向量机（Support Vector Machine，SVM）[53]和逻辑回归（Logistic Regression，LR）[49]等。表 7.1 所示为常见分类器的优缺点及在软件缺陷预测上的使用情况。同时，对于这些分类算法，Vapnik 和 Elish 在文献中证明支持向量机 SVM 在软件缺陷预测中效果较好，性能优于其他的分类器[58]。因此，这里采用 SVM 作为基分类器。但随着研究的进一步深入，许多学者发现 SVM 参数选择也是影响预测性能的重要因素。

表 7.1　常见分类器的优缺点及其使用情况

分类器	介　绍	优　点	缺　点
KNN	K 近邻算法是一种基于实例的分类算法。KNN 广泛应用于分类任务的应用中，如软件缺陷预测、文本分类、网页分类等	思想简单，理论成熟；准确度高	计算量大；需要大量内存
DT	决策树是基于树形结构组成的分类器。其中 C4.5[54]是一种常用的决策树算法，是 Quinlan 对 ID3[55]算法的改进	易理解；速度快；非参数性	易过拟合；易陷入局部极值；对缺失数据处理比较困难
ANN	人工神经网络是模仿动物神经网络特征提出的一种自适应学习算法	易适应新问题；并行处理能力强；鲁棒性强；容错能力高	需要大量数据；硬件配置要求高；难以理解内部机制

(续表)

分类器	介绍	优点	缺点
BN	贝叶斯网络是一种基于贝叶斯定理的概率模型	快速、易于训练；能处理多分类任务；对数据缺失不敏感；结果解释易于理解	要计算先验概率；对数据表达形式敏感；若输入变量是相关的,则会出现问题
SVM	支持向量机[56]是二分类问题中广泛使用的一种分类器	可处理高维问题；在非线性可分问题上表现好；解决小样本问题；无须依赖整个数据；泛化能力强	不适合大样本；核函数选择困难；运算时间长
LR	逻辑回归[57]是在线性回归的基础上提出的一种非线性回归方法	实现简单；计算量小、速度快	当特征空间大时,性能不好；易欠拟合；分类精度不高；只能处理二分类问题

另外,对于软件缺陷预测问题,数据集的类不平衡是它的一个固有特性。通常,主要表现为一个软件系统中 80% 的缺陷集中分布在 20% 的模块中。也就是说,有缺陷模块（少数类）的数量要远远小于无缺陷模块（多数类）的数量。而传统的二分类算法都是基于相对平衡的数据集提出的,在训练软件缺陷预测模型时有缺陷模块与无缺陷模块赋予相同的权重,这会造成训练模型更多地关注无缺陷模块,而对有缺陷模块的训练不足,最终导致对有缺陷模块的预测性能大大降低。根据在软件缺陷预测中数据集的类不平衡和 SVM 参数选择两个问题,对已有的研究成果进行了总结,如表 7.2 所示。

表 7.2 已有研究成果的总结

已有的算法	数据集的类不平衡	SVM 参数选择
GA-SVM[59]		✓
ACO-SVM[60]		✓
PSO-SVM[61]		✓
MOCS-SVM[62]		✓
LLE-SVM[63]		✓
COIM	✓	
RUS	✓	
NearMiss	✓	
EvolutionarySampling	✓	
SMOTE	✓	
SMOTE+RUS	✓	

从表 7.2 中可以看出,现有的研究成果对解决数据集的类不平衡与 SVM 参数选择两个问题是分开进行的。当有多个因素影响一个问题时,我们只解决其中的一个因素,可能

会对最终的结果产生较好的影响，但其他因素仍在影响着该问题的最优答案。软件缺陷预测问题，同样也是受多种因素影响的。其中，数据集的类不平衡和 SVM 参数选择是影响软件缺陷预测模型性能最重要的两个因素。目前所研究的内容都是基于其中一个影响因素进行的，虽然它能提高软件缺陷的预测能力，但在解决其中一个因素的基础上再考虑另一个影响因素时，是否可能会得到更好的软件缺陷预测模型？基于此，我们尝试同时解决上述两个问题。

在 SVM 参数选择方面，大部分研究者采用启发式智能优化算法优化参数，并对软件缺陷预测模型与原有模型进行比较，结果显示其性能有很大的提高。在数据集的类不平衡方面，本章采用欠采样的方法解决，该方法由于操作简单、效果明显而被很多研究者采用。现有的欠采样方法有随机欠采样、邻域清除和 NearMiss-2 等。它们大多基于距离的度量方式按照一定的规则确定性地删除一定的无缺陷模块。当将这类欠采样方法与智能优化的 SVM 参数选择相结合时，会出现因过早筛选模块而丢失有效信息的问题。Drown 提出了一种进化采样的方法，利用遗传算法选择合适的无缺陷样本，但他未进行参数的优化。受 Drown 提出的进化采样启发，我们提出了欠采样软件缺陷预测模型——基于支持向量机的多目标蝙蝠算法欠采样软件缺陷预测模型，以解决同步选择无缺陷样本与优化 SVM 参数的问题。

7.1.3 欠采样软件缺陷预测模型

由于 SVM 参数的选择会直接影响软件缺陷预测模型的性能，为了更清楚地描述欠采样软件缺陷预测模型，本节首先对 SVM 的一些基本原理进行介绍，然后详细描述欠采样软件缺陷预测模型的具体构建方法。

1. SVM 简介

SVM 是基于统计学发展起来的一种新的机器学习方法，其在解决小样本、非线性及高维问题上展现了特有的优势。它的主要思想是求解核函数和二次规划问题，通过核函数将数据映射到高维特征空间来解决非线性可分问题，最终找到一个最优分类超平面，使得两类样本区分开。

设 SVM 的训练样本集合为 (x_i, y_i)，其中，$i = 1, 2, \cdots, n$，$x_i \in R^n$，$y_i \in \{+1, -1\}$，x_i 是输入变量，y_i 是输出变量，则判别函数为 $f(x) = \vec{\omega} x + b$。SVM 的分类方程为

$$\vec{\omega} x + b = 0 \tag{7.1}$$

其中，$\vec{\omega}$ 表示最优分类面的法向量，b 为偏置。

归一化 $f(x)$，使得全部样本满足 $|f(x)| \geq 1$，距离分类面最近样本满足 $f(x) = 1$。若要使得所有样本都准确分类，则满足式（7.2）。

$$y_i (\vec{\omega} x + b) - 1 \geq 0 (i = 1, 2, \cdots, n) \tag{7.2}$$

最后，求得的分类函数为

$$f(x) = \text{sign}\left\{\sum_{i=1}^{L} y_i a_i k(x_i, x_j) + b\right\} \quad (7.3)$$

其中，a_i 表示卡格朗日乘子 $(a_i \in [0, C])$，C 为惩罚因子，它的选择对 SVM 的影响较大；b 为决策函数的偏置项，具体为 $b = y_i - \sum_{i=1}^{L} y_i a_i k(x, x_i)$。

核函数的选择对分类算法有很大的影响，SVM 的核函数主要有 4 类，如表 7.3 所示。这里选取径向基核函数（Radial Basis Function，RBF）作为核函数。它具有较宽的收敛范围，是比较理想的分类函数。

表 7.3　SVM 的核函数

SVM 的核函数名称	核函数表达式
线性核函数（Linear）	$K(x_i, x_j) = \{x_i, x_j\}$
多项式函数（Polynomial）	$K(x_i, x_j) = [\gamma x_i, x_j + r]^d$，$\gamma > 0$，其中 d 为核函数的维度
径向基核函数（Radial Basis Function，RBF）	$K(x_i, x_j) = \exp\left\{-\dfrac{\|x_i - x_j\|^2}{\sigma^2}\right\}$，其中 σ 为径向基核函数的带宽
Sigmoid 核函数	$K(x_i, x_j) = \tanh(\gamma x_i, x_j + r)$

2．构建模型

在软件缺陷预测中，由于只有有缺陷模块和无缺陷模块两种类型。因此，软件缺陷预测实质就是一个二分类问题。在这类问题中，常采用混淆矩阵进行分析描述，具体如表 7.4 所示。

表 7.4　混淆矩阵

实际值	预测值	
	有缺陷模块	无缺陷模块
有缺陷模块	TP	FN
无缺陷模块	FP	TN

在表 7.4 中，TP 表示实际有缺陷被正确预测的模块数，FN 表示实际有缺陷被错误预测的模块数；FP 表示实际无缺陷被错误预测的模块数，TN 表示实际无缺陷被正确预测的模块数。因此，根据混淆矩阵的描述，一些问题能被公式化展示。

缺陷检出率（Probability of Detection，PD）表示正确预测的缺陷模块数占缺陷模块总数的比例。正确预测的缺陷模块数越多，越有利于提高软件的质量。

$$\text{PD} = \frac{\text{TP}}{\text{TP} + \text{FN}} \quad (7.4)$$

缺陷误报率（Probability of False Alarm Rate，PF）表示无缺陷模块被预测为有缺陷模块数占实际无缺陷模块总数的比例。在实际应用中，预测为有缺陷的模块都需要分配一定的测试资源，因此，这个比值越大，浪费的资源越多。

$$PF = \frac{FP}{FP + TN} \tag{7.5}$$

在软件缺陷预测的实际问题中，尽可能多地检测出软件中的缺陷无疑是最好的，因为只有这样才能最大限度地减少缺陷、降低软件后期维护的成本代价。但是，现有的许多文献已经表明[64-67]，当对无缺陷模块也进行测试时，必然会浪费测试阶段有限的测试资源。换句话说，要想使得缺陷模块的检出率提高，就要占用更多的资源，那么资源利用率在一定程度上就会降低。结合以上公式的表述可以得出，缺陷检出率和缺陷误报率具有相互冲突的关系。因此，如何将有限的测试资源应用于缺陷模块的检测是软件缺陷预测模型需要解决的问题。

这里将欠采样软件缺陷预测问题视为一个多目标优化问题进行处理（在 7.2 节中将对该问题进行详细解释），其欠采样软件缺陷预测模型可以描述为最大的缺陷检出率（PD）和最小的缺陷误报率（PF）[68]，即

$$\begin{cases} \max PD = \dfrac{TP}{TP + FN} \\ \min PF = \dfrac{FP}{FP + TN} \end{cases} \tag{7.6}$$

7.2 多目标蝙蝠算法

为了更好地描述类不平衡数据集的欠采样软件缺陷预测的具体实现方式，本节分为 3 个部分：第 1 部分介绍多目标优化问题；第 2 部分详细介绍多目标蝙蝠算法设计的基本理论及相关原理；第 3 部分阐述类不平衡数据集的欠采样软件缺陷预测问题及多目标蝙蝠算法的具体实现方式。

7.2.1 多目标优化问题

在实际生活中，人们经常面临多个冲突的问题需要同时优化以获得相对最优解的情况，这样的问题称为多目标优化问题。多目标优化问题描述如下。

给定决策变量空间 $(X = x_1, x_2, \cdots, x_n) \in R^n$，它满足以下约束条件。

$$\begin{cases} g_i(X) \geqslant 0, \ i = 1, 2, \cdots, k \\ h_j(X) = 0, \ j = 1, 2, \cdots, p \end{cases} \tag{7.7}$$

其中，$g_i(X)$ 是第 i 个不等式约束条件，$h_j(X)$ 是第 j 个等式约束条件。

设有 M 个待优化目标，且 M 个优化目标是相互冲突的，则目标函数可以表示为

$$\min f(X) = \min \left[f_1(X), f_2(X), \cdots, f_M(X) \right] \tag{7.8}$$

在满足约束条件的情况下，寻求 $X^* = \left(x_1^*, x_2^*, \cdots, x_n^*\right)$ 使得 $f(X^*)$ 同时达到最优。

为了达到总目标最优，在多目标优化问题中提出了各子目标之间的最佳折中解决方案。

定义 1（Pareto 支配）：假设 $X_A, X_B \in X_f$ 是式（2.4）多目标优化问题的两个可行解，若 X_A 相对 X_B 占优，当且仅当

$$\forall i=1,2,\cdots,M, f_i(X_A) \leqslant f_i(X_B) \wedge \exists i=1,2,\cdots,M, f_j(X_A) \leqslant f_j(X_B) \quad (7.9)$$

记作 $X_A \succ X_B$，也称为 X_A 支配 X_B。

定义 2（Pareto 最优解）：若解 $X^* \in X_f$ 被称为 Pareto 最优解（或非支配解），当且仅当

$$\neg \exists \overline{X^*} \in X_f : f_j(X^*) \geqslant f_j(\overline{X^*}), j=1,2,\cdots,M \quad (7.10)$$

其中至少一个是严格不等式。

定义 3（Pareto 最优解集）：满足 Pareto 最优解条件的往往不止一个，而是一个最优解集。它定义为

$$P^* = \{X^*\} = \{X \in X_f \mid \neg \exists X^{'} \in X_f : f_j(X) \geqslant f_j(X^{'}), j=1,2,\cdots,M\} \quad (7.11)$$

7.2.2 多目标蝙蝠算法分析

为了将蝙蝠算法扩展到适用于解决多目标优化问题，本章提出的多目标蝙蝠算法是在前面提出的快速三角翻转蝙蝠算法的基础上进行修改的。为了便于读者理解多目标蝙蝠算法的原理，本节首先介绍一些多目标选择机制，然后描述具体的更新策略。

1. 快速非支配排序

快速非支配排序就是对种群中的个体进行初步优劣排序。具体的排序方式为：当一个个体不被种群中任何一个个体支配时，则将该个体放到非支配解集 Front 的第 1 层，并将该个体从下次排序的种群中删除，然后在剩下的个体中以此方式找到非支配个体放入第 2 层，以此类推，直到将所有的个体按照非支配关系放入各层后结束，得到非支配解集 Front（使用 $Fr_1, Fr_2, \cdots, Fr_u$ 代表各层，由于每代种群特点不同，因此 u 值未知，且每代不同）。

2. 拥挤度距离

在进行了非支配排序后，同一层的多个个体属于互不支配的关系，很难从中选择出一个相对较优的个体。为了解决此问题，提出了拥挤度距离策略（Crowding Distance，CD）。

$$\text{Dist}_i = \sum_{k=1}^{n} (\text{Dist}_{i+1} \cdot f_k - \text{Dist}_{i-1} \cdot f_k) \quad (7.12)$$

其中，Dist_i 表示第 i 个种群个体的拥挤度距离，$\text{Dist}_i \cdot f_k$ 表示个体 i 在 f_k 上的函数值。

3. 多目标蝙蝠算法

（1）多目标蝙蝠算法全局更新策略。

在单目标优化中，全局搜索模式的重要作用之一是跳出局部最优，并尽可能地找到全

局最优点。在多目标优化中,本文利用全局寻优的思想,并对其加以改进,试图尽可能地增加种群搜索的多样性。在 MOBA 中,本书提出利用外部种群中个体替代全局最优个体,新个体更新方式如下。

前期执行随机三角翻转:

$$\begin{aligned} v_{ik}(t+1) &= v_{ik}(t) + (x_{mk}(t) - x_{uk}(t)) \cdot \mathrm{fr}_i(t) \\ x_{ik}(t+1) &= x_{ik}(t) + v_{ik}(t+1) \end{aligned} \quad (7.13)$$

其中,$x_{mk}(t)$ 和 $x_{uk}(t)$ 是两个从种群中随机选择的非支配个体。

后期执行最优解参与的三角翻转:

$$\begin{aligned} v_{ik}(t+1) &= (p_k(t) - x_{ik}(t)) \cdot \mathrm{fr}_i(t) \\ x_{ik}(t+1) &= x_{ik}(t) + v_{ik}(t+1) \end{aligned} \quad (7.14)$$

其中,$p_k(t)$ 是从外部种群第 1 层前沿面中随机选择的非支配个体;$x_{ik}(t)$ 是种群中随机选择的一个个体。

综上所述,改进后的全局搜索模式有利于个体向多样性较优的方向搜索,进而增强种群多样性。

(2)多目标蝙蝠算法局部更新策略。

对于局部搜索模式而言,为了引导种群个体向更优的方向进化,将标准蝙蝠算法中局部搜索模型做出如下改进。

$$x_{ik}(t+1) = p_{ik}(t) + \varepsilon_{ik} \cdot \overline{A}(t) \quad (7.15)$$

其中,$p_{ik}(t)$ 为种群的第 1 个非支配前沿层中随机选择的个体;ε_{ik} 是一个介于 $(-1,1)$ 且满足均匀分布的随机数;$\overline{A}(t) = \dfrac{\sum\limits_{i=1}^{n} A_i(t)}{n}$ 表示蝙蝠在 t 时刻的平均响度。

7.2.3 不平衡数据集的欠采样软件缺陷预测具体实现方式

本节的主要目的是使用多目标蝙蝠算法的寻优能力,对不平衡数据集的无缺陷模块进行选择,同时同步对 SVM 参数进行寻优。因此,不平衡数据集的欠采样软件缺陷预测流程如下。

(1)输入软件缺陷预测数据集。
(2)去除数据集中的重复模块。
(3)初始化种群、Front 解集及相关参数,并将每只蝙蝠的位置设为随机选好的无缺陷模块与 SVM 参数。
(4)将选好的无缺陷模块与有缺陷模块混合代入 SVM 中,利用训练样本训练支持向量机,再使用测试样本计算种群位置对应的适应值,将非支配解对应的种群位置保存到 Front 解集中,并随机选择一个位置作为全局最优位置。
(5)更新种群蝙蝠的位置和速度。
(6)计算更新后种群的适应值,比较当代种群和上一代种群的适应值与拥挤度距离,判断新解是否被接受。

（7）局部扰动更新种群蝙蝠位置和速度。

（8）计算适应值并判断新解是否被接受，更新种群。

（9）更新 Front 解集与全局最优位置。

（10）判断算法是否达到最大迭代次数，满足输出非支配的缺陷预测模型；否则，执行步骤（5）。

根据以上不平衡数据集的欠采样软件缺陷预测流程，绘制对应的流程如图 7.3 所示。

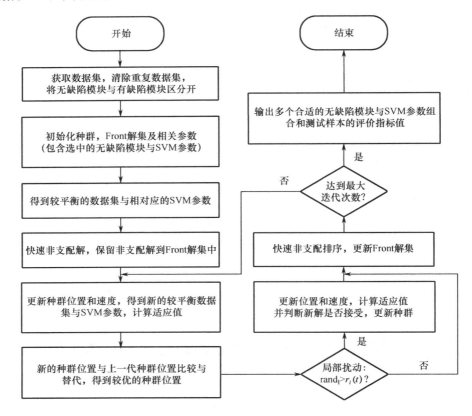

图 7.3　不平衡数据集的欠采样软件缺陷预测流程

7.3　仿真试验

为了测试在解决不平衡数据集欠采样软件缺陷预测问题上多目标蝙蝠算法的性能效果，本节对仿真试验涉及的数据集、评价指标、环境参数设置进行依次介绍，并且对获得的试验结果进行详细分析。

1. 数据集

在本章的试验中，选择的缺陷数据集均来自软件缺陷预测中常用的 Promise 公开数据库，并且测试的数据集都存在不同程度的类不平衡性。各数据集的详细信息如表 7.5 所示。

表 7.5　Promise 公开数据库中的 8 个数据集

名称	度量数	清除重复样本前			清除重复样本后		
		模块数	缺陷数	不平衡率	模块数	缺陷数	不平衡率
CM1	22	498	49	9.8%	442	48	10.86%
KC1	22	2109	326	15.46%	1116	219	19.62%
C2	22	522	107	20.5%	375	105	28%
KC3	40	194	36	18.56%	194	36	18.56%
mw1	38	253	27	10.67%	253	27	10.67%
PC1	22	1109	77	6.94%	952	69	7.24%
PC3	38	1077	134	12.44%	1077	134	12.44%
PC4	38	1458	178	12.2%	1344	177	13.17%

2. 评价指标

正确选择评价指标对于评价一个模型的优劣至关重要。在软件缺陷预测中，综合评价指标（G-mean）是一种能够综合评价 PD 与 PF 的指标，它的分布范围为 0～1，常用于评价数据集类不平衡的模型，值越大，分类器性能越好。

$$\text{G-mean} = \sqrt{\text{PD} \times (1-\text{PF})} \tag{7.16}$$

3. 环境设置

本节算法称为多目标蝙蝠算法（MOBA），为验证本节提出的无缺陷模块选取对软件缺陷预测模型的影响，软件缺陷预测模型参数设置为：最大迭代次数为 200 次、种群大小为 50 个、独立运行次数为 10 次。另外，多目标蝙蝠算法的期望是同步找到合适的无缺陷软件模块和相对较优的 SVM 参数，因此多目标蝙蝠算法的初始化种群设置为：$x_i = (x_{i,1}, x_{i,2}, \cdots, x_{i,n}, x_{i,n+1}, x_{i,n+2})$，其中 $n+2$ 为维度（n 为要选择的无缺陷软件模块的数量，其与数据集中有缺陷模块的数量相等。前 n 维分别放置选择好的无缺陷模块，最后两维分别放置 SVM 参数 C 和 σ，详细的种群编码设置方式如图 7.4 所示）。将无缺陷模块建立索引号，这样 MOBA 在选择无缺陷模块时只选择它的索引号就能确定将要选择的模块是哪个，则算法前 n 维的数值为整数，它的下限为 1，它的上限为数据集中无缺陷模块的数量；最后两维的取值范围为[-1000, 1000]。

对于本章涉及的其他算法，详细设置请参考对应文献，并采用十字交叉验证方法进行验证。

（1）基于多目标蝙蝠算法的软件缺陷预测（MOBA）[69]。
（2）朴素贝叶斯（NB）[66]。
（3）随机森林（RF）[67]。

（4）基于类重叠与不平衡预测模型（COIM）[68]。

（5）结合 SMOTE 的 NB 模型（SMT+NB）。

（6）结合 RUS 的 NB 模型（RUS+NB）。

（7）SMOTE Boosting 算法（SMTBST）[68]。

（8）RUS Boosting 算法（RUSBST）。

图 7.4 种群编码设置方式

4．结果分析

图 7.5 展示了 MOBA 算法的非支配解在 8 个不同数据集上综合评价指标 G-mean 的情况。总体而言，MOBA 在 8 个数据集上均有较大的波动范围，资源浪费率 PF 分别在(0, 0.7)、(0, 0.8)、(0, 0.75)、(0, 0.8)、(0, 0.9)、(0, 0.55)、(0, 0.7)和(0, 1)波动，缺陷未检出率 1−PD 在(0, 0.45)、(0, 0.8)、(0, 0.25)、(0, 0.3)、(0, 0.3)、(0, 0.5)、(0, 0.85)和(0, 0.75)波动。在数据集 KC3 和 mw1 上，尽管我们得到的解决方案不是很多，但两个目标的解都在不错的预测范围内。

具体地，在数据集 CM1 和 KC2 上，缺陷误报率基本都在可接受的范围内，缺陷检出的性能也不错。在数据集 KC3 和 mw1 上，尽管我们得到的解决方案不是很多，但两个目标的解都在不错的预测范围内。其他数据集都得到了比较多的解决方案，并且它们的 Parato 前沿面都比较靠近(0, 0)点，两个目标均能得到相对较优的解。

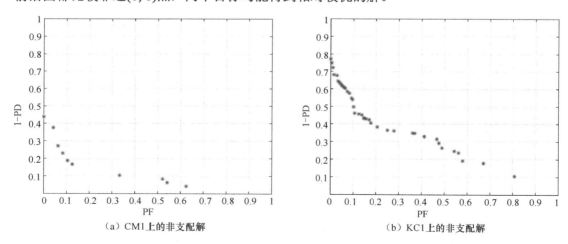

图 7.5 MOBA 在不同数据集上非支配解分布

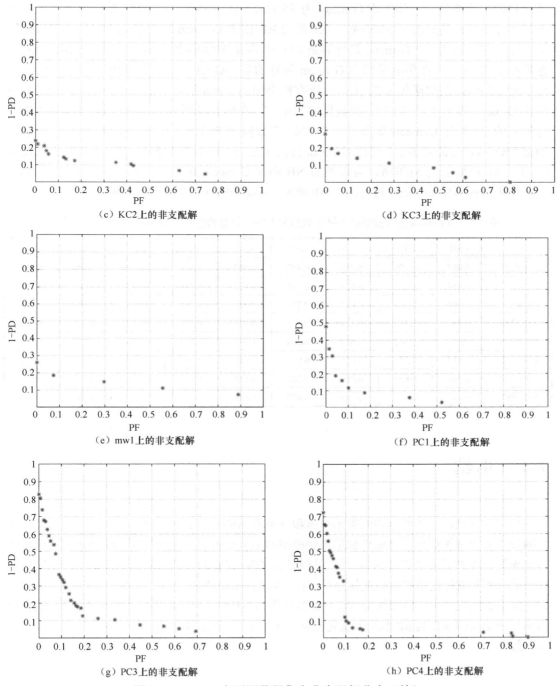

图 7.5 MOBA 在不同数据集上非支配解分布（续）

为了进一步对提出算法的性能进行分析，本书给出了 MOBA 在 G-mean 上的结果，并与其他 7 种算法进行了比较。从表 7.6 中可以看出，提出的 MOBA 在 7 个数据集上获得了相对较好的结果，总体平均 G-mean 为 85.43%。具体来看，在 CM1 数据集上，在所有模型中 G-mean 最好的是 MOBA，与最差的 RF 相比 G-mean 提高了近 79.1%；在数据集 KC1 上，在所有模型中 G-mean 最好的是 COIM，但是 MOBA 的 G-mean 与其仅相差 0.8%；在数据集 KC2 上，在所有模型中 G-mean 最好的是 MOBA，与最差的 RF 相比 G-mean 提高了近 26.7%；在数据集 KC3 上，在所有模型中 G-mean 最好的是 MOBA，与最差的 RF 相比 G-mean 提高了近 61.7%；在数据集 mw1 上，在所有模型中 G-mean 最好的是 MOBA，与最差的 RF 相比 G-mean 提高了近 55.3%；在数据集 PC1 上，在所有模型中 G-mean 最好的是 MOBA，与最差的 RF 相比 G-mean 提高了近 39.4%；在数据集 PC3 上，在所有模型中 G-mean 最好的是 MOBA，与最差的 NB 相比 G-mean 提高了近 46.4%；在数据集 PC4 上，在所有模型中 G-mean 最好的是 MOBA，与最差的 NB 相比 G-mean 提高了近 32.1%。

表 7.6 软件缺陷预测模型在不平衡数据集上得到的综合指标（G-mean）的对比结果

	CM1	KC1	KC2	KC3	mw1	PC1	PC3	PC4	Avg
MOBA	**0.853**	0.700	**0.889**	**0.887**	**0.869**	**0.891**	**0.839**	**0.906**	**0.854**
NB	0.314	0.581	0.624	0.651	0.652	0.511	0.375	0.585	0.558
RF	0.062	0.518	0.622	0.270	0.316	0.497	0.506	0.689	0.448
COIM	0.785	**0.708**	0.758	0.713	0.738	0.788	0.716	0.762	0.736
SMT+NB	0.438	0.602	0.659	0.604	0.661	0.527	0.406	0.716	0.596
RUS+NB	0.410	0.597	0.651	0.616	0.658	0.531	0.578	0.628	0.599
SMTBST	0.308	0.621	0.666	0.562	0.514	0.611	0.580	0.738	0.590
RUSBST	0.342	0.675	0.725	0.677	0.685	0.710	0.717	0.833	0.695

7.4 小结

针对软件缺陷预测数据集的类不平衡和分类器 SVM 参数的选择问题，本书提出基于支持向量机多目标蝙蝠欠采样软件缺陷预测模型的主要贡献为：①分析现有的欠采样软件缺陷预测模型，本书提出了多目标蝙蝠欠采样算法；②在现有的软件缺陷预测模型中，不平衡软件缺陷预测与支持向量机参数选择分开进行，基于此本书提出了同步解决这两个问题的思路，即将缺陷数据集的无缺陷模块与 SVM 参数均作为 MOBA 的优化参数进行寻优，选取缺陷检出率与缺陷误报率作为 MOBA 的优化目标。试验结果表明，本书提出的软件缺陷预测模型非常有效。

参 考 文 献

[1] I Sommerville. Software engineering[J]. Software Engineering, 2000, 8(12): 1226-1241.

[2] 刘望舒，陈翔，顾庆等. 软件缺陷预测中基于聚类分析的特征选择方法[J]. 中国科学：信息科学，2016，46(9): 1298-1320.

[3] 张肖，王黎明. 一种半监督集成学习软件缺陷预测方法[J]. 小型微型计算机系统，2018，39(10): 12-19.

[4] 何吉元，孟昭鹏，陈翔等. 一种半监督集成跨项目软件缺陷预测方法[J]. 软件学报，2017，28(6): 1455-1473.

[5] 孟倩，马小平. 基于粗糙集—支持向量机的软件缺陷预测[J]. 计算机工程与科学，2015，37(1): 93-98.

[6] 黎铭，霍轩. 半监督软件缺陷挖掘研究综述[J]. 数据采集与处理，2016，31(1): 56-64.

[7] 戎小桃. 静态多目标软件缺陷预测策略研究[D]. 太原：太原科技大学，2017.

[8] 陈翔，顾庆，刘望舒等. 静态软件缺陷预测方法研究[J]. 软件学报，2016，27(1): 1-25.

[9] 牛云. 不平衡数据的软件缺陷预测策略设计[D]. 太原：太原科技大学，2018.

[10] L C Briand, W L Melo, J Wüst. Assessing the applicability of fault-proneness models across object-oriented software projects[J]. IEEE Transactions on Software Engineering, 2002, 28(7): 706-720.

[11] T Zimmermann, N Nagappan, H Gall, et al. Cross-project defect prediction: a large scale experiment on data vs. domain vs. process[C]. Proceedings of the 7th Joint Meeting of the European Software Engineering Conference and the ACM Sigsoft International Symposium on Foundations of Software Engineering, Amsterdam, Netherlands, 2009, August 14-15, 91-100.

[12] B Turhan. On the dataset shift problem in software engineering prediction models[J]. Empirical Software Engineering, 2012, 17(1-2): 62-74.

[13] Z He, F Peters, T Menzies, et al. Learning from open-source projects: an empirical study on defect prediction[C]. Proceedings of the ACM/IEEE International Symposium on Empieical Software Engineering and Measurement. Baltimore, USA, 2013, October 10-11, 45-54.

[14] Y Ma, G Luo, X Zeng, et al. Transfer learning for cross-company software defect prediction[J]. Information and Software Technology, 2012, 54(3): 248-256.

[15] 程铭，毋国庆，袁梦霆. 基于迁移学习的软件缺陷预测[J]. 电子学报，2016，44(1): 115-122.

[16] J Nam, S J Pan, S Kim. Transfer defect learning[C]. Proceedings of the International Conference on Software Engineering. San Francisco, USA, 2013, May 18-26, 382-391.

[17] D Ryu, J I Jang, J Baik. A transfer cost-sensitive boosting approach for cross-project defect prediction[J]. Software Quality Journal, 2017, 25(1): 235-272.

[18] X Y Jing, F Wu, X Dong, et al. An improved SDA based defect prediction framework for both within-project and cross-project class-imbalance problems[J]. IEEE Transactions on Software Engineering, 2017, 43(4): 321-339.

[19] Y Liu, T M Khoshgoftaar, N Seliya. Evolutionary optimization of software quality modeling with multiple repositories[J]. IEEE Transactions on Software Engineering, 2010, 36(6): 852-864.

[20] G Canfora, A D Lucia, M D Penta, et al. Panichella. Multi-objective cross-project defect prediction[C]. Proceedings of the IEEE Sixth International Conference on Software Testing, Verification and Validation. Luxembourg, Luxembourg, 2013, March 18-22, 252-261.

[21] L Pelayo, S Dick. Applying novel resampling strategies to software defect prediction[C]. Proceedings of the Nafips 07 Meeting of the North American. Fuzzy Information Processing Society. San Diego, California, USA, 2007, June 24-27, 69-72.

[22] L Miao, M Liu, D Zhang. Cost-sensitive feature selection with application in software defect prediction[C]. Proceedings of the International Conference on Pattern Recognition. Tsukuba International Congress Center, Tsukuba Science City, Japan, 2012, November 12-15, 967-970.

[23] M Liu, L Miao, D Zhang. Two-stage cost-sensitive learning for software defect prediction[J]. IEEE Transactions on Reliability, 2014, 63(2): 676-686.

[24] M J Siers, M Z Islam. Software defect prediction using a cost sensitive decision forest and voting, and a potential solution to the class imbalance problem[J]. Information Systems, 2015, 51: 62-71.

[25] S Wang, X Yao. Using class imbalance learning for software defect prediction[J]. IEEE Transactions on Reliability, 2013, 62(2): 434-443.

[26] H He, Y Ma. Ensemble methods for class imbalance learning[M]. Wiley-IEEE Press, 2013.

[27] L Chen, B Fang, Z Shang, et al. Tackling class overlap and imbalance problems in software defect prediction[J]. Software Quality Journal, 2018, 26(1): 97-125.

[28] T M Khoshgoftaar, K Gao, N Seliya. Attribute selection and imbalanced data: problems in software defect prediction[C]. Proceedings of the 2010 22nd IEEE International Conference on Tools with Artificial Intelligence. Arras, France, 2010, October 27-29, 137-144.

[29] 王晴. 基于距离度量学习的软件缺陷预测方法研究[D]. 南京：南京邮电大学，2016.

[30] D J Drown, T M Khoshgoftaar, N Seliya. Evolutionary sampling and software quality modeling of high-assurance systems[J]. IEEE Transactions on Systems, Man, and Cybernetics - Part A: Systems and Humans, 2009, 39(5): 1097-1107.

[31] K Kaminsky, G D Boetticher. Better software defect prediction using equalized learning with machine learners[J]. Knowledge Sharing and Collaborative Engineering, 2004.

[32] 杨磊. 面向不平衡数据的软件缺陷预测方法研究[D]. 青岛：中国石油大学（华东），2014.

[33] R Moser. A comparative analysis of the efficiency of change metrics and static code attributes for defect prediction[C]. Proceedings of the ACM/IEEE, International Conference on Software Engineering. Leipzig, Germany, 2008, May 5-6, 181-190.

[34] Ömer Faruk Arar, Kürsat Ayan. Software defect prediction using cost-sensitive neural netword[J]. Applied Soft Computing, 2015, 33: 263-277.

[35] 陆海洋，荆晓远，董西伟等. 基于代价敏感学习的软件缺陷预测方法[J]. 计算机技术与发展，2015，25(11): 58-60.

[36] Siers M J, Islam M Z. Software defect prediction using a cost sensitive decision forest and voting, and a potentia l solution to the class imbalance problem[J]. Information Systems, 2015, 51: 62-71.

[37] W Lee, C H Jun, J S Lee. Instance categorization by support vector machines to adjust weights in AdaBoost for imbalanced data classification[J]. Information Sciences, 2016, 381: 92-103.

[38] J Zheng. Cost-sensitive boosting neural networks for software defect prediction[J]. Expert Systems with Applications, 2010, 37(6): 4537-4543.

[39] G Li, S Wang. Oversampling boosting for classification of imbalanced software defect data[C]. Proceedings of the Control Conference. Chengdu, China, 2016, July 27-29.

[40] T Wang, Z Zhang, X Jing, et al. Multiple kernel ensemble learning for software defect prediction[J]. Automated Software Engineering, 2016, 23(4): 569-590.

[41] T Mccabe J A. Complexity measure[J]. IEEE Transactions on Software Engineering, 1976, 2(4): 308-320.

[42] M H Halstead. Elements of software Science[M]. New York: Elsevier, 1977.

[43] S R Chidamber, C F Kemerer. A metrics suite for object oriented design[J]. IEEE Transactions on Software Engineering, 1994, 20(11): 197-211.

[44] T M Khoshgoftaar, E B Allen. A comparative study of ordering and classification of fault-prone software modules[J]. Empirical Software Engineering, 1999, 4(2): 159-186.

[45] 于巧. 基于机器学习的软件缺陷预测方法研究[D]. 徐州：中国矿业大学，2017.

[46] T J Ostrand, E J Weyuker, R M Bell. Predicting the location and number of faults in large software systems[J]. IEEE Transactions on Software Engineering, 2005, 31(4): 340-355.

[47] M K Taghi, B Cukic, N Seliya. An empirical assessment on program module-order models[J]. Quality Technology & Quantitative Management, 2007, 4(2): 171-190.

[48] T Zimmermann, R Premraj, A Zeller. Predicting defects for eclipse[C]. Proceedings of the International Workshop on Predictor MODELS in Software Engineering. Minneapolis, USA, 2007, May 20-26, 9.

[49] K Gao, T M Khoshgoftaar, H Wang, et al. Choosing software metrics for defect prediction: an investigation on feature selection techniques[J]. Software Practice & Experience, 2011, 41(5): 579-606.

[50] P Knab, M Pinzger, A Bernstein. Predicting defect densities in source code files with decision tree learners[C]. Proceedings of the 2006 international workshop on Mining software repositories. Shanghai, China, 2006, May 22-23, 119-125.

[51] E Paikari, M M Richteh, G Ruhe. Defect prediction using case-based reasoning: an attribute weighting technique based upon sensitivity analysis in neural networks[J]. International Journal of Software Engineering & Knowledge Engineering, 2012, 22(06): 747-768.

[52] T Wang, W H Li. Naive bayes software defect prediction model[C]. Proceedings of the International Conference on Computational Intelligence and Software Engineering. Wuhan, China, 2010, December 10-12, 1-4.

[53] K O Elish, M O Elish. Predicting defect-prone software modules using support vector machines[J]. Journal of Systems & Software, 2008, 81(5): 649-660.

[54] J R Quinlan. C4.5: Programs for machine learning[M]. Burlington, Massachusetts: Morgan Kaufmann,

1993.

[55] J R Quinlan. Induction of decision trees[J]. Machine Learning, 1986, 1(1): 81-106.

[56] C Cortes, V Vapnik. Support-vector networks[J]. Machine Learning, 1995, 20(3): 273-297.

[57] H Liu, L Yu. Toward integrating feature selection algorithms for classification and aclustering[J]. IEEE Transactions on Knowledge and Data Engineering, 2005, 17(4): 491-502.

[58] Elish K O, Elish M O. Predicting defect-prone software modules using support vector machines[J]. Journal of Systems & Software, 2008, 81(5): 649-660.

[59] 崔正斌，汤光明，乐峰. 遗传优化支持向量机的软件可靠性预测模型[J]. 计算机工程与应用，2009，45(36): 71-74.

[60] 姜慧研，宗茂，刘相莹. 基于 ACO-SVM 的软件缺陷预测模型的研究[J]. 计算机学报，2011，34(6): 1148-1154.

[61] H Dong, G Jian. Parameter selection of a support vector machine, based on a chaotic particle swarm optimization algorithm[J]. Cybernetics & Information Technologies, 2015, 15(3): 739-743.

[62] X T Rong, Z H Cui. Hybrid algorithm for two-objective software defect prediction problem[J]. International Journal of Innovative Computing & Applications, 2017, 8(4): 207.

[63] 单纯. 软件缺陷分布预测技术及应用研究[D]. 北京：北京理工大学，2015.

[64] L I Rong, Y Sun. Application of SVM-KNN classifier into web page classification[J]. Science Technology & Engineering, 2009.

[65] T Hall, S Beecham, D Bowes, et al. A systematic literature review on fault prediction performance in software engineering[J]. IEEE Transactions on Software Engineering, 2012, 38(6): 1276-1304.

[66] R Malhotra. A systematic review of machine learning techniques for software fault prediction[J]. Applied Soft Computing Journal, 2015, 27: 504-518.

[67] N V Chawla, K W Bowyer, L O Hall, et al. SMOTE: synthetic minority over-sampling technique[J]. Journal of Artificial Intelligence Research, 2002, 16(1): 321-357.

[68] Cai X J, Niu Y, Geng S J, et al. An under-sampled software defect prediction method based on hybrid multi-objective cuckoo search[J]. Concurrency and Computation: Practice and Experience, 2019, DOI:10.1002/cpe.5478.

[69] Wu D, Zhang J J, Geng S J, Cai X J, et al. A multi-objective bat algorithm for software defect preddiction[C]. Proceedings of the 11th International Symposium on Intelligence Computation and Applications, Springer, China, 2019, November 16, DOI: 10.1007/978-981-15-3425-6_22.

第 8 章
Chapter 8

高维多目标蝙蝠算法软件缺陷预测

8.1　高维多目标软件缺陷预测问题

随着社会对软件质量的要求越来越高，高效地解决软件缺陷预测问题需要将更多的因素纳入考虑中。因此，精准地从多方面对软件缺陷进行分析显得尤为重要。特别是，当一个软件产品投入市场前，通常需要使用软件测试的方法对软件的需求、架构、编码等环节进行仔细审查。软件测试在度量和提高软件产品质量方面具有非凡的意义[1,2]。然而，在软件工程中采取的缺陷检测技术对时间和成本要求较高，软件测试的目的和意义对开发者和使用者来说都是节约成本、减小损失、提高质量，为了更好地实现这个目的和意义，软件缺陷预测成为人们倾向的一种方法[3,4]。软件缺陷预测能帮助测试人员针对含有缺陷的模块进行检测，从而尽早地修复缺陷，提高工作效率，保证成本和损失最小。因此，如何将有限的测试资源应用于缺陷模块的检测是软件缺陷预测模型需要解决的问题。目前，国内外一些研究者提出各种方法进行软件缺陷预测，对缺陷进行优化是解决问题的关键方法之一。因此，本书以在二值分类方面表现较好的 SVM 为基础展开对软件缺陷预测的研究[5]。当前，SVM 用于软件缺陷预测已取得很多不错的成果[6,7]。由于 SVM 的性能极大程度上受选择的核函数和参数约束，所选择的核函数和参数直接影响最终的预测结果，一些研究者从参数自动寻优的角度提出各种改进方法，但往往忽略了核函数的优化问题。因此，本章提出改进方法以优化无缺陷软件模块及选择相对较优的 SVM 参数，从而减少损失，提高质量。现有多目标软件缺陷预测大多选择缺陷检出率（PD）[8]和缺陷误报率（PF）[9]作为缺陷预测的目标[10,11]。然而，随着问题越来越复杂，这两个目标并不能很好地显示软件缺陷预测方法的质量。缺陷检出率的增大和缺陷误报率的减小，表明软件缺陷预测模型的性能越好，检测的代价越小。但是，在实际应用中，很难满足缺陷误报率和缺陷检出率同时都很好。因此，本章提出构建高维多目标软件缺陷预测模型来优化软件缺陷预测方法，并采用 F 值联合查准率和查全率进行综合评价，以及采用 Balance 值从点(0, 1)到点(PD, PF)的欧氏距离进行综合评价，从各角度建立高维多目标软件缺陷预测模型。

高维多目标优化问题（Many-Objective Optimization Problems，MaOPs）比多目标优化问题更为复杂[12,13]。随着目标个数的不断增多，非支配个体在种群中所占比例将迅速上升，甚至种群中大部分个体都会变成非支配解，这将导致现有的大多数选择机制无法有效挑选优良个体，从而使得进化算法搜索能力下降[14,15]。同时，随着目标个数的不断增多，覆盖 Pareto Front 最优解的数量也呈现指数级增长，这将导致无法求出完整的 PF 前沿[16]。因此，本章期望弥补多目标软件缺陷预测模型问题，构建了高维多目标软件缺陷预测模型，同时提出了高维多目标蝙蝠优化的方法，并优化了高维多目标欠采样软件缺陷预测模型，开发了软件缺陷优先级分类器，从而可以对新提交的软件缺陷自动分配适当的优先级。

8.2 高维多目标优化算法研究现状

高维多目标优化问题是比多目标优化问题更为复杂的一种问题[17,18]。随着目标个数的不断增多，非支配个体在种群中所占比例将迅速上升，甚至种群中大部分个体都会变成非支配解，这将导致现有的大多数选择机制无法有效挑选优良个体，从而使得进化算法搜索能力下降[19]。同时，随着目标个数的不断增多，覆盖 Pareto Front 最优解的数量也呈现指数级增长，这将导致无法求出完整的 PF 前沿。对于高维多目标优化问题来说，当 PF 前沿的维数多于 3 个时，将无法在空间中把它表示出来，这给决策者带来了诸多不便。因此，可视化也是高维多目标优化的一个难点问题。

近年来，已经有许多学者致力于研究解决高维多目标优化问题的高维多目标优化算法[20-22]。根据其设计算法的特性，可以将它们分为如下 3 类。

第 1 类是通过修改经典 Pareto 支配关系加强选择压力。基于这种思想，已经有许多新颖的支配关系被提出。2002 年，Laumans 等[23]提出了 ε-dominance 支配关系。之后，Deb 等[24]利用 ε-dominance 支配关系得到分布性和收敛性较好的解集，从而提出了 ε-MOEA 算法来解决 MaOPs。2013 年，Yang 等[25]提出了一种网格支配关系，以加强在种群进化方向上的选择压力，并提出了一种基于网格支配的高维多目标优化算法。研究发现，这些修改支配关系都将使支配范围扩大从而使更多的解被支配。不同于这些支配关系，Zou 等[26]提出了 L-dominance，不仅考虑了增加的目标数量因素，还考虑了所有目标具有相同重要性时改进目标函数的值。试验结果已证明，基于 L-dominance 的方法能够使算法性能大大提高，从而获得更好的解。

第 2 类是减少多样性维持机制的影响。2011 年，Adra 和 Fleming[27]提出了一个名为 DM1 的多样性管理机制。DM1 被用于决定是否激活多样性促进机制，当种群过度多样化时，该促进机制将失效。依据收敛性和多样性，基于 DM1 的进化多目标优化算法展示了更好的性能。上面提及的网格支配是一个有效的标准。2010 年，Li 等[28]使用网格支配定义每个个体的自适应支配领域，它们的规模随目标数量的变化而变化。另外，Li 等进一步融合了适合的支配关系和平均排序方法以筛选出收敛性较好的个体。2013 年，Li 等[29]对密度估计进行了一般性修改，使基于 Pareto 的算法适合多目标优化。与传统的只考虑种群中个体分布的密度估计不同，它通过与当前解的收敛性比较，改变了其他解的位置，既考虑了解的分布，又考虑了解的收敛性信息。

第 3 类是使用聚类函数将多目标问题进行分解。具有代表性的算法之一是基于分解多目标进化算法（Multi-Objective Evolutionary Algorithm Based on Decomposition，MOEA/D）[30]。MOEA/D 的主要思想是利用聚集函数将一个复杂的多目标优化问题分解为若干个标量优化子问题，然后对每个子问题同时进行优化。与 MOEA/D 不同的是：Hughes 等[31]使用适量角度距离标度和切比雪夫加权方法对个体进行排序，然后提出了多个单目标 Pareto 样本算法（Multiple Single-Objective Pareto Sampling，MSOPS），这种算法能执行一个基于优化的多重常规的目标矢量的平行搜索。除此之外，2014 年，Deb 等[32]提出了一个基于多目标的参考点的进化算法框架（NSGA-III），它强调不被支配的种群个体，却极可能接近提供的参考点的集合。这些讨论的观点是有效的，并且它们能够避免支配关系的缺陷，这对于解决高维多目标优化问题来说是一个重大突破。

基于目前高维多目标优化中存在的因非支配解比例过高、多样性操作复杂、可视化及个体间距离过大而导致目标函数值变化剧烈等问题，原有的蝙蝠算法搜索模型的搜索结果仅含有一个全局最优解[33-35]，而不再适用于解决 MaOPs。为了使蝙蝠算法能够有效解决高维多目标优化问题，本章提出了适用于解决 MaOPs 的高维目标蝙蝠算法。本章基于标准蝙蝠算法，从以下两个方面解决相关问题：首先，修改蝙蝠算法搜索模型以适应高维多目标优化问题，即通过引入基于维度更新的个体更新策略[36]，用于解决目标函数变化剧烈问题；其次，选择适当的选择机制保证种群个体的收敛性和多样性，即通过借鉴目前高维多目标优化算法领域相对成熟的策略来保证种群在进化过程中解的收敛性和多样性。

8.3 高维多目标蝙蝠算法

8.3.1 基于维度更新的高维多目标蝙蝠算法全局更新策略

对于本章提出的高维多目标蝙蝠算法，具体的全局更新公式被定义为

$$v_{ik}(t+1) = v_{ik}(t) + [(x_{\text{Upper}} - x_{\text{Lower}}) \cdot r_1 \cdot r_2] \cdot \text{fr}_i(t)$$
$$x_{ik}(t+1) = x_{ik}(t) + v_{ik}(t+1) \tag{8.1}$$

其中，x_{Upper} 是变量上限，x_{Lower} 是变量下限，r_1 是控制因子，其可定义为

$$r_1 = 1 - \frac{C_{\text{evaluated}}}{C_{\text{evaluation}}} \tag{8.2}$$

其中，$C_{\text{evaluation}}$ 是总的评价次数，$C_{\text{evaluated}}$ 是当前的评价次数。通过采用 $(x_{\text{Upper}} - x_{\text{Lower}}) \cdot r_1$，个体 $x_i(t)$ 不仅可以随着算法的进化收敛，而且可以避免被其他个体干扰。通常在许多问题中，对于改进个体 $x_i(t)$ 的性能而言，$(x_{\text{Upper}} - x_{\text{Lower}}) \cdot r_1$ 对应的每个维度并不同等重要。为了缓解维度剧烈变化，我们考虑只对特定需要变化的维度进行改变，而对于那些不需要改变的维度，则保持原样。

为了更好地理解基于维度更新思想，这里假设 $X_i(t) = (x_i^1, x_i^2, \cdots, x_i^{D-1}, x_i^D)$ 对应的目标函数为 $F(X_i(t)) = (f_1(X_i(t)), f_2(X_i(t)), \cdots, f_M(X_i(t)))$，其中，$D$ 是变量数量，M 是目标函数数量。对于 $X_i(t)$ 而言，并不是所有维度变化都与第 i 个目标函数 $f_1(X_i(t))$ 有关，在这种情况下，为了缓解维度剧烈变化，可以引入参数 $r_2 = (r^1, r^2, \cdots, r^i, \cdots, r^D)$，其中 r^i 可以被

随机定义为 0 和 1。另外，当 $r^i=0$ 时，表示第 i 维度数值将保持不变；当 $r^i=1$ 时，表示第 i 维度数值将相应更新。以此判断当函数变化时，哪个维度进行相应变化。

8.3.2 基于维度更新的高维多目标蝙蝠算法局部更新策略

对于局部搜索而言，本章对标准蝙蝠算法中局部搜索模型做如下改进。

$$x_{ik}(t+1)=p_{ik}(t)+r_2\cdot\varepsilon_{ik}\cdot\overline{A}(t) \tag{8.3}$$

其中，$p_{ik}(t)$ 为种群的第 1 个非支配前沿层中随机选择的个体；ε_{ik} 为一个介于 $(-1,1)$ 且满足均匀分布的随机变量，$\overline{A}(t)=\dfrac{\sum_{i=1}^{n}A_i(t)}{n}$ 表示蝙蝠在 t 时刻的平均响度，$r_2=(r^1,r^2,\cdots,r^i,\cdots,r^D)$，对应每个维度可定义为[37]

$$r^i=\begin{cases}0, & 0<\text{rand}()\leqslant\dfrac{1}{M}\\ 1, & \dfrac{1}{M}<\text{rand}()\leqslant 1\end{cases} \tag{8.4}$$

其中，rand() 是属于 [0, 1] 的随机数，M 是目标函数数量。$r^i=0$ 表示个体 $p_{ik}(t)$ 第 i 维度将不会更新，$r^i=1$ 表示个体 $p_{ik}(t)$ 第 i 维度将会进行相应更新。通过引入参数 M，上述公式不仅可以动态调整选择概率，而且可以处理具有不同目标数量的优化问题。

蝙蝠算子操作伪代码如图 8.1 所示，其中，rand_1 为随机数，r_threshold 为个体发射响度。

算法 1：蝙蝠算子

输入：初始化具有 N 个蝙蝠个体种群 P 的速度、位置及其他相关参数；
利用全局搜索方式更新种群 P 个体的位置和速度；
If　$\text{rand}_1<\text{r\_threshold}$
　　利用局部搜索方式更新种群 P 个体的位置和速度；
Endif
更新种群 P，获得新的种群 Q；
输出：种群 Q

图 8.1　蝙蝠算子操作伪代码

8.3.3 适应值估计方法

为了克服帕累托排序和分解方法的限制，这里采用由 Lin[50] 等提出的 BFE 方法。此方法结合了收敛性距离和多样性距离来平衡每个解在目标空间的收敛能力和种群多样性。

假设种群 $P=\{p_1,p_2,\cdots,p_N\}$，其中包含 N 个个体，每个个体有位置 X_i 和速度 V_i（$i=1,2,\cdots,N$）。对于每个个体 p_i，它的 BFE 值 $\text{fit}(p_i,P)$ 包含两个部分：一个是收敛距离；另一个是多样性距离，其公式为

$$\text{fit}(p_i, P) = \alpha \cdot \text{Cd}(p_i, P) + \beta \cdot \text{Cv}(p_i, P) \tag{8.5}$$

式中，$\text{Cd}(p_i, P)$ 和 $\text{Cv}(p_i, P)$ 分别为个体 p_i 的标准化多样性距离和收敛性距离；α 和 β 分别为用于调整影响多样性距离和收敛性距离的因子。当计算 BFE 值时，每个目标个体 p_i 首先将会使用对应目标的最大值和最小值，这种标准化方法有助于估计多目标在不同维度上的影响，而且使用多样性距离有助于使解更均匀分布[32]。个体 p_i 的标准化目标 $f_k'(p_i)$（$k=1,2,\cdots,M$，并且 M 是总的目标数量）可以通过下式获得。

$$f_k'(p_i) = \frac{f_k(p_i) - f_{k\min}}{f_{k\max} - f_{k\min}} \tag{8.6}$$

其中，$f_{k\max}$ 和 $f_{k\min}$ 在第 k 个目标从外部种群的非支配解中选择，$f_k'(p_i)$ 的值介于[0, 1]。因为这种方法不需要获得任何真实前沿面信息，就可以有效解决多目标问题。

标准化多样性距离 $\text{Cd}(p_i, P)$ 是由标准化 SDE 距离分配[29]的，其计算方法为

$$\text{Cd}(p_i, P) = \frac{\text{SDE}(p_i) - \text{SDE}_{\min}}{\text{SDE}_{\max} - \text{SDE}_{\min}} \tag{8.7}$$

式中，$\text{SDE}_{\max}$ 和 $\text{SDE}_{\min}$ 为 SDE 距离的最大值和最小值。$\text{Cd}(p_i, P)$ 的值越大，意味着个体 p_i 附近的邻域距离越远。$\text{SDE}(p_i)$ 距离将欧氏距离转变为最近的邻域，其计算方法为

$$\text{SDE}(p_i) = \min_{p_j \in P, j \neq i} \sqrt{\sum_{k=1}^{m} \text{SDE}(f_k'(p_i), f_k'(p_j))^2} \tag{8.8}$$

其中，$f_k'(p_i)$ 是第 k 个标准化目标个体 p_i。

$$\text{SDE}(f_k'(p_i), f_k'(p_j)) = \begin{cases} f_k'(p_j) - f_k'(p_i), & f_k'(p_j) > f_k'(p_i) \\ 0, & \text{其他} \end{cases} \tag{8.9}$$

另外，当理想点 $z^* = (0, 0, \cdots, 0)$ 时，收敛性距离 $\text{Cv}(p_i, P)$ 的值可以显示点 $f_k'(p_i)$（$k=1,2,\cdots,m$）的收敛性，其计算公式为

$$\text{Cv}(p_i, P) = 1 - \frac{\text{dis}(p_i)}{\sqrt{m}} \tag{8.10}$$

其中，$\text{dis}(p_i)$ 表示从点 $f_k'(p_i)$（$k=1,2,\cdots,m$）到理想点 z^* 的欧氏距离，其计算方法为

$$\text{dis}(p_i) = \text{sqrt}(\sum_{k=1}^{m} f_k'(p_i)^2) \tag{8.11}$$

$\text{Cv}(p_i, P)$ 的值越大，表示 $f_k'(p_i)$（$k=1,2,\cdots,m$）越接近理想点 z^*。因此，为了同时使全部目标最小化，当更新外部种群时，优先选择一些有较大收敛性距离的个体将增加选择压力，使其朝着理想点 z^* 移动。

为了实现多样性距离和收敛性距离的平衡，使用两个权重因子 α 和 β 能够在它们原来多样性距离和收敛性距离的基础上，自适应调整不同个体的权重。因此，通过计算 $\text{Cd}(p_i, P)$ 和 $\text{Cv}(p_i, P)$ 的均值，并分别与原来的 $\text{Cd}(p_i, P)$ 和 $\text{Cv}(p_i, P)$ 比较，可以实现分情况取舍，具体计算细节可以参考相关文献。

解集更新伪代码如图 8.2 所示，其中，A 表示外部解集，Q 表示新生成的子代种群。

```
算法 2：解集更新(A,Q)
输入：新生成的子代种群 Q 和外部解集 A；
For    i=|Q|
    For    j=|A|
        检查个体 $Q_i$ 和解集个体 $A_j$ 的支配关系；
        If    $Q_i$ 支配 $A_j$
            删除 $A_j$,并将 $Q_i$ 添加到解集 A 中；
        Elseif    $A_j$ 支配 $Q_i$
            保留 $A_j$,不添加 $Q_i$；
        End if
    End for
    If    |A|>N
        使用适应值估计方法对解集 A 中的个体进行排序；
        删除拥有最差的适应值的个体；
    End if
End for
输出：解集 A
```

图 8.2 解集更新伪代码

8.3.4 目标函数

传统的静态缺陷预测将准确率作为缺陷预测衡量指标，在改进时主要优化技术的某些阈值或参数，进而达到提高准确率的目的。Menzies 认为选择建模的方法是非常关键的，好的预测技术应该能充分利用模块的特征属性，并提出用缺陷检出率 PD 和缺陷误报率 PF 作为缺陷预测的衡量指标[36]。有文献显示，使用贝叶斯进行缺陷预测，PF、PD 的平均值分别达到 71%和 25%。PD 和 PF 是互相矛盾的衡量指标，要提高 PD 必然有更多的 PF 产生。Davis 提出了 Precision-Recall（PR）曲线，可以区别 ROC 曲线不明显的两个模型。在 PR 曲线中，x 轴代表缺陷检出率，y 轴代表查准率[41]。Arisholm 考虑到在单元测试和代码走查这两种测试中，所需资源与模块规模成比例的特性，增加了一个新的评价指标，即成本效益（Cost-Effecitveness，CE）[42]。Arishom 指出，软件缺陷预测技术除考虑预测矩阵之外，还应考虑成本效益，并提出模块所需要的测试资源与软件模块大小成比例[42]。现有的预测矩阵虽然使用较多，但是对于能否解决当前问题还是存在疑问的。Menzies 将 Arisholm 的成本假设理论用于处理 AUC 曲线的缺点,将 AUC 曲线的(PF, PD)改进为(effort, PD)，其中 effort 表示预测缺陷模块所需的测试资源占总模块所需资源的百分比。这样，花费最少的成本，就可以检测出更多的缺陷[43]。Khoshgoftaar 提出了软件工程成功的目标是在规定的时间和预算内得到尽可能好的软件，也就是在规定时间和成本内使软件的可靠性尽可能高。他提出软件缺陷预测的两个目标是：最小化误分类代价，预测为缺陷模块的数量与被规定资源所检查和修复的软件模块数量一致[44]。该文献使用多目标遗传规划对误分类成本和个数进行了分析，并提出了在允许修复模块数量不同的情况下所用的适应值计算公式，充分考虑了误分类成本。Carvalho 提出了多目标微粒群优化分类算法（Multi-Objective Particles Swarm Optimization，

MOPSO），它是一种既能处理连续问题又能处理离散问题的算法，这样就不需要对数据集进行预处理了。另外，他对缺陷预测的衡量指标进行了分析，并最终选取了缺陷检出率（PD）和缺陷误报率（PF）作为目标生成分类规则，通过 Pareto 非支配排序选择非支配规则组成分类规则集合取得了很好的 AUC 平均性能[45,46]。在缺陷预测过程中，对规则投票以决定模块的缺陷性。

因此，本章将更多的因素考虑到模型中，使得模型在复杂环境下适用于解决 MaOPs，不仅将缺陷检出率（PD）和缺陷误报率（PF）作为高维多目标软件缺陷预测的目标函数，还将 Menzies 提出的 Balance 作为第 3 个目标函数，即 PD 与 PF 的综合评价指标，它表示的是点(0, 1)到点(PD, PF)的欧氏距离，即

$$\text{Balance} = 1 - \frac{\sqrt{(0-\text{PF})^2 + (1-\text{PD})^2}}{\sqrt{2}} \tag{8.12}$$

Balance 越高，PF 越接近 1，也就是误分类越少，缺陷检出越多。Lessmann 对 22 个分类器在 NASA 的 10 个主要数据集上进行试验，提出使用 AUC（Area Under the ROC Cure）来评判模型分类效果。在 ROC 图中，横轴为缺陷误报率，纵轴为缺陷检出率，这样可以不受分布不平衡[47]及不同模块、不同测试资源的影响[48]。

同时，为了更好地平衡缺陷查准率和缺陷误报率，使模型应对复杂环境下的软件缺陷预测问题，本书将缺陷查准率与缺陷误报率的调和平均数（F-measure）[49]指标作为高维多目标软件缺陷预测模型的第 4 个目标函数。该指标的分布范围为 0~1，已经被证明能有效地对缺陷查准率和缺陷误报率进行平衡，其具体公式被定义为

$$\text{F-measure} = \frac{2 \cdot \text{PD} \cdot \text{precision}}{\text{PD} + \text{precision}} \tag{8.13}$$

其中，precision[50]表示缺陷查准率，是指在所有被预测为有缺陷模块中被正确预测的有缺陷模块所占的比例，即

$$\text{precision} = \frac{\text{TP}}{\text{TP} + \text{FP}} \tag{8.14}$$

总体来说，通过构建高维多目标在软件缺陷预测模型的应用方法，即同时满足最大缺陷检出率（PD）、最小缺陷误报率（PF）、最大 F-measure 和最大 Balance 来扩展复杂环境下解决软件缺陷预测的应用方法。因此，高维多目标软件缺陷预测目标函数被总结描述为

$$\begin{cases} \max \text{PD} = \dfrac{\text{TP}}{\text{TP+FN}} \\ \min \text{PF} = \dfrac{\text{FP}}{\text{FP+TN}} \\ \max \text{Balance} = 1 - \dfrac{\sqrt{(0-\text{PF})^2 + (1-\text{PD})^2}}{\sqrt{2}} \\ \max \text{F-measure} = \dfrac{2 \cdot \text{PD} \cdot \text{precision}}{\text{PD} + \text{precision}} \end{cases} \tag{8.15}$$

8.3.5 算法框架

从以上分析中不难总结出，本书设计的高维多目标蝙蝠算法整体框架，其高维多目标蝙蝠算法的伪代码如图 8.3 所示。

算法 3：高维多目标蝙蝠算法框架
Begin
  初始化具有 N 个个体的种群 P 和相应参数；
  将非支配解加入解集 A 中；
  使用 BFE 方法计算解集 A 中种群个体适应值；
  While（结束条件不满足）
    执行蝙蝠算子操作更新种群 P 个体；
    更新种群获得新种群 Q；
    更新后获得的种群 Q 的个体与解集 A 比较，更新解集 A；
    对解集 A 中的种群采用进化策略来产生新的个体 V；
    更新解集 A；
  End while
  输出解集 A
END

图 8.3　高维多目标蝙蝠算法的伪代码

从高维多目标蝙蝠算法的伪代码中了解到，由于蝙蝠更新公式中没有种群方向引导信息，因此种群中的每个个体能够不受其他个体的影响独自进化。通过适应值估计方法从父代和子代种群中挑选优秀个体，可以确保种群解的多样性和收敛性。另外，通过采用模拟二进制交叉和多项式变异策略对外部解集进化产生新的种群个体，能够增加种群的多样性。

8.4　仿真试验

8.4.1　参数设置及度量指标

高维多目标欠采样软件缺陷预测分析的参数和度量指标与第 7 章中多目标欠采样软件缺陷预测设置相同。运行环境为：处理器 Intel Core i5-2400 3.10GHz CPU，内存 6.00GB，操作系统 Windows 7、Matlab2017b。算法终止条件有很多定义方法，这里统一采用最大循环代数。为了有一个公平的比较结果，原则上所有算法种群大小设置保持一致，并且对本章涉及的所有算法参数都采用原论文建议设置，具体可以参考文献 NSGA-III[44]、RVEA[51] 和 VaEA[52]。特别地，两层参考点策略设置在比较算法中，模拟二进制交叉概率[53]和多项式变异[54]概率分别设置为 1 和 $1/D$（D 为变量数），交叉和多项变异的分布指数分别设置为

30 和 20。

8.4.2 试验结果分析

图 8.4 显示，高维多目标蝙蝠算法 MaBA 在 8 个数据集上均有较大的波动范围。从第 1 个目标缺陷误报率 PF 可以看出，在 CM1、KC1 上，MaBA 的 PF 范围为(0, 0.2)，说明其具有较高的准确性；在 KC2 和 mw1 上，MaBA 较多的解都收敛到(0, 0.1)；而在 KC3 上，MaBA 产生了许多离散点均匀地分布在目标空间；在 PC1 上，MaBA 收敛性较明显；在 PC3 和 PC4 上，MaBA 的 PF 和 PD 具有明显的冲突性。从第 2 个目标缺陷检出率（PD）可以得到，在 CM1、KC1、KC2、mw1、PC1、PC3、PC4 上，MaBA 的 PD 范围为(0, 0.4)、(0, 0.4)、(0, 0.1)、(0, 0.25)、(0, 0.3)、(0, 0.2)、(0, 0.2)；在 KC3 上，MaBA 的缺陷未检出率在(0, 0.9)波动。由于第 3 个目标和第 4 个目标都起平衡作用，因此合在一起进行分析，可以看出 MaBA 在 CM1、KC1 和 PC1 上均匀分布，波动范围为(0, 0.5)，能有效地在 PF、PD 和 precision 之间进行平衡，以获得更好的分类器性能。MaBA 在 KC2、KC3、mw1、PC3 和 PC4 上具有相似的性能效果，即可以得到相对较优的 Pareto 非支配解集。综上所述，MaBA 在高维多目标欠采样软件缺陷预测模型上具有相对较优的性能。

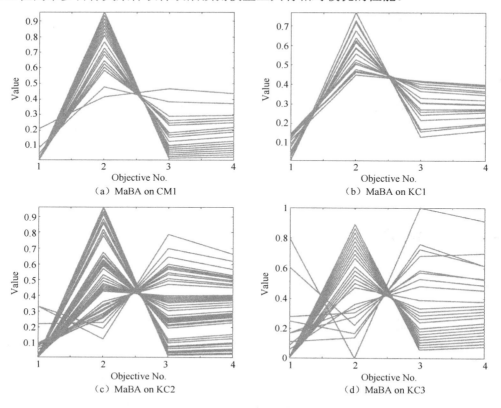

图 8.4 MaBA 非支配解

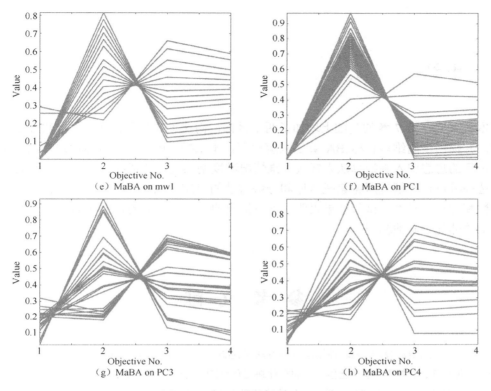

图 8.4 MaBA 非支配解（续）

为了进一步分析本书建立模型在缺陷不平衡数据集上的效果，下面对常用的不平衡数据评价指标 G-mean 进行比较。表 8.1 所示的是 MaBA 与其他先进的高维多目标软件缺陷预测模型在不平衡数据集上得到的 G-mean 的比较结果。由分析可知，MaBA（总体平均 G-mean 为 60.11%）获得了第 2 名的总体平均性能，仅次于 NSGA-III，比 RVEA（总体平均 G-mean 为 54.21%）提高了 5.9%，比 VaEA（总体平均 G-mean 为 57.99%）提高了 2.1%。综合表 8.1 中的结果，MaBA 在保证低缺陷误报率（PF）的情况下能获得较好的缺陷检出率（PD），并且综合指标 G-mean 效果较好。

表 8.1 高维多目标软件缺陷预测模型在不平衡数据集上得到的综合指标（G-mean）的对比结果

	NSGA-III	RVEA	VaEA	MaBA
CM1	**0.5951**	0.5534	0.4678	0.4412
KC1	0.5691	0.4852	0.5880	**0.6033**
KC2	0.5875	0.5217	0.5823	**0.6097**
KC3	**0.6605**	0.6078	0.5352	0.6021
mw1	0.6407	0.5508	0.6573	**0.6925**
PC1	**0.6078**	0.5532	0.5266	0.4590
PC3	0.5638	0.5694	0.5995	**0.6599**
PC4	0.7058	0.4955	0.6821	**0.7409**
平均	**0.6163**	0.5421	0.5799	0.6011

8.5 小结

本章主要在第 7 章的基础上增加了两个目标，构建了高维多目标欠采样软件缺陷预测模型，并提出了高维多目标 BA 算法求解模型。本章提出的高维多目标蝙蝠算法，通过将维度更新的思想引入蝙蝠算法来解决高维情况维度剧烈变化的情况；同时，通过采用 BFE 方法选择种群优秀解克服帕累托排序和分解方法的限制，以此来平衡每个解在目标空间的收敛性和种群多样性。试验结果表明，本书提出的模型是有效的，并在 G-means 综合指标表现上总体优于其他模型。

参 考 文 献

[1] 陈翔, 顾庆, 刘望舒等. 静态软件缺陷预测方法研究[J]. 软件学报, 2016, 27(1): 5-29.

[2] 程铭, 毋国庆, 袁梦霆. 基于迁移学习的软件缺陷预测[J]. 电子学报, 2016, 44(1): 115-122.

[3] 张肖, 王黎明. 一种半监督集成学习软件缺陷预测方法[J]. 小型微型计算机系统, 2018, 39(10): 12-19.

[4] 何吉元, 孟昭鹏, 陈翔等. 一种半监督集成跨项目软件缺陷预测方法[J]. 软件学报, 2017, 28(6): 1455-1473.

[5] 孟倩, 马小平. 基于粗糙集—支持向量机的软件缺陷预测[J]. 计算机工程与科学, 2015. 37(1): 93-98.

[6] Suttorp, T and Igel C. Multi-objective optimization of support vector machines[J]. Multi-Objective Machine Learning, 2006, 16: 199-220.

[7] 王男帅, 薛静锋, 胡昌振等. 基于遗传优化支持向量机的软件缺陷预测模型[J]. 中国科技论文, 2015, 10(2): 159-163.

[8] Mahmood Z, Bowes D, Peter C R Lane, et al. What is the impact of imbalance on software defect prediction performance?[C]. Proceedings of the 11th International Conference on Predictive Models and Data Analytics in Software Engineering, BeiJing, China, 2015, October 21, 1-4.

[9] Hehe G E, Cong J, Jun-Min Y E. Software defect prediction model based on particle swarm optimization and na(i)ve bayes[J]. Computer Engineering, 2011, 37(12): 36-37.

[10] Hall T, Beecham S, Bowes D, et al. A systematic literature review on fault prediction performance in software engineering[J]. IEEE Transactions on Software Engineering, 2012, 38(6): 1276-1304.

[11] Niu Y, Tian Z, Zhang M, et al. Adaptive two-SVM multi-objective cuckoo search algorithm for software defect prediction[J]. International Journal of Computing Science and Mathematics, 2018, 9(6): 547-554.

[12] Mohammadi S, Monfared M A S, Bashiri M. An improved evolutionary algorithm for handling many-objective optimization problems[J]. Applied Soft Computing, 2017, 52: 1239-1252.

[13] 过晓芳. 高维多目标优化算法研究综述[J]. 科技视界, 2015, (15): 21-22.

[14] Zhang J J, Xue F, Cai X, et al. Privacy protection based on many-objective optimization algorithm[J]. Concurrency and Computation: Practice and Experience, 2019(9): e5342.

[15] Cui Z, Chang Y, Zhang J, et al. Improved NSGA-III with selection-and-elimination operator[J]. Swarm and Evolutionary Computataion, 2019, 49: 23-33.

[16] 刘建昌, 李飞, 王洪海, 等. 进化高维多目标优化算法研究综述[J]. 控制与决策, 2018, 33(5): 879-887.

[17] Zitzler E, Laumanns M, Thiele L. SPEA2: improving the strength pareto evolutionary algorithm for multiobjective optimization[C]. Proceedings of the Eurogen 2001, Athens, Greece, 2001, September 19-21, 95-100.

[18] Deb K, Pratap A, Agarwal S, et al. A fast and elitist multiobjective genetic algorithm: NSGA-II[J]. IEEE Transactions on Evolutionary Computation, 2002, 6(2): 182-197.

[19] Wang H, Jiao L, Yao X. Two_Arch2: An improved two-archive algorithm for many-Objective optimization[J]. IEEE Transactions on Evolutionary Computation, 2015, 19(4): 524-541.

[20] Bader J, Zitzler E. Hype: An algorithm for fast hypervolume-based many-objective optimization[J]. Evolutionary Computation, 2011, 19(1): 45-76.

[21] Bi X, Wang C. A niche-elimination operation based NSGA-III algorithm for many-objective optimization[J]. Applied Intelligence, 2017, 48(1): 118-141.

[22] Li B, Tang K, Li J, et al. Stochastic ranking algorithm for many-objective optimization based on multiple indicators[J]. IEEE Transactions on Evolutionary Computation, 2016, 20(6): 924-938.

[23] Laumanns M, Thiele L, Deb K, et al. Combining convergence and diversity in evolutionary multiobjective optimization[J]. Evolutionary Computation, 2002, 10(3): 263-282.

[24] Deb K, Mohan M, Mishra S. Evaluating the ϵ-domination based multi-objective evolutionary algorithm for a quick computation of pareto-optimal solutions[J]. Evolutionary Computation, 2014, 13(4): 501-525.

[25] Yang S, Li M, Liu X, et al. A grid-based evolutionary algorithm for many-objective optimization[J]. IEEE Transactions on Evolutionary Computation, 2013, 17(5): 721-736.

[26] Zou X, Chen Y, Liu M, et al. A new evolutionary algorithm for solving many-objective optimization problems[J]. IEEE Transactions on Systems Man & Cybernetics Part B Cybernetics A Publication of the IEEE Systems Man and Cybernetics Society, 2008, 38(5): 1402-1412.

[27] Adra S, Fleming P J. Diversity management in evolutionary many-objective optimization[J]. IEEE Transactions on Evolutionary Computation, 2011, 15(2): 183-195.

[28] Li M, Zheng J, Li K, et al. Enhancing diversity for average ranking method in evolutionary many-objective optimization[C]. International Conference on Parallel Problem Solving from Nature, Kraków, Poland, 2010, September 11-15, pp.647-656.

[29] Li M, Yang S, Liu X. Shift-based density estimation for pareto-based algorithms in many-objective optimization[J]. IEEE Transactions on Evolutionary Computation, 2014, 18(3): 348-365.

[30] Zhang Q, Li H. MOEA/D: A multiobjective evolutionary algorithm based on decomposition[J]. IEEE Transactions on Evolutionary Computation, 2007, 11(6): 712-731.

[31] Hughes E J. Multiple single objective pareto sampling[C]. in Congress on Evolutionary Computation, Canberra, ACT, Australia, 2004, June 19-23, pp.2678–2684.

[32] Deb K, Jain H. An evolutionary many-objective optimization algorithm using reference-point-based nondominated sorting approach, part I: solving problems with box constraints[J]. IEEE Transactions on Evolutionary Computation, 2014, 18(4): 577-601.

[33] Cai X, Wang L, Cui Z, et al. Using bat algorithm with levy walk to solve directing orbits of chaotic systems[C]. International Conference on Intelligent Information Processing, Hangzhou, China, 2014, October 3-6, 11-19.

[34] Cai X, Wang H, Cui Z, et al. Bat algorithm with triangle-flipping strategy for numerical optimization[J]. International Journal of Machine Learning and Cybernetics, 2018, 9(2): 199-215.

[35] Zhang C, Cai X, Shi Z. Sparse reconstruction with bat algorithm and orthogonal matching pursuit[C]. In International Conference on Intelligent Computing, Liverpool, UK, 2017, August 1-10, 48-56.

[36] Cui Z, Zhang M, Wang H, et al. A hybrid many-objective cuckoo search algorithm[J]. Soft Computing, 2019(1).

[37] Cui Z, Zhang J, Wang Y, et al. A pigeon-inspired optimization algorithm for many-objective optimization problems[J]. SCIENCE CHINA Information Sciences, 2019, 62(7): 070212.

[38] Lin Q, Liu S, Zhu Q, et al. Particle swarm optimization with a balanceable fitness estimation for many-objective optimization problems[J]. IEEE Transactions on Evolutionary Computation, 2018, 22(1): 32-46.

[39] Menzies T, Dekhtyar A, Distefano J, et al. Problems with precision: a response to comments on 'data mining static code attributes to learn defect predictors'[J]. IEEE Transactions on Software Engineering, 2007, 33(9): 637-640.

[40] Davis J, Goadrich M. The relationship between precision-recall and ROC curves[C]. Proceedings of 23rd International Conference on Machine learning, Pittsburgh, 2006, June 25-29, 233-240.

[41] Arisholm E, Briand L C, Johannessen E B. A systematic and comprehensive investigation of methods to build and evaluate fault prediction models[J]. Journal of Systems and Software, 2010, 83(1): 2-17.

[42] Arisholm E, Briand L C, Fuglerud M. Data mining techniques for building fault-proneness models in telecom java software[C]. Proceedings of 18th IEEE International Symposium on Software Reliability. Trollhattan, Sweden, 2007, November 5-9, 215-224.

[43] Menzies T, Milton Z, Turhan B. Defect prediction from static code features: current results, limitations, new approaches[J]. Automated Software Engineering, 2010, 17(4): 375-407.

[44] Khoshgoftaar T M, Liu Y. A multi-objective software quality classification model using genetic programming[J]. IEEE Transactions on Reliability, 2007, 56(2): 237-245.

[45] Carvalho A B D, Pozo A, Vergilio S R. Predicting fault proneness of classes trough a multi-objective particle swarm optimization algorithm[C]. Proceedings of 20th IEEE International Conference on Tools with Artificial Intelligence, Dayton, Ohio, USA, 2008, November 3-5, 387-394.

[46] Carvalho A B D, Pozo A, Vergilio S. A symbolic fault-prediction model based on multi-objective particle

swarm optimization[J]. Journal of Systems and Software, 2010, 83(5): 868-882.

[47] Malaiya Y K, Demon J. Module size distribution and defect density[C]. Proceedings of 11th International Symposium on Software Reliability Engineering. San Jose, CA, USA, 2000, October 8-11, 62-71.

[48] Lessmann S, Baesens B, C Mues. Benchmarking classification models for software defect prediction: A proposed framework and novel findings[J]. IEEE Transactions on Software Engineering, 2008, 34(4):485-496.

[49] Davis S, Albright T. An investigation of the effect of balanced scorecard implementation on financial performance[J]. Management Accounting Research, 2004, 15(2): 135-153.

[50] 范晴, 徐建华, 宋震. 查全率与查准率关系初探[J]. 情报杂志, 2002, 21(9): 41-42.

[51] Cheng R, Jin Y, M Olhofer, et al. A reference vector guided evolutionary algorithm for many-objective optimization[J]. IEEE Transactions on Evolutionary Computation, 2016, 20(5): 773-791.

[52] Xiang Y, Zhou Y, Li M, et al. A vector angle-based evolutionary algorithm for unconstrained many-objective optimization[J]. IEEE Transactions on Evolutionary Computation, 2017, 21(1): 131-152.

[53] Deb K, Agrawal R B. Simulated binary crossover for continuous search space[J]. Complex Systems, 2000, 9(3): 115-148.

[54] Zeng G Q, Chen J, Li L M, et al. An improved multi-objective population-based extremal optimization algorithm with polynomial mutation[J]. Information Sciences, 2016, 330(c): 49-73.

附录 A

Appendix A

快速三角翻转蝙蝠算法源代码

```
%Written by Xingjuan Cai
%这是快速三角翻转蝙蝠算法(FTBA)的Matlab程序
(1) main 函数。
function BA_sjfz_s3_258()%①不接受新解的个体速度为0；②最优位置的更新在定义域内随机产生；
③个体速度更新方程采用两种模糊三角翻转，即随机三角翻转+最优解参与的三角翻转；④算法前期执行随机三
角翻转，后期执行最优解参与的三角翻转
global function_num
global path
%-------------------------------------------------------------------------
tic
%参数设置
Bound=calculation_fitness();
xmin=Bound(:,1);
xmax=Bound(:,2);
dimension=30;
popsize=100;
Run_time=51;
f_min=0.0;      %频率最小值
f_max=5.0;      %频率最大值
A_max=0.95;
alpha=0.99;
r_min=0.9;
gama=0.9;
%Largest_generation=50*dimension;
Largest_generation=3000;
sample_point=Largest_generation/20;
gfitness_sampoint=zeros(Run_time, 20);  %最优适应值采样，便于画图
diversity_sampoint=zeros(Run_time,20);  %群体多样性采样
mean_error=zeros(1);
best_total=zeros(Run_time,Largest_generation);
worst_total=zeros(Run_time,Largest_generation);
mid_total=zeros(Run_time,Largest_generation);
for i=1:Run_tim
    %参数预定义
    position=zeros(dimension,popsize);   %个体位置
    temp_position=zeros(dimension,popsize);   %个体临时位置1
    temp_position2=zeros(dimension,popsize);  %个体临时位置2
    g_position=zeros(dimension,1);       %全局最优位置
    g_position_extension=zeros(dimension,popsize);  %全局最优位置拓展，以方便矩阵运算
    velocity=zeros(dimension,popsize);   %个体速度
    fitness=zeros(1,popsize);            %个体适应值
    temp_fitness=zeros(1,popsize);
    A_threshold=A_max*ones(1,popsize);   %个体发射响度
    temp_A=zeros(1,popsize);
    temp_r=zeros(1,popsize);
    r_threshold=r_min*ones(1,popsize);   %个体发射频率
    frequency=zeros(1,popsize);  %个体频率
    f_extension=zeros(dimension,popsize);  %为方便矩阵计算，对频率进行拓展
    decision=zeros(1,popsize);   %判断标识，大于的记为1；反之，记为0
```

```matlab
decision_extention=zeros(dimension,popsize);  %判断矩阵拓展
%位置和速度初始化
position=xmin+(xmax-xmin)*rand(dimension,popsize);
velocity=xmin+(xmax-xmin)*rand(dimension,popsize);
fitness=calculation_fitness(position);
[global_fitness,locate]=min(fitness);
g_position=position(:,locate);
%循环
for j=1:Largest_generation
    frequency=f_min+(f_max-f_min)*rand(1,popsize);  %生成个体发射频率
    g_position_extension=repmat(g_position,1,popsize);
    f_extension=repmat(frequency,dimension,1);
    velocity1=(position(:,randperm(popsize))-position(:,randperm(popsize)))*
    f_extension;         %随机三角翻转
    velocity1=modify_position(velocity1,xmax,xmin);
    temp_position1=position+velocity1;
    temp_position1=modify_position(temp_position1,xmax,xmin);
    velocity2=(g_position_extension-position(:,randperm(popsize)))*f_extension;
    %最优解参与的三角翻转
    velocity2=modify_position(velocity2,xmax,xmin);
    temp_position2=position+velocity2;
    temp_position2=modify_position(temp_position2,xmax,xmin);
    %threshold=1.0-(j-1)/(Largest_generation-1);
    threshold=0.258;
    if j<threshold*Largest_generation
    %算法前期执行随机三角翻转,后期执行最优解参与的三角翻转
        temp_position=temp_position1;
        velocity=velocity1;
    else
        temp_position=temp_position2;
        velocity=velocity2;
    end
    flag=(fitness==global_fitness);
    temp_flag=find(flag);
    temp_position(:,temp_flag(1))=xmin+(xmax-xmin)*rand(dimension,1);
    %判断r,按照一定的概率重新生成位置
    decision=rand(1,popsize)>r_threshold;
    average_A_threshold=mean(A_threshold);
    temp_position2=g_position_extension+(2.0*rand(dimension,popsize)-1)*
    average_A_threshold;%在最优值附近产生扰动的位置计算公式
    decision_extention=repmat(decision,dimension,1);
    temp_position=temp_position2.*decision_extention+temp_position*
    (~decision_extention);
    %调整位置
    temp_position=modify_position(temp_position,xmax,xmin);
    temp_fitness=calculation_fitness(temp_position);
    %通过A的判断及临时适应值是否优越,来决定位置的真正生成
    decision=(temp_fitness<=fitness);         %&(rand(1,popsize)<A_threshold);
    decision_extention=repmat(decision,dimension,1);
```

```matlab
            velocity=velocity.*decision_extention;
            %velocity=decision_extention.*velocity;
            position=temp_position.*decision_extention+position.*(~decision_extention);
            %位置最终更新
            fitness=temp_fitness.*decision+fitness.*(~decision);
            [temp_global,locate]=min(fitness);
            %每个个体发射响度和频度更新
            temp_A=A_threshold*alpha;
            A_threshold=temp_A.*decision+A_threshold.*(~decision);
            temp_r=r_min*(1-exp(-gama*j))*ones(1,popsize);
            r_threshold=temp_r.*decision+r_threshold.*(~decision);
            if temp_global<global_fitness
                global_fitness=temp_global;
                g_position=position(:,locate);
            end
            if mod(j,sample_point)==0    %进化过程最优值统计
                a=j/sample_point;
                gfitness_sampoint(i,a)=global_fitness;
                %A_sampoint(i,a)=average_A_threshold;
                diversity_sampoint(i,a)=com_diversity(xmin,xmax,position);
            end
        end
        total_best(1,i)=global_fitness;
        global_fitness
end
%output final data
best_fitness=min(total_best);  %最优值计算
worst_fitness=max(total_best);  %最次值计算
mean_fitness=mean(total_best);  %均值计算
mean_error=mean_fitness-calculation_fitness(1);%放在mean_fitness下
std_fitness=std(total_best);   %方差计算
gfitness_ave=sum(gfitness_sampoint)/Run_time; %样本点均值计算
%A_ave=sum(A_sampoint)/Run_time;
ave_diversity=sum(diversity_sampoint)/Run_time;
format short e
mean_fitness       %输出所得均值
mean_error
std_fitness       %输出方差
best_fitness      %输出最优解
worst_fitness     %输出最次解
total_best        %所有的最优解
ave_diversity     %种群多样性的动态变化
gfitness_ave      %群体平均性能的动态变化
%A_ave
toc
%----------------------------------------------------------------------
mypath=[path,'\',num2str(function_num),'.txt'];%文件保存地址
fid = fopen(mypath, 'wt');
fprintf(fid,'%s','mean_fitness= ');
```

```
fprintf(fid,'%5.4e\n\n',mean_fitness);
fprintf(fid,'%s','mean_error= ');
fprintf(fid,'%5.4e\n\n',mean_error);
fprintf(fid,'%s','std_fitness= ');
fprintf(fid,'%5.4e\n\n',std_fitness);
fprintf(fid,'%s','best_fitness= ');
fprintf(fid,'%5.4e\n\n',best_fitness);
fprintf(fid,'%s','worst_fitness= ');
fprintf(fid,'%5.4e\n\n',worst_fitness);
fprintf(fid,'%s','total_best= ');
fprintf(fid,'%5.4e ', total_best);
fprintf(fid,'\n\n');
fprintf(fid,'%s','ave_diversity= ');
fprintf(fid,'%5.4e ', ave_diversity);
fprintf(fid,'\n\n');
fprintf(fid,'%s','gfitness_ave=     ');
fprintf(fid,'%5.4e ', gfitness_ave);
fprintf(fid,'\n\n');
fprintf(fid,'%s',['Elapsed time is ', num2str(toc),' seconds.']);
fclose(fid);
mypath=[path,'\All_mean_fitness.txt'];%输出所有mean_fitness
if function_num==1
    fid = fopen(mypath, 'wt');
else
    fid = fopen(mypath, 'at');
end
fprintf(fid,'%5.4e\n',mean_fitness);
fclose(fid);
mypath=[path,'\All_mean_error.txt'];%输出所有mean_error
if function_num==1
    fid = fopen(mypath, 'wt');
else
    fid = fopen(mypath, 'at');
end
fprintf(fid,'%5.4e\n',mean_error);
fclose(fid);
mypath=[path,'\All_std_fitness.txt'];%输出所有std_fitness
if function_num==1
    fid = fopen(mypath, 'wt');
else
    fid = fopen(mypath, 'at');
end
fprintf(fid,'%5.4e\n',std_fitness);
fclose(fid);
mypath=[path,'\All_best_fitness.txt'];%输出所有best_fitness
if function_num==1
    fid = fopen(mypath, 'wt');
else
    fid = fopen(mypath, 'at');
```

```
            end
            fprintf(fid,'%5.4e\n',best_fitness);
            fclose(fid);
            mypath=[path,'\All_worst_fitness.txt'];%输出所有worst_fitness
            if function_num==1
                fid = fopen(mypath, 'wt');
            else
                fid = fopen(mypath, 'at');
            end
            fprintf(fid,'%5.4e\n',worst_fitness);
            fclose(fid);
```

(2) modify_position 函数。

```
function y=modify_position(x,z,w)   %修改速度参数
A=x>z;
B=find(A);
C=length(B);
x(B(1:C))=w+mod(abs(x(B(1:C))),z-w);
A1=x<w;
B1=find(A1);
C1=length(B1);
x(B1(1:C1))=z-mod(abs(x(B1(1:C1))),z-w);
y=x;
```

(3) get_bound 函数。

```
function y=get_bound(x)
switch x
    case {1,2,3,4,5,6,7,8,9,10,11,12,13,14,15,16,17,18,19,20,21,22,23,24,25,26,27, 28}
        y=[-100.0 100.0];
    otherwise
        disp('Error: There are only 28 test functions in this test suite!')
end
```

(4) calculation_fitness 函数。

```
function y=calculation_fitness(x)
global function_num
func_num=function_num;     %测试函数
if nargin==0
    y=get_bound(func_num);
else
    if x==1
        y=get_offset(func_num);
    else
        y=cec13_func(x,func_num);
    end
end
```

(5) com_diversity 函数。

```
function y=com_diversity(x_min,x_max,position)
[dimension,popsize]=size(position);
S=popsize;
N=dimension;
L=(x_max-x_min)*sqrt(N);
```

```
A=position;
B=A';
B1=sum(B);
B1=B1./S;
B2=B1';
B3=repmat(B2,1,S);
C=(A-B3).^2;
C1=sqrt(sum(C));
C2=sum(C1);
C3=C2/(S*L);
y=C3;
```

附录 B
Appendix B

基于曲线递减策略的快速三角翻转蝙蝠算法源代码

```matlab
%Written by Xingjuan Cai
%这是基于曲线递减策略的快速三角翻转蝙蝠算法（FTBA-TC）的 Matlab 程序
function BA_jbrd_s3()     % S1 与 S2 的结合
global function_num
global path
%--------------------------------------------------------------------------
tic
%参数设置
Bound=calculation_fitness();
xmin=Bound(:,1);
xmax=Bound(:,2);
dimension=30;
popsize=100;
Run_time=51;
f_min=0.0;      %频率最小值
f_max=5.0;      %频率最大值
A_max=0.9;
alpha=0.99;
r_min=0.9;
gama=0.9;
P_Amax=0.3;   %扰动参数的上限
P_Amin=0.0001;  %扰动参数的下限
k1=1;
k2=4;
%Largest_generation=50*dimension;
Largest_generation=3000;
sample_point=Largest_generation/20;
gfitness_sampoint=zeros(Run_time, 20);  %最优适应值采样,便于画图
diversity_sampoint=zeros(Run_time,20);   %群体多样性采样
mean_error=zeros(1);
best_total=zeros(Run_time,Largest_generation);
worst_total=zeros(Run_time,Largest_generation);
mid_total=zeros(Run_time,Largest_generation);
for i=1:Run_time
    %参数预定义
    position=zeros(dimension,popsize);  %个体位置
    temp_position=zeros(dimension,popsize);   %个体临时位置1
    temp_position2=zeros(dimension,popsize);  %个体临时位置2
    g_position=zeros(dimension,1);   %全局最优位置
    g_position_extension=zeros(dimension,popsize);  %全局最优位置拓展,以方便矩阵运算
    velocity=zeros(dimension,popsize);   %个体速度
    fitness=zeros(1,popsize);            %个体适应值
    temp_fitness=zeros(1,popsize);
    A_threshold=A_max*ones(1,popsize);   %个体发射响度
    temp_A=zeros(1,popsize);
    temp_r=zeros(1,popsize);
    r_threshold=r_min*ones(1,popsize);   %个体发射频率
    frequency=zeros(1,popsize);   %个体频率
    f_extension=zeros(dimension,popsize);  %为方便矩阵计算,对频率进行拓展
```

```matlab
decision=zeros(1,popsize); %判断标识,大于的记为1;反之,记为0
decision_extention=zeros(dimension,popsize); %判断矩阵拓展
%位置和速度初始化
position=xmin+(xmax-xmin)*rand(dimension,popsize);
velocity=xmin+(xmax-xmin)*rand(dimension,popsize);
fitness=calculation_fitness(position);
[global_fitness,locate]=min(fitness);
g_position=position(:,locate);
% 循环
for j=1:Largest_generation
    frequency=f_min+(f_max-f_min)*rand(1,popsize); %生成个体发射频率
    g_position_extension=repmat(g_position,1,popsize);
    f_extension=repmat(frequency,dimension,1);
    velocity1=(position(:,randperm(popsize))-position(:,randperm(popsize))).*
    f_extension;
    % 随机三角翻转
    velocity1=modify_position(velocity1,xmax,xmin);
    temp_position1=position+velocity1;
    temp_position1=modify_position(temp_position1,xmax,xmin);
    velocity2=(g_position_extension-position(:,randperm(popsize))).*f_extension;
    %最优解参与的三角翻转
    velocity2=modify_position(velocity2,xmax,xmin);
    temp_position2=position+velocity2;
    temp_position2=modify_position(temp_position2,xmax,xmin);
    %threshold=1.0-(j-1)/(Largest_generation-1);
    threshold=0.258;
    if j<threshold*Largest_generation
    %算法前期执行随机三角翻转,后期执行最优解参与的三角翻转
        temp_position=temp_position1;
        velocity=velocity1;
    else
        temp_position=temp_position2;
        velocity=velocity2;
    end
    flag=(fitness==global_fitness);
    temp_flag=find(flag);
    temp_position(:,temp_flag(1))=xmin+(xmax-xmin)*rand(dimension,1);
    %判断r,按照一定的概率重新生成位置
    decision=rand(1,popsize)>r_threshold;
    average_A_threshold=mean(A_threshold);
    P1=(1-P_Amin/P_Amax)*(j-1)/(Largest_generation-1);
    PP=P_Amax*(1-P1^k1)^k2;
    temp_position2=g_position_extension+(2.0*rand(dimension,popsize)-1)*PP*xmax;
    %在最优值附近产生扰动的位置计算公式
    decision_extention=repmat(decision,dimension,1);
    temp_position=temp_position2.*decision_extention+temp_position.*
    (~decision_extention);
    %调整位置
```

```matlab
            temp_position=modify_position(temp_position,xmax,xmin);
            temp_fitness=calculation_fitness(temp_position);
            %通过A的判断及临时适应值是否优越,来决定位置的真正生成
            decision=(temp_fitness<=fitness);      %&(rand(1,popsize)<A_threshold);
            decision_extention=repmat(decision,dimension,1);
            velocity=velocity.*decision_extention;
            %velocity=decision_extention.*velocity;

            position=temp_position.*decision_extention+position.*(~decision_extention);
            %位置最终更新
            fitness=temp_fitness.*decision+fitness.*(~decision);
            [temp_global,locate]=min(fitness);
            %每个个体发射响度和频度更新
            temp_A=A_threshold*alpha;
            A_threshold=temp_A.*decision+A_threshold.*(~decision);
            temp_r=r_min*(1-exp(-gama*j))*ones(1,popsize);
            r_threshold=temp_r.*decision+r_threshold.*(~decision);
            if temp_global<global_fitness
                global_fitness=temp_global;
                g_position=position(:,locate);
            end
            if mod(j,sample_point)==0   %进化过程最优值统计
                a=j/sample_point;
                gfitness_sampoint(i,a)=global_fitness;
                %A_sampoint(i,a)=average_A_threshold;
                diversity_sampoint(i,a)=com_diversity(xmin,xmax,position);
            end
        end
    total_best(1,i)=global_fitness;
    global_fitness
end
%output final data
best_fitness=min(total_best);  %最优值计算
worst_fitness=max(total_best); %最次值计算
mean_fitness=mean(total_best); %均值计算
mean_error=mean_fitness-calculation_fitness(1);%放在mean_fitness下
std_fitness=std(total_best);   %方差计算
gfitness_ave=sum(gfitness_sampoint)/Run_time; %样本点均值计算
%A_ave=sum(A_sampoint)/Run_time;
ave_diversity=sum(diversity_sampoint)/Run_time;
format short e
mean_fitness      %输出所得均值
mean_error
std_fitness       %输出方差
best_fitness      %输出最优解
worst_fitness     %输出最次解
total_best        %所有的最优解
ave_diversity     %种群多样性的动态变化
```

```matlab
gfitness_ave      %群体平均性能的动态变化
toc
%--------------------------------------------------------------------------
mypath=[path,'\',num2str(function_num),'.txt'];%文件保存地址
fid = fopen(mypath, 'wt');
fprintf(fid,'%s','mean_fitness= ');
fprintf(fid,'%5.4e\n\n',mean_fitness);
fprintf(fid,'%s','mean_error= ');
fprintf(fid,'%5.4e\n\n',mean_error);
fprintf(fid,'%s','std_fitness= ');
fprintf(fid,'%5.4e\n\n',std_fitness);
fprintf(fid,'%s','best_fitness= ');
fprintf(fid,'%5.4e\n\n',best_fitness);
fprintf(fid,'%s','worst_fitness= ');
fprintf(fid,'%5.4e\n\n',worst_fitness);
fprintf(fid,'%s','total_best= ');
fprintf(fid,'%5.4e ', total_best);
fprintf(fid,'\n\n');
fprintf(fid,'%s','ave_diversity= ');
fprintf(fid,'%5.4e ', ave_diversity);
fprintf(fid,'\n\n');
fprintf(fid,'%s','gfitness_ave=      ');
fprintf(fid,'%5.4e ', gfitness_ave);
fprintf(fid,'\n\n');
fprintf(fid,'%s',['Elapsed time is ', num2str(toc),' seconds.']);
fclose(fid);
mypath=[path,'\All_mean_fitness.txt'];%输出所有mean_fitness
if function_num==1
    fid = fopen(mypath, 'wt');
else
    fid = fopen(mypath, 'at');
end
fprintf(fid,'%5.4e\n',mean_fitness);
fclose(fid);
mypath=[path,'\All_mean_error.txt'];%输出所有mean_error
if function_num==1
    fid = fopen(mypath, 'wt');
else
    fid = fopen(mypath, 'at');
end
fprintf(fid,'%5.4e\n',mean_error);
fclose(fid);
mypath=[path,'\All_std_fitness.txt'];%输出所有std_fitness
if function_num==1
    fid = fopen(mypath, 'wt');
else
    fid = fopen(mypath, 'at');
end
```

```
fprintf(fid,'%5.4e\n',std_fitness);
fclose(fid);
mypath=[path,'\All_best_fitness.txt'];%输出所有best_fitness
if function_num==1
    fid = fopen(mypath, 'wt');
else
    fid = fopen(mypath, 'at');
end
fprintf(fid,'%5.4e\n',best_fitness);
fclose(fid);
mypath=[path,'\All_worst_fitness.txt'];%输出所有worst_fitness
if function_num==1
    fid = fopen(mypath, 'wt');
else
    fid = fopen(mypath, 'at');
end
fprintf(fid,'%5.4e\n',worst_fitness);
fclose(fid);
```

附录 C
Appendix C

基于秩转化的曲线递减快速三角翻转蝙蝠算法源代码

```matlab
%Written by Xingjuan Cai
%这是基于秩转化的曲线递减快速三角翻转蝙蝠算法（FTBA-TCR）的Matlab程序
function BA_qjbl_s1()    %S1策略
global function_num
global path
%-------------------------------------------------------------------------
tic
%参数设置
Bound=calculation_fitness();
xmin=Bound(:,1);
xmax=Bound(:,2);
dimension=30;
popsize=100;
Run_time=51;
f_min=0.0;      %频率最小值
f_max=5.0;      %频率最大值
A_max=0.9;
alpha=0.99;
gama=0.9;
P_Amax=0.3;   %扰动参数的上限
P_Amin=0.0001; %扰动参数的下限
k1=1;
k2=4;
%Largest_generation=50*dimension;
Largest_generation=3000;
sample_point=Largest_generation/20;
gfitness_sampoint=zeros(Run_time, 20); %最优适应值采样，便于画图
diversity_sampoint=zeros(Run_time,20); %群体多样性采样
mean_error=zeros(1);
best_total=zeros(Run_time,Largest_generation);
worst_total=zeros(Run_time,Largest_generation);
mid_total=zeros(Run_time,Largest_generation);
for i=1:Run_time       %参数预定义
    position=zeros(dimension,popsize);  %个体位置
    temp_position=zeros(dimension,popsize);  %个体临时位置1
    temp_position2=zeros(dimension,popsize); %个体临时位置2
    g_position=zeros(dimension,1); %全局最优位置
    g_position_extension=zeros(dimension,popsize); %全局最优位置拓展，以方便矩阵运算
    velocity=zeros(dimension,popsize); %个体速度
    fitness=zeros(1,popsize);            %个体适应值
    temp_fitness=zeros(1,popsize);
    A_threshold=A_max*ones(1,popsize); %个体发射响度
    temp_A=zeros(1,popsize);
    frequency=zeros(1,popsize); %个体频率
    f_extension=zeros(dimension,popsize); %为方便矩阵计算，对频率进行拓展
    decision=zeros(1,popsize); %判断标识，大于的记为1；反之，记为0
    decision_extention=zeros(dimension,popsize); %判断矩阵拓展
    %位置和速度初始化
```

```
position=xmin+(xmax-xmin)*rand(dimension,popsize);
velocity=xmin+(xmax-xmin)*rand(dimension,popsize);
fitness=calculation_fitness(position);
[global_fitness,locate]=min(fitness);
g_position=position(:,locate);
%循环
for j=1:Largest_generation
    frequency=f_min+(f_max-f_min)*rand(1,popsize);  %生成个体发射频率
    g_position_extension=repmat(g_position,1,popsize);
    f_extension=repmat(frequency,dimension,1);
    velocity1=(position(:,randperm(popsize))-position(:,randperm(popsize))).*
    f_extension;
    %随机三角翻转
    velocity1=modify_position(velocity1,xmax,xmin);
    temp_position1=position+velocity1;
    temp_position1=modify_position(temp_position1,xmax,xmin);
    velocity2=(g_position_extension-position(:,randperm(popsize))).*f_extension;
    %最优解参与的三角翻转
    velocity2=modify_position(velocity2,xmax,xmin);
    temp_position2=position+velocity2;
    temp_position2=modify_position(temp_position2,xmax,xmin);
     %threshold=1.0-(j-1)/(Largest_generation-1);
     threshold=0.258;
    if j<threshold*Largest_generation
%算法前期执行随机三角翻转,后期执行最优解参与的三角翻转
        temp_position=temp_position1;
        velocity=velocity1;
    else
        temp_position=temp_position2;
        velocity=velocity2;
    end
    flag=(fitness==global_fitness);
    temp_flag=find(flag);
    temp_position(:,temp_flag(1))=xmin+(xmax-xmin)*rand(dimension,1);
    %判断 r,按照一定的概率重新生成位置
    %decision=rand(1,popsize)<r;
    s1=0.1;
    s2=0.8;
    ss=s1+(s2-s1)*(j-1)/(Largest_generation-1);
    num=round(ss*popsize);   %较差的 num 个个体扰动,num 随着进化代数的递增而递增
    fit_rank=sort(fitness,'descend');
    fitness_select=fit_rank(1,num);
    decision=(fitness>=fitness_select);
    P1=(1-P_Amin/P_Amax)*(j-1)/(Largest_generation-1);
    PP=P_Amax*(1-P1^k1)^k2;
    temp_position2=g_position_extension+(2.0*rand(dimension,popsize)-1)*PP*xmax;
    %在最优值附近产生扰动的位置计算公式
    decision_extention=repmat(decision,dimension,1);
```

```matlab
            temp_position=temp_position2.*decision_extention+temp_position.*...
            (~decision_extention);
            %调整位置
            temp_position=modify_position(temp_position,xmax,xmin);
            temp_fitness=calculation_fitness(temp_position);
            %通过A的判断及临时适应值是否优越，来决定位置的真正生成
            decision=(temp_fitness<=fitness);    %&(rand(1,popsize)<A_threshold);
            decision_extention=repmat(decision,dimension,1);
            velocity=velocity.*decision_extention;
            %velocity=decision_extention.*velocity;
            position=temp_position.*decision_extention+position.*(~decision_extention);
            %位置最终更新
            fitness=temp_fitness.*decision+fitness.*(~decision);
            [temp_global,locate]=min(fitness);
            %每个个体发射响度和频度更新
            temp_A=A_threshold*alpha;
            A_threshold=temp_A.*decision+A_threshold.*(~decision);
            if temp_global<global_fitness
                global_fitness=temp_global;
                g_position=position(:,locate);
            end
            if mod(j,sample_point)==0    %进化过程最优值统计
                a=j/sample_point;
                gfitness_sampoint(i,a)=global_fitness;
                %A_sampoint(i,a)=average_A_threshold;
                diversity_sampoint(i,a)=com_diversity(xmin,xmax,position);
            end
        end
    end
    total_best(1,i)=global_fitness;
    global_fitness
end
%output final data
best_fitness=min(total_best);  %最优值计算
worst_fitness=max(total_best); %最次值计算
mean_fitness=mean(total_best); %均值计算
mean_error=mean_fitness-calculation_fitness(1);%放在mean_fitness下
std_fitness=std(total_best);   %方差计算
gfitness_ave=sum(gfitness_sampoint)/Run_time; %样本点均值计算
%A_ave=sum(A_sampoint)/Run_time;
ave_diversity=sum(diversity_sampoint)/Run_time;
format short e
mean_fitness       %输出所得均值
mean_error
std_fitness        %输出方差
best_fitness       %输出最优解
worst_fitness      %输出最次解
total_best         %所有的最优解
ave_diversity      %种群多样性的动态变化
```

```
gfitness_ave      %群体平均性能的动态变化
%A_ave
toc
%----------------------------------------------------------------------
mypath=[path,'\',num2str(function_num),'.txt'];%文件保存地址
fid = fopen(mypath, 'wt');
fprintf(fid,'%s','mean_fitness= ');
fprintf(fid,'%5.4e\n\n',mean_fitness);
fprintf(fid,'%s','mean_error= ');
fprintf(fid,'%5.4e\n\n',mean_error);
fprintf(fid,'%s','std_fitness= ');
fprintf(fid,'%5.4e\n\n',std_fitness);
fprintf(fid,'%s','best_fitness= ');
fprintf(fid,'%5.4e\n\n',best_fitness);
fprintf(fid,'%s','worst_fitness= ');
fprintf(fid,'%5.4e\n\n',worst_fitness);
fprintf(fid,'%s','total_best= ');
fprintf(fid,'%5.4e ', total_best);
fprintf(fid,'\n\n');
fprintf(fid,'%s','ave_diversity= ');
fprintf(fid,'%5.4e ', ave_diversity);
fprintf(fid,'\n\n');
fprintf(fid,'%s','gfitness_ave=     ');
fprintf(fid,'%5.4e ', gfitness_ave);
fprintf(fid,'\n\n');
fprintf(fid,'%s',['Elapsed time is ', num2str(toc),' seconds.']);
fclose(fid);
mypath=[path,'\All_mean_fitness.txt'];%输出所有mean_fitness
if function_num==1
    fid = fopen(mypath, 'wt');
else
    fid = fopen(mypath, 'at');
end
fprintf(fid,'%5.4e\n',mean_fitness);
fclose(fid);
mypath=[path,'\All_mean_error.txt'];%输出所有mean_error
if function_num==1
    fid = fopen(mypath, 'wt');
else
    fid = fopen(mypath, 'at');
end
fprintf(fid,'%5.4e\n',mean_error);
fclose(fid);
mypath=[path,'\All_std_fitness.txt'];%输出所有std_fitness
if function_num==1
    fid = fopen(mypath, 'wt');
else
    fid = fopen(mypath, 'at');
```

```
end
fprintf(fid,'%5.4e\n',std_fitness);
fclose(fid);
mypath=[path,'\All_best_fitness.txt'];%输出所有best_fitness
if function_num==1
    fid = fopen(mypath, 'wt');
else
    fid = fopen(mypath, 'at');
end
fprintf(fid,'%5.4e\n',best_fitness);
fclose(fid);
mypath=[path,'\All_worst_fitness.txt'];%输出所有worst_fitness
if function_num==1
    fid = fopen(mypath, 'wt');
else
    fid = fopen(mypath, 'at');
end
fprintf(fid,'%5.4e\n',worst_fitness);
fclose(fid);
```

附录 D
Appendix D

基于数值转化的曲线递减快速三角翻转蝙蝠算法源代码

```matlab
%Written by Xingjuan Cai
%这是基于数值转化的曲线递减快速三角翻转蝙蝠算法（FTBA-TCN）的Matlab程序
function BA_qjbl_s2()    %S2
global function_num
global path
%-------------------------------------------------------------------------
tic
%参数设置
Bound=calculation_fitness();
xmin=Bound(:,1);
xmax=Bound(:,2);
dimension=30;
popsize=100;
Run_time=51;
f_min=0.0;      %频率最小值
f_max=5.0;      %频率最大值
A_max=0.9;
alpha=0.99;
gama=0.9;
P_Amax=0.3;  %扰动参数的上限
P_Amin=0.0001;  %扰动参数的下限
k1=1;
k2=4;
%Largest_generation=50*dimension;
Largest_generation=3000;
sample_point=Largest_generation/20;
gfitness_sampoint=zeros(Run_time, 20); %最优适应值采样，便于画图
diversity_sampoint=zeros(Run_time,20); %群体多样性采样
mean_error=zeros(1);
best_total=zeros(Run_time,Largest_generation);
worst_total=zeros(Run_time,Largest_generation);
mid_total=zeros(Run_time,Largest_generation);
for i=1:Run_time       %参数预定义
    position=zeros(dimension,popsize); %个体位置
    temp_position=zeros(dimension,popsize);  %个体临时位置1
    temp_position2=zeros(dimension,popsize); %个体临时位置2
    g_position=zeros(dimension,1); %全局最优位置
    g_position_extension=zeros(dimension,popsize); %全局最优位置拓展，以方便矩阵运算
    velocity=zeros(dimension,popsize); %个体速度
    fitness=zeros(1,popsize);           %个体适应值
    temp_fitness=zeros(1,popsize);
    A_threshold=A_max*ones(1,popsize); %个体发射响度
    temp_A=zeros(1,popsize);
    frequency=zeros(1,popsize); %个体频率
    f_extension=zeros(dimension,popsize); %为方便矩阵计算，对频率进行拓展
    decision=zeros(1,popsize); %判断标识，大于的记为1；反之，记为0
    decision_extention=zeros(dimension,popsize); %判断矩阵拓展
    %位置和速度初始化
```

```matlab
position=xmin+(xmax-xmin)*rand(dimension,popsize);
velocity=xmin+(xmax-xmin)*rand(dimension,popsize);
fitness=calculation_fitness(position);
[global_fitness,locate]=min(fitness);
g_position=position(:,locate);
%循环
for j=1:Largest_generation
    frequency=f_min+(f_max-f_min)*rand(1,popsize);  %生成个体发射频率
    g_position_extension=repmat(g_position,1,popsize);
    f_extension=repmat(frequency,dimension,1);
    velocity1=(position(:,randperm(popsize))-position(:,randperm(popsize))).*
    f_extension;
    %随机三角翻转
    velocity1=modify_position(velocity1,xmax,xmin);
    temp_position1=position+velocity1;
    temp_position1=modify_position(temp_position1,xmax,xmin);

    velocity2=(g_position_extension-position(:,randperm(popsize))).*f_extension;
    %最优解参与的三角翻转
    velocity2=modify_position(velocity2,xmax,xmin);
    temp_position2=position+velocity2;
    temp_position2=modify_position(temp_position2,xmax,xmin);
    %threshold=1.0-(j-1)/(Largest_generation-1);
    threshold=0.258;
    if j<threshold*Largest_generation
    %算法前期执行随机三角翻转，后期执行最优解参与的三角翻转
        temp_position=temp_position1;
        velocity=velocity1;
    else
        temp_position=temp_position2;
        velocity=velocity2;
    end
    flag=(fitness==global_fitness);
    temp_flag=find(flag);
    temp_position(:,temp_flag(1))=xmin+(xmax-xmin)*rand(dimension,1);
    %计算性能评价指标score，适应值越小，性能评价指标score越大；反之越小
    f_best=min(fitness);
    f_worst=max(fitness);
    if f_worst==f_best
        score=ones(1,popsize);
    else
        score=(f_worst-fitness)/(f_worst-f_best);
    end
    %score_extension=repmat(score,dimension,1);
    %判断r，按照一定的概率重新生成位置
    %decision=rand(1,popsize)<r;
    s1=0.1;
    s2=0.8;
    ss=s1+(s2-s1)*(j-1)/(Largest_generation-1);
    decision=score<ss;
    average_A_threshold=mean(A_threshold);
```

```
                P1=(1-P_Amin/P_Amax)*(j-1)/(Largest_generation-1);
                PP=P_Amax*(1-P1^k1)^k2;
                temp_position2=g_position_extension+(2.0*rand(dimension,popsize)-1)*
                PP*xmax;
                %在最优值附近产生扰动的位置计算公式
                decision_extention=repmat(decision,dimension,1);
                temp_position=temp_position2.*decision_extention+temp_position.*
                (~decision_extention);
                %调整位置
                temp_position=modify_position(temp_position,xmax,xmin);
                temp_fitness=calculation_fitness(temp_position);
                %通过A的判断及临时适应值是否优越，来决定位置的真正生成
                decision=(temp_fitness<=fitness);       %&(rand(1,popsize)<A_threshold);
                decision_extention=repmat(decision,dimension,1);
                velocity=velocity.*decision_extention;
                %velocity=decision_extention.*velocity;
                position=temp_position.*decision_extention+position.*(~decision_extention);
                %位置最终更新
                fitness=temp_fitness.*decision+fitness.*(~decision);
                [temp_global,locate]=min(fitness);
                %每个个体发射响度和频率更新
                temp_A=A_threshold*alpha;
                A_threshold=temp_A.*decision+A_threshold.*(~decision);
                if temp_global<global_fitness
                    global_fitness=temp_global;
                    g_position=position(:,locate);
                end
                if mod(j,sample_point)==0   %进化过程最优值统计
                    a=j/sample_point;
                    gfitness_sampoint(i,a)=global_fitness;
                    %A_sampoint(i,a)=average_A_threshold;
                    diversity_sampoint(i,a)=com_diversity(xmin,xmax,position);
                end
            end
            total_best(1,i)=global_fitness;
            global_fitness
end
%output final data
best_fitness=min(total_best); %最优值计算
worst_fitness=max(total_best); %最次值计算
mean_fitness=mean(total_best); %均值计算
mean_error=mean_fitness-calculation_fitness(1);%放在mean_fitness下
std_fitness=std(total_best);   %方差计算
gfitness_ave=sum(gfitness_sampoint)/Run_time; %样本点均值计算
%A_ave=sum(A_sampoint)/Run_time;
ave_diversity=sum(diversity_sampoint)/Run_time;
format short e
mean_fitness      %输出所得均值
mean_error
std_fitness       %输出方差
best_fitness      %输出最优解
```

```
worst_fitness      %输出最次解
total_best         %所有的最优解
ave_diversity      %种群多样性的动态变化
gfitness_ave       %群体平均性能的动态变化
%A_ave
toc
%--------------------------------------------------------------------------
mypath=[path,'\',num2str(function_num),'.txt'];%文件保存地址
fid = fopen(mypath, 'wt');
fprintf(fid,'%s','mean_fitness= ');
fprintf(fid,'%5.4e\n\n',mean_fitness);
fprintf(fid,'%s','mean_error= ');
fprintf(fid,'%5.4e\n\n',mean_error);
fprintf(fid,'%s','std_fitness= ');
fprintf(fid,'%5.4e\n\n',std_fitness);
fprintf(fid,'%s','best_fitness= ');
fprintf(fid,'%5.4e\n\n',best_fitness);
fprintf(fid,'%s','worst_fitness= ');
fprintf(fid,'%5.4e\n\n',worst_fitness);
fprintf(fid,'%s','total_best= ');
fprintf(fid,'%5.4e  ', total_best);
fprintf(fid,'\n\n');
fprintf(fid,'%s','ave_diversity= ');
fprintf(fid,'%5.4e  ', ave_diversity);
fprintf(fid,'\n\n');
fprintf(fid,'%s','gfitness_ave=       ');
fprintf(fid,'%5.4e  ', gfitness_ave);
fprintf(fid,'\n\n');
fprintf(fid,'%s',['Elapsed time is ', num2str(toc),' seconds.']);
fclose(fid);
mypath=[path,'\All_mean_fitness.txt'];%输出所有mean_fitness
if function_num==1
    fid = fopen(mypath, 'wt');
else
    fid = fopen(mypath, 'at');
end
fprintf(fid,'%5.4e\n',mean_fitness);
fclose(fid);
mypath=[path,'\All_mean_error.txt'];%输出所有mean_error
if function_num==1
    fid = fopen(mypath, 'wt');
else
    fid = fopen(mypath, 'at');
end
fprintf(fid,'%5.4e\n',mean_error);
fclose(fid);
mypath=[path,'\All_std_fitness.txt'];%输出所有std_fitness
if function_num==1
    fid = fopen(mypath, 'wt');
else
    fid = fopen(mypath, 'at');
```

```
end
fprintf(fid,'%5.4e\n',std_fitness);
fclose(fid);
mypath=[path,'\All_best_fitness.txt'];%输出所有best_fitness
if function_num==1
    fid = fopen(mypath, 'wt');
else
    fid = fopen(mypath, 'at');
end
fprintf(fid,'%5.4e\n',best_fitness);
fclose(fid);
mypath=[path,'\All_worst_fitness.txt'];%输出所有worst_fitness
if function_num==1
    fid = fopen(mypath, 'wt');
else
    fid = fopen(mypath, 'at');
end
fprintf(fid,'%5.4e\n',worst_fitness);
fclose(fid);
```